中国光纤通信年鉴

YEARBOOK OF CHINA OPTICAL FIBER COMMUNICATION

主 编　韩馥儿

副主编　胡卫生　陈　伟　储九荣　杜　城
　　　　兰小波　贺作为　王晓锋　陈　伟（江西大圣）

上海大学出版社
·上海·

图书在版编目（CIP）数据

中国光纤通信年鉴：2023年版 / 韩馥儿主编．——上海：上海大学出版社，2023.12
ISBN 978-7-5671-4901-4

Ⅰ.①中… Ⅱ.①韩… Ⅲ.①光纤通信-中国-2023-年鉴 Ⅳ.①TN929.11-54

中国国家版本馆CIP数据核字（2023）第247547号

责任编辑　邹西礼
美术编辑　柯国富
技术编辑　金　鑫　钱宇坤

中国光纤通信年鉴：2023年版
YEARBOOK OF CHINA OPTICAL FIBER COMMUNICATION: 2023 EDITION
韩馥儿　主编
上海大学出版社出版发行
（上海市上大路99号　邮政编码200444）
（http://www.shupress.cn　发行热线 021-66135112）
出版人　戴骏豪

*

商务印书馆上海印刷有限公司印刷　各地新华书店经销
开本 889×1194　1/16　印张 20.25　字数 420千字
2023年12月第1版　2023年12月第1次印刷
ISBN 978-7-5671-4901-4/TN·23　定价 580.00元
版权所有　侵权必究
如发现本书有印装质量问题请与印刷厂质量科联系
联系电话：021-56324200

《中国光纤通信年鉴》编委单位

编委会主任单位

烽火通信科技股份有限公司

长飞光纤光缆股份有限公司

江苏亨通光电股份有限公司

四川汇源塑料光纤有限公司

中化高性能纤维材料有限公司

富通集团有限公司

中天科技股份有限公司

编委会单位

深圳市特发信息股份有限公司	上海大学
江苏法尔胜光通信科技有限公司	电子科技大学
江西大圣塑料光纤有限公司	北京邮电大学
宝胜长飞海洋工程有限公司	太原理工大学
上海交通大学	中科院半导体研究所
区域光纤通信网与新型光通信系统	中科院微系统与信息技术研究所
国家重点实验室	传感技术联合国家重点实验室
吉林大学	中科院上海光学精密机械研究所
集成光电子学国家重点实验室	中科院西安光学精密机械研究所
浙江大学	中科院长春光学精密机械与物理
华东师范大学	研究所
复旦大学	上海市浦东新区光电子行业协会
南京大学	浙江大学绍兴研究院

《中国光纤通信年鉴》编委会

高级顾问	邬贺铨	中国工程院院士 中国工程院秘书长 教授
	褚君浩	中国科学院院士 中国科学院学部主席团成员 复旦大学光电研究院院长
	王启明	中国科学院院士 中国科学院半导体研究所研究员 厦门大学教授
	王立军	中国科学院院士 中国科学院长春光学精密机械与物理研究所研究员
	徐至展	中国科学院院士 中国科学院上海光学精密机械研究所学术委员会主任研究员
	简水生	中国科学院院士 北京交通大学教授
	李乐民	中国工程院院士 电子科技大学教授
	干福熹	中国科学院院士 中国科学院上海光学精密机械研究所研究员 复旦大学教授
	侯洵	中国科学院院士 中国科学院西安光学精密机械研究所研究员
	余少华	中国工程院院士 鹏城实验室副主任 中国通信学会光通信委员会主任 复旦大学博士生导师
	王建宇	中国科学院院士 中国科学院上海分院院长 研究员
	唐雄燕	中国联通网络技术研究院首席科学家 教授级高工 博士后
	毛谦	中国通信学会光通信委员会名誉主任 原武汉邮电科学研究院总工 教授级高工
	赵卫	中国光学学会集成光学与纤维光学专业委员会主任 西安光机所所长 研究员
	庄丹	长飞光纤光缆股份有限公司总裁 博士后
	钱建林	亨通集团执行总裁 高级工程师
	宋数宾	中化高性能纤维材料有限公司董事长 研究员级高级工程师
名誉主任	邬贺铨	中国工程院院士 中国工程院秘书长 教授
	褚君浩	中国科学院院士 中国科学院学部主席团成员 复旦大学光电研究院院长
主　任	韩馥儿	上海图书馆上海科学技术情报研究所 研究员
副主任	张雁翔	长飞光纤光缆股份有限公司高级顾问
	杨建义	浙江大学信息与电子工程学院院长 教授 博士生导师
	张大明	吉林大学吉林市研究院院长 教授 博士生导师
	罗文勇	烽火通信科技股份有限公司线缆产品线创新中心总经理 教授级高工
	杜城	锐光信通科技有限公司总经理，兼任烽火通信科技股份有限公司线缆产品线光纤产品线副总监
	周金凯	长飞光纤光缆股份有限公司战略与市场部经理
	周瑜	亨通集团市场策划部主任
	张立永	富通集团技术研究院副院长 教授级高工 博士
	李俊杰	中国电信光传输技术首席专家 博士 教授级高工
	高军诗	中国移动规划设计院有线所所长 教授级高工
	贺永涛	中国联通中讯设计院国际传输总监
	周震华	江苏法尔胜光通信科技有限公司总经理
	迟楠	复旦大学信息科学与通信工程学院院长 教授 博士生导师
	杜柏林	上海市通信学会光通信专业委员会原主任 教授
	相正键	烽火海洋网络设备有限公司生产制造部总经理
	方胜	重庆世纪之光科技实业有限公司副总经理 博士
	孙继光	上海网讯新材料股份有限公司总工程师
	王寿泰	上海交通大学教授
	林振荣	上海电缆研究所高级工程师
	马汝亮	《电线电缆报》主编 高级工程师
委　员	王日海	浙江大学信息与电子工程学院教授
	贺志学	光纤通信技术和网络国家重点实验室光系统研究室副主任 博士
	王亚辉	世纪之光新材料研究开发有限公司总经理 高级工程师
	应志忠	浙江汉维通信器材有限公司总工程师
	安俊明	中国科学院半导体研究所研究员 博士生导师
	张洪森	江苏永鼎公司顾问 高级工程师
	施庆麟	中国科学院上海硅酸盐研究所高级工程师
	余辉	浙江大学信息与电子工程学院副教授 之江实验室研究专家 博士
	施社平	中兴通信股份有限公司高级工程师 北京邮电大学兼职教授

编委会名誉主任和高级顾问介绍

邬贺铨 光纤传送网与宽带信息网著名专家。教授、中国工程院院士、中国工程院秘书长。曾任中国工程院副院长、信息产业部电信科学技术研究院副院长兼总工程师、大唐电信集团副总裁。现任新一代无线宽带移动通信科技重大专项总师，中国互联网协会理事长，国家信息化专家组咨询委员会委员、中国通信学会理事长。多年连续参加ITU-T网络标准研究组会议，参与了国家重要领域技术政策研究和国家中长期科技发展规划纲要的起草，多次参与了国家通信发展的决策。

2006年起担任《光纤通信信息集锦》和《中国光纤通信年鉴》高级顾问、编委会名誉主任。

褚君浩 半导体物理和器件著名专家。中国科学院学部主席团成员，中国科学院院士。现任中国科学院上海技术物理研究所研究员、科技委副主任，复旦大学光电研究院院长。长期从事红外光电子材料和器件的研究，开展了用于红外探测器的窄禁带半导体碲镉汞（HgCdTe）和铁电薄膜的材料物理和器件研究。提出了HgCdTe的禁带宽度等关系式，被国际上称为CXT公式。

2006年起担任《光纤通信信息集锦》和《中国光纤通信年鉴》高级顾问、编委会名誉主任。

高级顾问介绍

简水生 光纤通信和电磁兼容著名专家。教授、中国科学院院士，曾任北京交通大学光波技术研究所所长。首创了对称电缆消除螺旋效应的屏蔽理论，主持研制了异型钢丝超强型、蜂窝型等一系列束管式新型通信光缆。研制成功3万～30万像素的石英传像光纤、平滑低色散光纤、宽带光纤光栅色散补偿器等光电子产品。从事的国家重大课题有：利用漏泄波导综合光缆和光纤陀螺实现高速铁路列车实时追踪系统研究、OTDM光孤子通信关键技术研究、光纤光栅色散补偿研究等。

2006年起担任《光纤通信信息集锦》和《中国光纤通信年鉴》高级顾问。

李乐民 通信技术著名专家。教授、中国工程院院士。任成都电子科技大学信息与通信工程博士后流动站导师、宽带光纤传输与通信系统技术国家重点实验室学术委员会主任、塑料光纤国家工程实验室技术委员会主任。从事通信技术领域科研和教学50余年，发表论文200余篇，出版专著4部，为多项工程研制了数字传输关键设备。研究领域包括通信网性能优化、光交换网、IP网和光网结合、无线网中的资源管理等。

2006年起担任《光纤通信信息集锦》和《中国光纤通信年鉴》高级顾问。

干福熹 光学材料、非晶态物理学家。研究员、中国科学院院士。曾任中国科学院上海光学精密机械研究所所长，现任该所研究员，复旦大学教授。对光学玻璃材料、材料光谱和非晶态物理有研究，是我国激光技术的开拓者之一。已在国内研制成功激光钕玻璃材料，并领导了我国激光玻璃的扩大试制工作。著有《光学玻璃》《无机玻璃物理性质计算和成分设计》等。担任《大辞海》副主编。

2006年起担任《光纤通信信息集锦》和《中国光纤通信年鉴》高级顾问。

高级顾问介绍

王立军 激光与光电子技术专家。中国科学院院士，长春光学精密机械与物理研究所研究员。长期从事高功率半导体激光技术等领域的基础与应用研究。2004年在国际上首次研制出瓦级垂直腔面发射激光器。在国内率先研制出无铝量子阱长寿命边发射激光器。提出了多种半导体激光合束结构及方法，研制出高光束质量高功率密度半导体激光系列光源，此技术成果在多领域获得重要应用。

2016年6月起担任《中国光纤通信年鉴》高级顾问。

王启明 光电子学著名专家。中国科学院院士，中国科学院半导体研究所研究员，曾任该所所长。参与筹建中国半导体测试基地，建立了一系列材料测试系统。致力于半导体光电子学研究，在中国首次研制成功连续激射的室温半导体激光器，并研制成功量子阱激光器、调制器和光双稳激光器及开关器件，对发展光信息处理、光开关、光交换技术以及新一代光电子器件做出了贡献。目前主要从事半导体光电子器件物理、光子集成及其在光网络通信中的应用，尤其关注Si基光子器件和Si基光电子集成的发展。

2006年起担任《光纤通信信息集锦》和《中国光纤通信年鉴》高级顾问。

徐至展 著名物理学家。中国科学院院士，中国科学院上海光学精密机械研究所研究员，曾任该所所长，现任该所学术委员会主任。主要研究领域为激光物理和强光光学，特别是在激光核聚变、强激光与物质相互作用、高功率激光和X射线激光等方面做出了杰出贡献。在开拓与发展新型超短超强激光及强场超快物理等方面取得重大创新成果。

2006年起担任《光纤通信信息集锦》和《中国光纤通信年鉴》高级顾问。

高级顾问介绍

侯　洵　光电子著名专家。中国科学院院士，中国科学院西安光学精密机械研究所研究员，曾任该所所长。是瞬态光学和光电子学领域的杰出代表，从事光电发射材料及快速光电器件研究40多年，先后作为主要参加者、学术带头人和主持人研制出一系列电光与光电子类高速摄影机，成功用于中国首次核试验、地下核试验以及激光核聚变研究等。

2006年起担任《光纤通信信息集锦》和《中国光纤通信年鉴》高级顾问。

王建宇　光电技术专家。中国科学院院士，中国科学院上海分院院长。主要从事空间光电技术和系统的研究，主持了国际上首个量子科学实验卫星系统的设计和研制，解决了星地量子科学实验中光束对准、偏振保持和单光子探测等多项核心技术难题，提出了超光谱成像与激光遥感相结合的探测新方法，主持研制了多种超光谱遥感系统，提出了空间远距离激光高灵敏度单元和阵列探测方法，实现了我国激光遥感的首次空间应用。

2018年6月起担任《中国光纤通信年鉴》高级顾问。

毛　谦　光纤通信著名专家。原武汉邮电科学研究院副院长兼总工程师、教授级高级工程师、博士生导师，现任武汉邮电科学研究院高级顾问，兼任国际电联ITU-TSG15中国专家组成员，信息产业部通信科技委委员，中国通信学会会士，中国通信学会常务理事、光通信委员会主任、学术委员会副主任，中国通信标准化协会专家咨询委员会委员、技术管理委员会委员、传送网与接入网技术工作委员会主席。

2006年起担任《光纤通信信息集锦》和《中国光纤通信年鉴》高级顾问。

高级顾问介绍

余少华 光纤通信技术著名专家。中国工程院院士，鹏城实验室副主任，中国通信学会光通信委员会主任，复旦大学博士生导师。长期从事通信网络和光纤通信技术研究，负责并完成了"973""863"、下一代互联网等10多项国家重要项目。担任国际电信联盟（ITU-T）第15研究组（光和其他传送网络）副主席（2004年至今）、国家"863"计划信息领域网络与通信主题专家（2012～2014）、国家"973"项目"超高速超大容量超长距离光传输基础研究"首席科学家、光纤通信技术和网络国家重点实验室主任、光纤接入产业联盟秘书长、《光通信研究》杂志主编。

2013年起担任《光纤通信信息集锦》和《中国光纤通信年鉴》高级顾问。

赵 卫 中国科学院西安光机所所长、研究员、博士生导师，中国光学学会光纤与集成光学专业委员会主任。主要从事高功率激光技术、超快激光技术和超快光电子学等领域的研究，负责并承担了国家"863"计划、国家重点/重大自然科学基金、中国科学院重点及创新等课题多项，取得了多项具有重要科学价值的研究成果。曾先后获得中国科学院科技进步一、二、三等奖各1项，为首批"新世纪百千万人才工程"国家级人选。在国内外学术刊物发表论文100多篇，申请国家发明专利数十项，合著《非线性光学》研究生教材1部。

2016年起担任《光纤通信信息集锦》和《中国光纤通信年鉴》高级顾问。

宋数宾 研究员级高级工程师，中化高性能纤维材料有限公司董事长，中国中化中央研究院高性能纤维材料研究中心主任。长期从事基础化工材料、光纤光缆应用以及高性能材料的研发、生产与应用研究工作，是我国高性能纤维材料技术领域具有突出贡献的专家和卓越企业家。

主持了5000吨/年对位芳纶的工业化研发及工程设计实施项目。项目建成绿色生产线，生产的高强高模对位芳纶，实现了产品品种多元化，填补了国内产品空白。主导的高性能材料研发技术项目引领和带动纤维特色产业共同固链、强链、延链、补链，形成创新链共享、供应链协同、数据链联动、产业链协作的融通发展模式，为我国光纤光缆和通信工程的稳步发展提供了有力保障。

2022年起担任《中国光纤通信年鉴》编委会高级顾问。

高级顾问介绍

庄　丹　上海财经大学博士后，中国总会计师协会理事，长飞光纤光缆股份有限公司执行董事兼总裁。为湖北省人大代表，享受国务院政府特殊津贴。从事光纤光缆行业20余年，积极投身技术创新和研发。2011年被评为中国十佳CFO人物，荣膺2016年光纤通信发明50年高峰论坛大会"卓越企业家"称号。

根据CRU数据，自2016年以来，长飞公司连续7年蝉联棒、纤、缆销量全球第一，成为全球唯一掌握PCVD、VAD、OVD三大主流制备预制棒的企业。长飞公司也是行业内唯一一家3次荣获国家科学技术进步二等奖的创新企业。公司一贯重视知识产权软实力的发展，获得国内外专利1000余项；同时积极开拓海外市场，海外营收已达公司营收总额的三分之一。

钱建林　高级经济师、高级工程师，亨通集团有限公司执行总裁。兼任中国电子元件行业协会轮值理事长、中国电器工业协会电线电缆分会副理事长、亚太光纤光缆产业协会轮值主席、江苏省电线电缆行业协会名誉会长、江苏省质量协会副会长等职。为苏州市人大代表、苏州市劳动模范。曾荣获江苏省科技进步奖一等奖、中国电子学会科学技术一等奖。荣膺"全国优秀企业家""江苏省有突出贡献的中青年专家"、2016年光纤通信发明50年高峰论坛大会"卓越企业家"等称号。

2023年，亨通集团蝉联中国500强企业（排位第171位）、中国民营企业500强（排位第50位）、中国制造业民营企业500强（排位第34位）。亨通集团的棒、纤、缆产销国内外领先，特别是集团的海底光缆，2022年销售和交付使用近10万公里，位居中国第一、全球前四，产品遍布亚洲、非洲、南美洲及欧洲等地，具有里程碑意义。

历届报告会掠影（2009年）

2009年11月，为庆祝中华人民共和国成立60周年，由井冈山市人民政府和亨通集团承办，在革命圣地井冈山举办了中国光纤通信发展报告会暨《中国光纤通信年鉴》2009年版首发式，有200余位专家、学者、领导等参会，工业和信息化部特为大会发来贺信。

《中国光纤通信年鉴》2009年版首发

时任中国工程院副院长邬贺铨教授
在《中国光纤通信年鉴》首发仪式上致辞

《中国光纤通信年鉴》编委会韩馥儿主任
主持会议

历届报告会掠影（2010年）

2010年12月11～13日，在上海举办的"2010'海峡两岸光通信论坛暨《光纤通信信息集锦》2010年版首发仪式和国际光纤通信发展报告会"，与会嘉宾近250人。邬贺铨、黄宏嘉、简水生、李乐民、厉鼎毅、干福熹、徐至展、赵梓森、褚君浩等9位两院院士光临并作报告。图为美国CoAdna Photonics, Inc.董事长Jim Yuan博士在报告会上作报告。

2010'海峡两岸光通信论坛

Firecomms公司首席科学家约翰·兰博金博士在报告会上作精彩报告（图左为约翰·兰博金博士）

承办单位长飞光纤光缆有限公司举办招待晚宴——"长飞之夜"欢迎晚宴

历届报告会掠影（2011年）

2011'海峡两岸光通信论坛暨《中国光纤通信年鉴》2011年版首发仪式和中国光纤通信发展报告会，于2011年11月12～13日在苏州工业园区举行，出席大会的来宾、学者计250余人。大会主题："以海峡两岸光通信产业自主创新成就为主线，加强海峡两岸光通信产业界交流与合作，铸就中华民族光通信产业辉煌的明天"。图为出席大会的院士、领导、专家、企业家合影。

2011'海峡两岸光通信论坛

苏州工业园区领导致辞

2011'海峡两岸光通信论坛主会场

历届报告会掠影（2012年）

2012'国际光纤通信论坛于2012年8月10日上午在内蒙古自治区呼和浩特市举行，出席本届论坛的专家、学者有350余人。论坛主题："宽带战略：迎接光纤通信发展第二春"。论坛开幕式由中共呼和浩特市委副书记、市长秦义主持。论坛吸引了包括新华社、人民日报社、中央电视台、内蒙古电视台、呼和浩特电视台等中央、自治区、呼和浩特市等28家媒体的广泛关注。

2012'国际光纤通信论坛

中共内蒙古自治区党委常委、呼和浩特市委书记那仁孟和在开幕式上致欢迎词

中国工程院秘书长邬贺铨院士在论坛上作特邀报告

历届报告会掠影（2012年）

中共内蒙古自治区党委常委、呼和浩特市委书记那仁孟和代表时任中共内蒙古自治区党委书记胡春华同志亲切会见出席论坛的邬贺铨、干福熹、赵梓森、侯洵、李乐民、褚君浩等两院院士

《通信产业报》辛鹏骏总编在论坛访谈间采访中国工程院赵梓森院士

《通信产业报》辛鹏骏总编和特约记者李殊敏在论坛访谈间采访韩馥儿秘书长

历届报告会掠影（2013年）

2013'光纤通信发展报告会暨《光纤通信信息集锦》2013年版首发和颁奖仪式，于2013年11月28日上午在广州市举行，出席大会的来宾、学者有250余人。大会主题："'宽带中国'战略的光网络机遇"。

与会人员合影
左三：刘颂豪院士；左五：邬贺铨院士；左六：干福熹院士；左七：赵梓森院士；
左八：孙玉院士；左九：李乐民院士；左十：简水生院士；右二：褚君浩院士

大会执行主席中国科学院干福熹院士致开幕词

历届报告会掠影（2013年）

中国光学学会纤维光学与集成光学专业委员会副主任、
时任吉林大学电子科学与工程学院副院长张大明教授主持开幕式

中国工程院秘书长邬贺铨院士（左一）向优秀作品作者颁奖

历届报告会掠影（2014年）

2014'国际光纤通信论坛暨《光纤通信信息集锦》2014年版首发和颁奖仪式，于2014年12月5～7日在重庆市举行。论坛主题："发展光纤通信，建设网络强国"。出席本届论坛的专家、学者有200余位。

全国人大常委会委员、重庆市人大常委会杜黎明副主任和与会院士及论坛秘书长韩馥儿研究员等亲切合影（左起：褚君浩院士、侯洵院士、潘君骅院士、干福熹院士、杜黎明副主任、李乐民院士、孙玉院士、赵梓森院士、韩馥儿研究员）

本届论坛执行主席干福熹院士致开幕词　　《光纤通信信息集锦》2014年版首发和颁奖仪式

历届报告会掠影（2016年）

　　为纪念光纤通信发明50周年，2016年6月17～19日，"光纤通信50年高峰论坛"在河南鹤壁举行，出席论坛大会的两院院士、领导、专家、学者共计250余名。

出席"光纤通信50年高峰论坛"的院士、专家、领导在开幕式进场

王立军院士在开幕式上致词　　　　　　　河南省政府王梦飞副秘书长致欢迎词

河南省鹤壁市委书记范修芳致欢迎词　　　院士、专家、领导参观承办单位
　　　　　　　　　　　　　　　　　　　河南仕佳光子科技股份有限公司

历届报告会掠影（2016年）
颁奖仪式

中国科学院学部主席团成员、全国人大代表褚君浩院士宣读荣膺中国光纤通信业界风云人物等奖项名单

褚君浩院士向荣膺杰出科学家奖的赵梓森院士颁奖

侯洵院士向荣膺杰出科学家奖的王启明院士颁奖

褚君浩院士、侯洵院士与获奖专家、企业家、学者合影留念

李乐民院士为《中国光纤通信年鉴》2015年版优秀论文作者颁奖，并合影留念

历届报告会掠影（2016年）
企业家论坛

烽火通信总经理李诗愈演讲

长飞光纤副总裁张穆演讲

亨通集团执行总裁钱建林演讲

富通集团执行总裁肖玮演讲

华为总工张德江演讲

中兴通信总监王会涛演讲

历届报告会掠影（2018年）

"海洋强国""网络强国""一带一路"是国家意志，亦是中国光纤通信业界的重要责任，2018年12月11～12日，在亚洲最大的海底光缆产业基地珠海市高栏港举办的"2018'中国海洋通信发展论坛暨《中国光纤通信年鉴》2018年版首发、颁奖和学术报告会"，受到业界的高度重视和广泛关注。

中国光学学会纤维光学与集成光学专业委员会常务委员、吉林大学吉林市研究院院长张大明教授主持2018届开幕式

烽火通信线缆产出线副总裁耿皓出席2018届论坛

承办单位烽火海洋网络设备有限公司总经理余次龙致欢迎词

珠海市高栏港开发区主任张戈致词

历届报告会掠影（2018年）

首发、颁奖仪式

中国通信学会光通信委员会名誉主任
毛谦教授级高工宣读优秀作品
获奖名单、优秀版面获奖名单

中国光纤之父、中国光纤通信业界
杰出科学家赵梓森院士和主办方领导
韩馥儿研究员、毛谦教授级高工、张大明教授
向优秀作品获奖作者颁奖

中国光纤之父、中国光纤通信业界杰出科学家
赵梓森院士和主办方领导韩馥儿研究员、毛谦教授
级高工、张大明教授向优秀版面获奖单位颁奖

出席本届论坛的专家、
嘉宾合影留念

历届报告会掠影（2018年）

特邀报告

烽火锐光信通科技有限公司总经理
罗文勇教授级高工主持特邀报告

中国联通研究院首席专家、中组部"千人计划"
引进人才唐雄燕教授级高工作特邀报告

浙江大学信息与电子工程学院、中组部
"千人计划"引进人才储涛教授作特邀报告

重庆世纪之光科技实业有限公司副总经理
方胜博士对第27届国际塑料光纤会议作热点解读

历届报告会掠影（2018年）

2018'中国海洋通信发展论坛

中国光纤之父、中国光纤通信业界杰出科学家
赵梓森院士在论坛上作高屋建瓴的演讲

中国电信国际有限公司总经理
常卫国在论坛上演讲

中天科技海缆有限公司总经理
吴晓伟在论坛上演讲

中国联通中讯设计院国际传输总监
贺永涛在论坛上演讲

历届报告会掠影（2019年）

为庆祝中华人民共和国成立70周年、传承红色基因，2019年12月13～14日，在革命红船起航地——嘉兴南湖举办中国光纤通信学术报告会暨《中国光纤通信年鉴》2019年版首发和颁奖仪式，参会的院士、专家、学者、企业家共80多人。

开 幕 式

承办单位长飞光纤光缆股份有限公司
战略市场部肖畅品牌主任致词

承办单位江苏亨通光纤有限公司
总经理陈伟教授级高工致词

中共一大山东代表王尽美嫡孙、浙江大学王明华教授介绍王尽美生平事迹

嘉兴市人民政府蔡山林副秘书长致词

历届报告会掠影（2020年）

2020年
中国光纤通信创新合作
网络学术交流报告会

主办单位：《中国光纤通信年鉴》编委会
　　　　　中国光学学会纤维光学专委会
　　　　　中国通信学会光通信专委会
时　　间：2021年1月16日

会议主题

主题："十三五"我国光纤通信发展回顾和展望
时间：2021年1月16日 13:30–16:30
主持：胡卫生，上海交大教授　博士后
　　　《年鉴》编委会副主任兼副主编
接入方式：
点击链接入会，或添加至会议列表：
https://meeting.tencent.com/s/QqTc3ATa0nUh
会议 ID：432 130 397（或者手机直接进入"腾讯会议"小程序，复制会议ID，参加会议）

会议议程

一、《年鉴》编委会主任兼主编韩馥儿研究员介绍参会院士、专家及企业家

二、中国光学学会集成光学与纤维光学专委会、吉林大学技术研究院院长张大明教授宣读《年鉴》2020年版优秀作品和优秀版面奖名单

三、会议邀请报告

四、中国通信学会光通信委会名誉主任毛谦教授级高工作会议总结

历届报告会掠影（2021年）

庆祝中国共产党百年华诞
"十四五"中国光纤通信发展论坛

2021年12月25日上午9时，四川省崇州市，主持嘉宾李雅淇宣布"十四五"中国光纤通信发展论坛大会正式开幕

四川省崇州市副市长张小林致欢迎词并介绍崇州市电子信息产业

四川汇源塑料光纤公司储九荣总经理致欢迎词

《年鉴》编委会副主任、上海交通大学胡卫生教授主持论坛大会特邀报告

历届报告会掠影（2021年）

庆祝中国共产党百年华诞
"十四五"中国光纤通信发展论坛

开幕式

一、2021年12月25日上午9时，四川省崇州市，主持嘉宾李雅淇女士宣布"十四五"中国光纤通信发展论坛正式开幕，线上同步直播

二、中国科学院西安分院赵卫院长致开幕词

三、《中国光纤通信年鉴》编委会主任韩馥儿研究员介绍出席会议的领导和嘉宾

四、中国科学院侯洵院士致贺词

五、中国科学院王启明院士讲话

六、四川省崇州市副市长张小林致欢迎词

七、承办单位四川汇源塑料光纤公司储九荣总经理致欢迎词

八、中国光学学会纤维光学与集成光学专业委员会常务委员、吉林大学吉林市研究院张大明院长讲话

九、中国通信学会光通信委员会名誉主任毛谦总工程师宣读《中国光纤通信年鉴：2021年版》优秀作品奖和优秀版面奖名单

历届报告会掠影（2021年）

庆祝中国共产党百年华诞
"十四五"中国光纤通信发展论坛

特邀报告会议程

主持：胡卫生　《中国光纤通信年鉴》编委会副主任
　　　　　　　上海交通大学教授　博士后
　　　　储九荣　《中国光纤通信年鉴》编委会副主任
　　　　　　　四川汇源塑料光纤有限公司总经理　博士后

报告主题	报告嘉宾	嘉宾介绍
1. 算力时代的光网络	邬贺铨	中国工程院院士　曾任中国工程院副院长　中国互联网协会理事长《中国光纤通信年鉴》编委会名誉主任
2. 智能化社会与光电传感技术发展	褚君浩	中国科学院院士　中国科学院学部主席团成员　复旦大学光电研究院院长《中国光纤通信年鉴》编委会名誉主任
3. 拥抱千兆时代发展机遇 迎接光产业新周期	闫长鹍	长飞光纤光缆股份有限公司高级副总裁
1. 抓"十四五"机遇，促高质量发展	袁　健	江苏亨通光纤科技有限公司董事长　教授级高工
2. 创新光纤光缆技术，赋能数字经济发展	罗文勇	烽火通信科技股份有限公司线缆产出线研发中心总经理　教授级高工
3. 新基建下的光通信发展趋势	唐雄燕	中国联通光网络首席科学家　博士后
4. 光纤预制棒工艺发展趋势	兰小波	光纤光缆制备国家重点实验室暨长飞光纤光缆股份有限公司创新中心总经理　《中国光纤通信年鉴》编委会副主任
5. C+L波段超大容量通信单模光纤的研究	陈　伟	博士　《中国光纤通信年鉴》编委会副主任

历届报告会掠影（2021年）

庆祝中国共产党百年华诞
"十四五"中国光纤通信发展论坛

特邀报告会议程

报告主题	报告嘉宾	嘉宾介绍
6. 高环境稳定性空心光子带隙光纤的制造工艺研究与性能分析	杜 城	锐光信通科技有限公司总经理 烽火通信线缆产出线光纤产品线副总监
7. 塑料光纤的研究进展与工业智能化应用	储九荣	塑料光纤研究和制备国家重点实验室主任 崇州人才学院院长 博士后
8. 硅基光子器件研究进展与发展趋势	杨建义	浙江大学信息与电子工程学院院长 教授 博士后
9. RODAM 全光网的应用及研究发展	胡卫生	上海交通大学教授 博士后
10. 800G+ 数据中心光互联技术发展趋势	诸葛群碧	上海交通大学副教授 博士 国际 OFC 会议分会主席
11. 光纤传感技术在长距离输水隧洞结构监测中的应用	赵 霞	江苏法尔胜光电公司总经理 博士
12. 面向 6G 的可见光通信关键技术	迟 楠	复旦大学信息与通信工程学院院长 教授
13. 论坛大会总结	储九荣	塑料光纤研究和制备国家重点实验室主任 崇州人才学院院长 博士后
	毛 谦	中国通信学会光通信委员会名誉主任 教授级高工
	韩馥儿	《中国光纤通信年鉴》编委会主任 研究员

历届报告会掠影（2022年）

《中国光纤通信年鉴》2022 年年会暨全光算力网络发展论坛网络视频会议

一、论坛大会开幕式

1. 2022年12月3日上午9时，主持人宣布论坛大会开幕
2. 中国科学院院士、《中国光纤通信年鉴》编委会高级顾问侯洵致贺词

历届报告会掠影（2022年）

《中国光纤通信年鉴》2022年年会
暨全光算力网络发展论坛网络视频会议

3. 《中国光纤通信年鉴》编委会主任兼主编韩馥儿研究员介绍出席大会的两院院士和主要嘉宾
4. 会议承办单位江西大圣塑料光纤有限公司陈伟总经理致欢迎词
5. 中国光学学会集成光学与纤维光学专业委员会常务委员、吉林大学吉林市研究院院长张大明教授宣读《中国光纤通信年鉴》2022年版优秀作品奖和优秀版面奖名单

历届报告会掠影（2022年）

《中国光纤通信年鉴》2022年年会暨全光算力网络发展论坛网络视频会议

二、论坛大会特邀报告

主持：胡卫生 《中国光纤通信年鉴》编委会副主任 上海交通大学教授 博士后
　　　储九荣 《中国光纤通信年鉴》编委会副主任 四川汇源塑料光纤有限公司总经理 博士后

报告主题	报告嘉宾	嘉宾介绍
1. 全光算力网络与光纤通信科技创新	邬贺铨	中国工程院院士 曾任中国工程院副院长 中国互联网协会理事长 《中国光纤通信年鉴》编委会名誉主任
2. 半导体技术创新发展	王立军	中国科学院院士 中国科学院信息部常委 著名半导体物理学家
3. 空间互联网与商业航天	王建宇	第十三届全国人大代表 中国科学院院士 著名空间光电技术科学家 现任中国科学院上海分院院长
4. 新型光纤助力国家算力网络建设	闫长鹍	长飞光纤光缆股份有限公司高级副总裁
5. 空分复用大容量通信用低串扰多芯光纤技术研究	贺作为	江苏亨通光纤科技有限公司副总经理 高级工程师
6. 光纤光缆用高性能芳纶材料的创新发展	曹煜彤	中化高性能纤维材料有限公司技术总监 博士
7. 纤缆技术在电力领域的探索与实践	罗文勇	烽火通信线缆产出线研发中心总经理 教授级高级工程师
8. 塑料光纤的创新发展	张海龙	四川汇源塑料光纤有限公司副总经理 高级工程师
9. 面向东数西算的全光算力网络	唐雄燕	中国联通光网络首席科学家 博士后

历届报告会掠影（2022年）

《中国光纤通信年鉴》2022年届年会暨全光算力网络发展论坛视频网络会议

报告主题	报告嘉宾	嘉宾介绍
10. 空芯光纤长距离通信的机遇与挑战	陈 伟	上海大学特聘教授 博士 《中国光纤通信年鉴》编委会副主任
11. 面向未来超大规模数据中心的800G硅基光收发芯片和光引擎	杨建义	浙江大学创新中心主任 博士后
12. 数据中心智慧光网络关键技术	诸葛群碧	中组部青年千人计划引进人才 上海交通大学副教授 博士 国际OFC会议分会主席
13. 基于SDM新一代海底光缆技术研究	胥国祥	江苏亨通海洋光网络系统有限公司技术总监 教授级高级工程师
14. 国际海底光缆建设展望	贺永涛	中讯邮电咨询设计院有限公司国际网络首席总师
15. 面向F6G/6G的未来智能融合光子无线融合接入	迟 楠	中国共产党二十大代表 复旦大学信息与通信工程学院院长 教授 鹏城实验室双聘教授
16. "二龙戏珠，众星拱月"——全球卫星激光通信发展综述	胡卫生	上海交通大学特聘教授 博士后 全光网首席科学家 鹏城实验室双聘教授
17. 论坛大会总结	陈 伟	江西大圣塑料光纤公司总经理 高级工程师
	毛 谦	中国通信学会光通信委员会名誉主任 教授级高级工程师
	韩馥儿	《中国光纤通信年鉴》编委会主任兼主编 研究员

序

  1966 年，高锟博士以"光频率介质纤维表面波导"理论开启了光纤的发明和应用，把人类社会领航到光纤通信时代，也就是互联网时代。当前，全球 90% 以上的信息由光纤传输，光纤除了用于传统的光通信外，还已在或将在光纤传感、光纤传能、光纤激光等方面大有作为，并成为全光社会的关键基础材料，必将在推动数字化转型中发挥关键作用。很显然，光纤通信的创新空间还相当大，光纤通信创新永远在路上。

  2023 年，是贯彻落实中共二十大精神的开局之年，亦是我国光纤通信技术和产业迈向高质量发展、大力提升科技创新能力的重要之年。

一、我国已打破海缆技术及其市场长期由国外垄断的局面，跃居国际先进水平

  海底光缆是光纤通信产业链皇冠上的明珠产品。过去，我国企业与国际一流的欧、美、日等企业在关键技术上存在较大差距，国际海缆技术和市场长期被欧、美、日三家巨头企业垄断。近年来随着国际形势变化，我国的亨通、烽火、长飞、中天等企业实力大幅提升，开始逐步打破国际海底光缆市场长期被欧、美、日企业垄断的局面。2018 年，长飞公司与国内电缆行业领军企业宝胜集团共同出资组建了两家海缆生产和海洋工程公司，致力于打造国际一流制造商和承包商。2020 年底，烽火通信与江苏华西海洋工程服务有限公司完成合作签约仪式，双方共同出资成立烽华海洋工程装备有限公司，致力于海底光缆工程的施工和维护服务。至此，我国的相关机构和企业在先进海用光纤、海洋工程技术和装备、高性能水下部件、海缆通信系统设备等领域积极布局，取得了技术上的长足进步和一些标志性的工程业绩，促进了我国海底光缆产业链的能力提升，有助于我国国际通信网络的健康发展。

  尤其值得一提的是，作为国内最大的海洋通信系统集成商和网络服务提供商，江苏亨通海洋光网系统有限公司（简称"亨通海洋"）已交付了超过 130 个全球海缆项目，产品覆盖全球五大洲，被广泛应用于 80 多个国家和地区。其海底光缆销售数量和交付数量居国内第一、全球前四；2022 年在全球累计销售和交付海底光缆近 100000km。

  2023 年 3 月，亨通海洋在 SUBOPTIC 大会期间，发布了新一代适合有中继长距离系统传输的产品"HORC-3"。HORC-3 系列海底光缆是一款基于空分复用技术的大纤对大容量的 32 纤对有中继海底光缆，使用多纤对、光纤束、并行单模复用 PSM 等技术，满足国际宽带迅猛增长的需求。HORC-3 系列海底光缆能同时兼容 24 纤对，拥有更低的直流电阻，可提升系统跨距、降低线路损耗；基于 20kV 运行电压的绝缘设计与可靠性验证，具有更强的铠装保护、更高的系统容灾能力以及更强的深海阻水阻氢与防腐能力。

综上所述，当前我国国际海底光缆技术和产业在总体上已跃居世界先进水平。

二、我国长距离通信在国际上取得两项新纪录

近年来，我国长飞公司、烽火通信、亨通光电等企业与运营商合作开展的光纤长距离传输试验取得长足发展，其中长飞公司助力中国移动研究院取得 G.654.E 800G 2000km 和少模光纤 400G 200km 两项长距离传输世界纪录。基于此两项重大成果，长飞公司与中国移动研究院合作发表的论文，被全球光通信领域顶级学术会议 ECOC 录用。

● 长飞远贝 ® 超强超低衰减 G.654.E 光纤助力中国移动首次实现 800G 2000km 极限传输

在 800G 高速互联前沿研究探索方面，长飞公司此前已协同中国移动等产业链合作伙伴进行了大量的研究实践，取得了诸多突破与成绩。2021 年 3 月，长飞公司远贝 ® 超强超低衰减 G.654.E 光纤助力中国移动完成了 1100km800G 光传输测试；2023 年，长飞公司再度助力中国移动刷新了这一曾经的高水平纪录，首次实现了单通道电域多子载波 800G 超 2000km 的极限传输突破，有效提升了 800G 长距离传输性能，对布局下一代超高速信息网络具有里程碑式的重要意义。

● 长飞少模光纤助力全球首个 400G 200km 超长单跨极限传输

被写入 ECOC 收录论文的全球首个弱耦合模分复用实时 400G 系统 200km 超长单跨极限传输，也是由中国移动和长飞公司共同实现的。论文详细介绍了使用 400 Gbps DP-16QAM-PCS 商用系统在 200km 少模光纤上（LP01 损耗 54.5dB，LP02 损耗 67.5dB）的实时无中继模分复用传输，创造了本领域的世界纪录。这是业内第一次在模分复用链路上运行 400G 实时商业系统，为弱耦合模分复用技术的发展和商用推广奠定了基础。

三、我国着力打造目前世界上最大容量、最长距离的超级空分复用信息高速公路——"粤港澳大湾区超级光网络"

随着单模光纤传输接近香农极限，国内外光通信业界都在竞相研究开发空分复用多芯光纤。为把研究成果推向工程实际应用，国家重点研发计划项目"宽带通信与新型网络应用示范"专项立项了"粤港澳大湾区超级光网络"课题。粤港澳大湾区是我国南海门户，也是世界上最大的港湾区，有很大的高速互连互通需求。2022 年 8 月，该课题举行了阶段敷设竣工暨莞深段开工典礼仪式，标志着目前世界最长的多芯光纤光缆工程完成阶段建设。该课题由广东工业大学牵头，中山大学、中国电信、烽火通信等单位参与。

粤港澳大湾区超级光网络总长度超过 160km，连接广州和深圳，采用烽火通信自主研发的空分复用光纤光缆技术，打造成功目前世界上距离最长、容量最大的空分复用光通信"超级高速公路"。在工程建设中，课题组从光缆部署施工、多芯光纤现场熔

接、后期系统维护等多个方面进行尝试和突破，完成了超 60km 多芯光缆的中期铺设熔接，并基于已经铺设的环大学 16km 多芯光缆进行了 200Tb/s 离线系统与 1Tb/s 实时系统混合传输的现场演示。作为任务承担单位，烽火通信攻克了 7 芯单模光纤和扇入扇出器件的制备工艺技术及成缆工艺，通过对光缆中多芯光纤余长进行针对性设计和精确控制，保证了多芯光缆的低损耗特性，并与中国电信共同完成了多芯光缆的铺设熔接，按期实现了高速信号解调带宽达到 200Gb/s 的 400G 高速传输设备研制目标。

"粤港澳大湾区超级光网络"中期阶段敷设的竣工，标志着多芯光纤迈上了商用化新台阶，推动了多芯光纤产品的规模化应用，为我国光通信事业的发展做出了新贡献。

四、攻克芳纶制造"卡脖子"关键技术，实现芳纶国产化规模生产

芳纶是世界三大高性能纤维之一，具有高强度、耐高温、耐酸碱、重量轻等诸多优异性能，是发展新一代信息通信技术，建设重大国家工程、国防工程、海洋工程、高科技工程以及重大科研项目等高端应用领域至关重要的战略性材料。过去，这种战略性材料的主要生产技术掌握在少数几家跨国公司巨头手中；鉴于此，中化高纤致力于攻坚芳纶制造的"卡脖子"难题，克服了产业化难、高新技术壁垒等难点，实现了产能国内第一、产品质量国际一流、填补国内高端应用空白的目标，利用自有资源，协同打造成从原料到下游高附加值产品的完整产业链，打破了跨国公司巨头在此领域的长期垄断局面，因此荣获 2022 年度上海市科学技术奖技术发明一等奖。该项重大成果使中化高纤建立起年产 5500 吨的对位芳纶自主产业化生产体系，产品可广泛应用于光纤光缆、安全防护、汽车船舶和复合材料等领域。

未来，面对 6G 时代，我们要通过新光纤和新宽带等技术突破，实现单纤传输容量至 1~10Pbs；要加强空天地海一体化信息网络关键技术研究，达到对矿山、森林、沙漠、海洋等偏远地区的全球全域无缝覆盖，实现数字地球的全场境泛在连接，让高锟博士开创的光纤通信事业更好地造福全人类！

希望我们光纤通信业界的全体同仁一起放飞梦想，把我国光纤通信事业发展得更加辉煌！

中国工程院院士、中国工程院秘书长
《中国光纤通信年鉴》编委会名誉主任

中国科学院院士、中国科学院学部主席团成员
《中国光纤通信年鉴》编委会名誉主任

2023 年 9 月

前 言

为编辑好《中国光纤通信年鉴》（以下简称"《年鉴》"）2023年版，由《年鉴》编委会、中国光学学会集成光学与纤维光学专业委员会、中国通信学会光通信委员会主办，浙江大学绍兴研究院承办的"《中国光纤通信年鉴：2023年版》编辑出版筹备会暨绍兴光通信产业发展专家研讨会"，于2023年9月16日至17日在浙江省文化名城绍兴市举办，来自光纤通信业界的两院院士、高校教授、相关科技人员等专家、企业家以及当地政府领导等60余人出席了本次会议。

会议开幕式由《年鉴》副主编储九荣博士后主持，《年鉴》编委会名誉主任、中科院院士、复旦大学光电研究院院长褚君浩教授致开幕词。褚院士在致词中指出："《年鉴》至今已出版了15册，具有品牌与行业里程碑的意义。其高水平的前沿主题报告，是产、学、研对标发展的航标和典范。光纤通信技术和产业的发展依然任重道远。"

东道主浙江大学绍兴研究院信创中心副主任王曰海教授致了欢迎词。王教授介绍了绍兴研究院的概况，对《年鉴》2023年版的高质量出版寄予厚望，期待将要举办的第十五届年会更有创新。

大会主题报告由《年鉴》副主编、上海交通大学博士生导师胡卫生教授主持。共有14篇论文在大会上演讲交流，内容十分丰富。这些高水平的学术论文，让与会代表享受了一场高水准的科学与前沿技术融合盛宴，使大家获益匪浅。胡卫生教授还主持商讨了《年鉴》关于近年来中国光纤通信业界重磅大事版面和创新成就展示版面的内容。

《年鉴》编辑部根据绍兴会议上交流讨论的14篇论文和27项重磅大事以及8项成就展示内容，组织专家进行认真讨论和审议，定稿之后，将书稿交付出版社进行审读和编辑加工。

《中国光纤通信年鉴：2023版》的出版，是在业界同仁的大力支持下完成的，在此谨向为本书做出贡献的诸位院士、专家、学者以及企业家等致以诚挚的感谢和崇高的敬意！

因时间仓促、水平有限，不当之处，敬请批评指正！

《中国光纤通信年鉴》编委会

2023年9月

目　录

一　中国光纤通信业界2022～2023年重磅大事记 …………………………… 1

二　国家级实验室 ……………………………………………………………… 51
　　鹏城实验室 ……………………………………………………………… 53
　　张江实验室 ……………………………………………………………… 54
　　中关村实验室 …………………………………………………………… 55
　　怀柔实验室 ……………………………………………………………… 56
　　浦江实验室 ……………………………………………………………… 57
　　合肥实验室（合肥综合性国家科学中心） …………………………… 58
　　量子信息科学国家实验室 ……………………………………………… 59
　　国家同步辐射实验室 …………………………………………………… 60
　　磁约束核聚变国家实验室 ……………………………………………… 62

三　重大科学技术成果 ………………………………………………………… 63
　　光纤通信领域主要学会、协会科学技术成果奖 ……………………… 65
　　　（一）中国通信学会科学技术奖 …………………………………… 65
　　　（二）中国电子学会科学技术奖 …………………………………… 66
　　　（三）中国光学学会光学科技奖 …………………………………… 68
　　　（四）中国光学工程学会科技创新奖 ……………………………… 68

四　光纤通信科学技术发展 …………………………………………………… 73
　　光网络
　　新一代全光底座赋能数字经济 ……………………………唐雄燕　沈世奎 75

　　光纤光缆
　　新型线缆支撑"连接+算力+能力"新信息服务体系 ………聂　磊　张　薇 86
　　双折射反谐振空芯光纤研究 ………………………………陈　伟　王　洋 97
　　低串扰弱耦合七芯光纤制备关键技术研究 …………孙　伟　贺作为　刘振华等 104

— 1 —

新型空芯反谐振光纤研制及其在光纤增强拉曼光谱系统中的应用研究
……………………………………………………………… 张 涛 杜 城 李 伟等 115
塑料光纤的创新发展………………………………………… 储九荣 张海龙 孔德鹏等 120
高性能全芳香族聚酰胺纤维在光电缆中的应用
……………………………………………………………… 宋数宾 曹煜彤 朱俊强等 133
分层共挤技术在新型微结构塑料光纤生产中的应用
……………………………………………………………… 胡卫明 许泽楷 陈 明等 140

光器件
PLC型多模无源光分路器的研究和应用进展 ………………………………… 郑伟伟 148
面向激光雷达应用的硅基光学相控阵关键技术研究 … 杨建义 周之琰 王日海 156

光通信系统
超宽带光纤通信系统关键技术 ……………………………… 诸葛群碧 胡卫生 162

海底光缆
突破海缆关键技术，助力国际通信发展 ……………………………………… 贺永涛 169

6G
高速可见光通信进展与应用 ………………………………………… 沈 超 迟 楠 173

激光通信
空天地海协作通信技术的发展评述 ………………………………………… 胡卫生 184

五 《中国光纤通信年鉴：2022年版》获奖优秀作品选登 ……………… 191

面向东数西算的全光算力网络 ……………………………………………… 唐雄燕 193
纤缆新技术在电力领域的探索与实践 ……………………… 罗文勇 胡国华 祁庆庆等 200
新型光纤助力国家算力网络建设 …………………………………………… 王铁军 208
基于SDM的新一代海底光缆技术研究 ……………………… 许人东 王 畅 胥国祥等 219
"二龙戏珠，众星拱月"——全球卫星激光通信发展综述 ………………… 胡卫生 225

六 中国光纤通信业界2022～2023年成就展示篇 …………………… 233

Contents

A. Important Recordation of Essential Subjects for Chinese Optic Fiber Communication Profession at 2022~2023 ……………………………………（1）

B. National Laboratory …………………………………………………………（51）
   Peng Cheng Laboratory………………………………………………………（53）
   ZhangJiang Laboratory ………………………………………………………（54）
   ZhongGuanCun Laboratory …………………………………………………（55）
   HuaiRou Laboratory …………………………………………………………（56）
   PuJiang Laboratory …………………………………………………………（57）
   HeFei Laboratory (Hefei Comprehensive National Science Center) …………（58）
   National Laboratory for Quantum Information Science ……………………（59）
   National Synchrotron Radiation Laboratory…………………………………（60）
   Magnetic Confinement Fusion National Laboratory…………………………（62）

C. The Major Achievements of Science ＆Technology National Science ＆ Technology Achievement Prize ………………………………………………（63）
   Science and Technology Award of Institute and Association in the Field of Optical communication ………………………………………………………（65）
   1. Science ＆ Technology Award of China Institute of Communications …………（65）
   2. Science ＆ Technology Award of The Chinese Institute of Electronics …………（66）
   3. Science ＆ Technology Award of the Chinese Optical Society ………………（68）
   4. Technology Innovation Award of Chinese Society for Optical Engineering ……（68）

D. Development for Science ＆Technology of Optical Fiber Communication …………（73）
   1. Optical Network
   New Generation All Optical Network Empowers Digital Economy
   ………………………………………… Xiongyan Tang, Shikui Shen （75）

   2. Optical Fiber & Cable
   New Cable Support New Information Service System of "Connection+ Computing power+ Capability"………………………………… Lei Nie, Wei Zhang（86）
   Research on the Birefringent Anti-resonant Hollow-core Fiber
   ……………………………………………… Wei Chen, Yang Wang（97）
   Investigation on Key Technologies for Preparation of Low Crosstalk Weakly Coupled 7-Core Fiber ……………… Wei Sun, Zuowei He, Zhenhua Liu etc.（104）
   Development of a Novel Hollow Core Anti resonant Fiber and Its Application Research in Fiber-enhanced Raman Spectroscopy Systems
   ……………………………………… Tao Zhang, Cheng Du, WeiLi etc.（115）

Innovative Development of Plastic Optical Fiber
.... Jiurong Chu, Hailong Zhang, Depeng Kong etc. （120）
Application of high-performance all aromatic polyamide fibers in optical cables
.... Shubin Song, Yutong Cao, Junqiang Zhu etc. （133）
Application of Layered Co-extrusion Technology in the Production of New
　Microstructure Plastic Optical Fiber ··· Weiming Hu, Zekai Xu, Ming Chen etc. （140）

3. Optical Device
Research and Application Progress of PLC Multimode Passive Optical Splitters
.... Weiwei Zheng （148）
Research on Key Technologies of Silicon-Based Optical Phased Arrays for LIDAR
　Applications................................ Jianyi Yang, Zhiyan Zhou, Yuehai Wang （156）

4. Optical Communication System
Key Technologies of Ultra-Wideband Optical Communication Systems
.... Qunbi Zhuge, Weisheng Hu （162）

5. Submarine Optical Cable
Research submarine cable key technologies and contribute to international networks
　deployment .... Yongtao He （169）

6. 6G
Advances and Applications of High-speed Visible Light Communications
.... Chao Shen, Nan Chi （173）

7. Laser Communication
Perspective of Cooperation Communications in the Space- Air-Ground-Ocean Domains
.... Weisheng Hu （184）

E. Selection of Excellent Composition Prize in 2022 Year Book ·················· （191）
　All-Optical Computing Power Network for National Project on East Data to West
　　Computing .... Xiongyan Tang （193）
　Exploration and practice of novel fiber cable technology in power field
　　.................................... Wenyong Luo, Guohua Hu, Qingqing Qi etc. （200）
　Novel optical fiber assisting China's computing power network construcion
　　.. Tiejun Wang （208）
　A new generation of submarine cable research based on SDM for submarine networks
　　.................................... Rendong Xu, Chang Wang, Guoxiang Xu etc. （219）
　Progress of Satellite Laser Communication in the World ············ Weisheng Hu （225）

F. Archievement Show for China Optical Fiber Communication Profession at
　2022～2023 .... （233）

一

中国光纤通信业界
2022～2023年重磅大事记

- 01 新突破 | 长飞公司助力中国移动取得 800G 2000km、少模光纤 400G 200km 长距离传输 2 项世界纪录
- 02 央视《焦点访谈》聚焦隐形冠军 长飞一路追"光"领"纤"世界
- 03 献礼二十大：长飞波兰第 100 万芯公里光缆下线
- 04 2022 世界光纤光缆大会：长飞以"BRIGHTS"打造数字经济全光底座，迎接行业发展新周期
- 05 重磅 | 长飞公司入选 2022 年度国家级绿色工厂
- 06 长飞海工两型工程船舶项目交付仪式成功举办
- 07 新起点 新征程 新未来 | 热烈庆祝长飞公司成立 35 周年
- 08 "湖北省光纤光缆先进制造与应用产业技术创新联合体"隆重启动
- 09 数智连接 光绘未来 | 长飞旗下子公司长芯盛 iCONEC 品牌发布会圆满落幕
- 10 牢记嘱托 拾光向上 |2023 "长飞科创日"主题活动圆满举行
- 11 亨通海洋海底光缆销售和交付使用数量信居国内第一、全球第四
- 12 亨通海洋发布新一代适合有中继长距离系统传输的产品"HORC-3"
- 13 亨通海洋成功交付了国内唯一一家自主研发的油气路由模组产品"SRM"
- 14 国家重点！目前世界最长！
- 15 2023 全球光纤光缆大会深挖数字连接价值，共创光通信行业美好未来
- 16 烽火通信蝉联"湖北省高新技术企业百强名单"榜首
- 17 汇源工控光模块国产化项目从 5M 升级为 10M，产品走向国际市场
- 18 自主研发光学级氟树脂、光学级聚甲基丙烯酸甲酯及其塑料光导纤维入选国家重点新材料目录
- 19 卓越运营引领中化高纤迈上高质量发展之路
- 20 中化高纤重磅荣誉：上海市科学技术发明一等奖
- 21 特发信息荣获昇腾人工智能生态大会"优秀合作伙伴"奖
- 22 数据服务落地西安，助力产业稳健发展——特发西港数据中心正式落成
- 23 特发信息全力以赴保供应，助力国家重点项目"白浙线"特高压直流工程按时全线贯通
- 24 践行低碳绿色发展理念——特发信息光通信产业园光伏发电项目成功并网发电
- 25 品牌力量助力高质量发展 | 特发信息再获"深圳知名品牌"荣誉
- 26 行业认可 载誉归来 | 特发信息蝉联中国光通信最具竞争力企业十强
- 27 特发信息与中科院深圳先进院合作成立"特种光纤光缆及光纤传感联合实验室"

01 新突破 | 长飞公司助力中国移动取得 800G 2000km、少模光纤 400G 200km 长距离传输 2 项世界纪录

长飞光纤光缆股份有限公司（以下简称"长飞公司"）助力中国移动研究院取得 800G 2000km 和少模光纤 400G 200km 长距离传输 2 项世界纪录；基于此两项重大成果，长飞公司与中国移动研究院合作发表的论文，被全球光通信领域顶级学术会议 ECOC 录用。

长飞远贝 ® 超强超低衰减 G.654.E 光纤助力中国移动首次实现 800G 2000km 极限传输

在 800G 高速互联前沿研究探索方面，长飞公司此前已协同中国移动等产业链合作伙伴进行了大量的研究实践，并取得了诸多成绩与突破。2021 年 3 月，长飞公司远贝 ® 超强超低衰减 G.654.E 光纤助力中国移动完成了 1100km 800G 光传输测试；2023 年，长飞公司再度助力中国移动刷新了这一曾经的高水平纪录，首次实现了单通道电域多子载波 800G 超 2000km 的极限传输突破，有效提升了 800G 长距离传输性能，对布局下一代超高速信息网络具有里程碑式的重要意义。

长飞少模光纤助力全球首个 400G 200km 超长单跨极限传输

被写入 ECOC 论文的全球首个弱耦合模分复用实时 400G 系统 200km 超长单跨极限传输，也是由中国移动和长飞公司共同实现的。论文详细介绍了使用 400 Gbps DP-16QAM-PCS 商用系统在 200km 少模光纤上（LP01 损耗 54.5dB，LP02 损耗 67.5dB）的实时无中继模分复用传输，创造了本领域的世界纪录。这是第一次在模分复用链路上运行 400G 实时商业系统，为弱耦合模分复用技术的发展和商用推广奠定了基础。

02 央视《焦点访谈》聚焦隐形冠军 长飞一路追"光"领"纤"世界

2022年8月31日晚，中央电视台《焦点访谈》栏目以"隐形冠军：一路追'光'领'纤'世界"为题，聚焦隐形冠军，报道了长飞光纤光缆股份有限公司如何从零起步艰难探索，突破核心技术，实现从"跟跑"到"部分领跑"，取得主营业务市场份额连续6年蝉联全球第一的成就，引领中国光通信产业可持续发展。

以下为报道原文摘要

继续关注"隐形冠军"。数字时代，畅通快捷的信息高速路离不开光纤宽带。我国拥有全球最大的光纤网络，是全球首个基于独立组网模式规模建设5G网络的国家，光纤用户占比由2012年的不到10%提升到2021年的94.3%。与此相对应的，中国现在已经成为全球产销规模最大的光纤光缆产业集聚地。在光纤产业链条的众多企业中，不少隐形冠军在闪闪发光。

目前，我国光纤预制棒的生产水平已经在世界领先，位于湖北的长飞公司就是代表企业之一。长飞公司在湖北潜江的工厂是全球最大的光纤预制棒和光纤生产基地，生产的产品销往90多个国家和地区。光纤预制棒、光纤、光缆产销量连续30年全国第一，2016年起，市场份额连续6年全球第一。

长飞公司的光纤生产线是目前世界上最先进的光纤拉丝生产线。在这里，一根光纤预制棒以每分钟3500米的高速，连续拉制2到3天，可生产出长达1万多公里的光纤，这也是目前全球的行业最高水平。

长飞公司开发出的全球最大尺寸光纤预制棒，直径230毫米。那么，这样一根几乎像碗口一样粗的光纤预制棒，是怎样加工成细如发丝的光纤的呢？这其中的重要法宝就是光纤拉丝塔。

长飞公司执行董事兼总裁庄丹说："我们的光纤拉丝塔有点像火箭发射塔，30多米高，预制棒变成液体，经过30多米的长度，拉出来的光纤迅速冷却，我们这个拉丝塔拉丝速度也是全球最高的。"

20世纪80年代，全球掀起信息化浪潮，光纤通信业发展起来。我国与荷兰的飞利浦公司合作，成立了长飞光纤光缆有限公司，将全球最主流的预制棒制备工艺引进中国，我国光纤产业由此实现了从零到一的突破。

21世纪初，中国进入光纤通信飞速发展的时代，"八纵八横"光缆干线工程也在大力推进，光纤光缆产品供不应求。

庄丹说："那个时候，产能完全不能满足国内生产需要，价格持续往上升，在2001年顶峰的时候，光纤1公里1000块钱，而且排队还拉不到货。"

长飞公司很快成为全国最大的光纤光缆供应商，但当时，所有原材料和设备都依赖进口，这也极大限制了企业的发展。

庄丹说："装备是老外的，工艺是老外的，备品备件是老外的，原材料也是老外的，所有的这些东西都是从国外进口的。设备上面的某一个备件可能要换，需要提前几个月做规划；第一个成本高，第二个周期长。技术受制于人，技术不掌握在自己手上，现在通俗地说就是卡脖子。"

要实现高质量发展，就得把关键技术掌握在自己手中。长飞公司决心开始自主研发，因此成立了研发中心，组建了自己的技术团队。王瑞春当时从浙江大学材料系研究生毕业，加入长飞公司，成为研发团队的一员。一切要从零开始，一个部件一个部件地去摸索尝试。

经验慢慢积累，团队也越来越成熟。随着我国科技水平的整体提高，2010年，长飞公司终于攻克了光纤预制棒设备的设计研发，实现了光纤光缆整套设备的自主研发和生产，这是行业一个质的飞跃。

此时的中国，通信光缆建设又迈入全新的发展阶段，实现了从2G到4G的跨越，这为光纤产业的发展提供了更大的市场。当时，以长飞公司的工艺，生产光纤的成本还相对较高。于是2012年，长飞决定对标当时美国和日本的工艺技术，进行攻关。要同时研发两种完全陌生的制备工艺，难度前所未有，一切又是从零开始。

最艰难的时候，大家也有过犹豫和退缩。不过，最终大家还是咬牙坚持了下来，在无数次失败中不断进步和突破。经过5年的艰难探索，2017年，长飞成功开发出了具有完全自主知识产权的工艺和设备平台，达到全球行业的最高水平。至此，长飞成为全球唯一掌握三大主流预制棒制备技术并实现产业化的企业，真正成为了全球行业的"领跑者"。

庄丹说："完整的产业链，从预制棒的原材料，到预制棒的工艺制成，包括装备完全掌握在自己手里。做预制棒过程中所有工艺参数，我们都是全球最高水平，在成本上，我们是全球最有竞争力、最有优势的，我们的长飞梦是要做全球第一。"

依托像长飞这样的企业的自主创新和发展，目前，中国已经成为全球最大的光纤光缆产业集聚地，光纤光缆产销规模占全球市场超过50%。全球光纤光缆10强企业，中国占据半壁江山。

从完全依赖进口，到整个产业链的自主可控，中国的光纤企业走过了一条艰难的转型升级路。冠军之路没有捷径，需要十年甘坐冷板凳，持之以恒地攻关和创新。而这也是中国制造走向高质量发展，进而促进中国经济高质量发展的一个关键所在。

03 献礼二十大：长飞波兰第 100 万芯公里光缆下线

北京时间 2022 年 10 月 16 日凌晨，在长飞光纤光缆股份有限公司位于波兰的工厂生产车间里，第 100 万芯公里合格光缆下线，为党的二十大献礼！

为布局欧洲、快速响应市场需求，长飞波兰项目于 2021 年 3 月开始选址建设，克服了各种大环境的不利因素和困难，用时仅一年开始试生产，2022 年 2 月下线了第一盘合格光缆，2022 年 10 月全面达到设计产能，标志着长飞公司光纤光缆业务在波兰取得关键的阶段性进展，再次展现长飞速度。

长飞波兰工厂

"要再接再厉,在国际市场取得更大的成就。"长飞公司牢记总书记嘱托,近10年来,借助"一带一路"的东风,公司国际化战略也在全面推进。从印尼到南非,从巴西到波兰,长飞公司在海外城市建厂扩厂,布局全球。

04 2022世界光纤光缆大会：长飞以"BRIGHTS"打造数字经济全光底座，迎接行业发展新周期

北京时间2022年11月7日—9日，全球光纤光缆行业的顶级盛会——2022年世界光纤光缆大会在意大利米兰举办，大会吸引了来自世界各地众多的电信运营商、光纤光缆制造商及产业链上下游企业参会。

作为全球领先的光通信企业，同时也是世界光纤光缆大会多年来的合作伙伴及主要赞助商，长飞公司今年继续参与这一全球性的行业盛会。11月8日，长飞公司执行董事兼总裁庄丹受邀与欧洲普睿司曼、美国康宁等国际巨头高层进行圆桌论坛，畅谈行业态势，共话产业未来；高级副总裁Jan. Bongaerts代表长飞公司在大会上作《构筑"BRIGHTS"数字经济全光底座，迎接行业发展新周期》的主题演讲。

圆桌论坛

此次大会，庄丹还与普睿司曼、康宁公司的高层一道，以圆桌论坛的形式，就全球光纤光缆产业发展现状与趋势、行业所面临的机遇与挑战等话题展开深入讨论。庄丹表示，行业向好的基本面不会改变，但目前产业内外多维形势叠加：部分地区政治局势紧张、原材料供给受限、运力不足、运费高企等，这些都给全球光纤光缆产业带来一定的"不确定性"。而面对不确定性，业内同行应加强交流合作，着力推动行业健康可持续发展。

05 重磅 | 长飞公司入选 2022 年度国家级绿色工厂

为贯彻落实《"十四五"工业绿色发展规划》，全面推行绿色制造，助力工业领域实现碳达峰、碳中和目标，工业和信息化部开展了 2022 年度绿色制造名单推荐工作。2023 年 3 月，长飞光纤光缆股份有限公司凭借原料无害化、生产洁净化、废物资源化、能源低碳化等优异表现，入选 2022 年度国家绿色制造名单之绿色工厂。

同期，长飞光纤光缆沈阳有限公司（以下简称"长飞沈阳公司"）入选 2022 年辽宁省绿色制造名单之绿色工厂。近年来，长飞公司在绿色工厂建设等方面持续发力，旗下子公司长飞光纤潜江有限公司、长飞光纤光缆兰州有限公司率先入选 2021 年国家级绿色工厂名单。截至目前，长飞公司成为行业内生产基地入选国家绿色工厂最多的企业，充分彰显了长飞公司绿色制造实力。

长飞公司绿色制造

作为全球光通信行业领军企业，长飞公司积极响应国家碳达峰、碳中和目标，始终坚持"节能低碳、科学管理、绿色可持续发展"的宗旨，在工厂层面，全面推行绿色制造模式，通过生产方式洁净化、能源结构低碳化、能源使用高效化、绿色管理智能化等举措，建设绿色低碳智能化工厂；在运营层面，深入践行绿色可持续发展观，建立绿色发展管理体系，并通过环境管理体系及能源管理体系的认证，同时致力于协同上下游开展绿色采购、绿色包装、绿色物流及循环回收，构建行业绿色生态；在产品层面，贯彻产品绿色生态设计的理念，持续减少产品对环境的影响，降低生产环节的能源消耗，提高产品和包装材料的回收、再生及循环利用率，提升产品的生态友好性，助力绿色通信网络建设。

长飞沈阳公司绿色制造

长飞沈阳公司是长飞公司的全资子公司，主要开发及制造室内外光缆。近年来，长飞沈阳公司紧跟国家绿色发展战略要求，建立了质量、环境、职业健康安全、能源一体化的管理体系，在光缆行业内率先完成UV-LED着色技术与设备的研发及应用，引领行业绿色创新发展方向。在绿色制造方面，以节能提效为优先，持续挖掘厂区重点耗能设备、生产工艺的节能降碳潜力，针对生产系统、循环水冷却系统、废气处理系统等制定针对性的节能减排技术改造方案并落地实施。

06 长飞海工两型工程船舶项目交付仪式成功举办

2023年4月26日,长飞光纤光缆股份有限公司子公司长飞宝胜海洋工程有限公司(以下简称"长飞海工")两型工程船舶项目交付仪式在江苏南通成功举办。上海振华重工(集团)股份有限公司党委副书记、总裁欧辉生,宝胜科技创新股份有限公司党委书记、董事长生长山,长飞公司执行董事兼总裁庄丹、高级副总裁周理晶、副总裁郑昕,业主方、总包方代表等出席仪式。

此次交付的两型工程船舶是长飞海工为探索海洋绿能、投身海洋事业而打造的大型海上风电施工装备。项目建成,将为促进海上新能源事业可持续发展、实现国家双碳目标贡献更大的力量。

"长胜5000"全回转起重船和"长胜1200"自升式风电安装平台由长飞海工投资运营。

长胜 5000

"长胜 5000"型长 182 米,型宽 49 米,型深 15 米,主起重机起重能力 4000 吨(全回转 3000 吨),同时配有 1000 吨的副钩,可进行海洋工程相关桩基础沉桩作业及导管架、升压站、大型组块等吊装施工;配有 8 点锚泊定位系统,入籍 CCS 中国船级社,可满足无限航区拖航调遣。该船作业能力强,业务覆盖范围广,可极大延长深远海风电施工气象窗口期,有效降低工程建设成本,在节能效果、公共安全标准等方面处于国内领先地位。

长胜 1200

"长胜 1200"型长 105 米，型宽 40.8 米，型深 7.5 米，集运输、定位、安装、居住等多功能于一体，是一款实用性极强、性价比极高的风电安装平台。船艏艉分别配备 2 套 1800kw 和 2 套 1000kw 全回转推进器，具有 DP1 动力定位功能，可实现风场内自主航行，操作机动灵活，施工作业效率高；主甲板右舷艉部设置一台 800 吨绕桩式全回转起重机，具备国内主流大功率风电机组机型的吊装能力，可以满足 12-14MW 海上风电机组的安装，装机能力相比同等级平台，更有优势。

两型工程船舶项目交付仪式的顺利举办标志着长飞海工自有船组的海上风电安装、海洋风场运维、海洋油气工程等全产业链海洋工程施工能力的全面化，未来可全方位服务于海上风电、海洋通信、海洋油气等众多业主及总包方。

海洋是高质量发展战略要地。秉承"智慧联接 美好生活"的使命，长飞海工将抢抓发展机遇，奋勇向上，砥砺前行，在海洋电力、海洋通信、海洋油气、智慧海洋板块为国家海洋经济建设做出更大的贡献。

07 新起点 新征程 新未来丨热烈庆祝长飞公司成立35周年

35年磨砺铸就辉煌，未来征程共创光彩伟业。2023年5月30日，长飞光纤光缆股份有限公司举行了以"新起点 新征程 新未来"为主题的35周年庆典暨长飞光纤产业大楼落成庆祝活动。活动现场，长飞公司邀请了众多客户、合作伙伴、新老朋友及公司高管出席，共同庆祝长飞35岁生日暨长飞光纤产业大楼落成。

长飞公司35周年庆主题视频
"相信光，成为光"
这是一代代长飞人共同的信仰

一　中国光纤通信业界2022～2023年重磅大事记

原信息产业部部长吴基传贺电

长飞公司党委书记、董事长马杰致辞

长飞公司执行董事兼总裁庄丹致辞

中国保利集团有限公司
党委副书记、总经理张万顺致辞

长飞光纤产业大楼正式落成
打造光谷新地标

08 "湖北省光纤光缆先进制造与应用产业技术创新联合体"隆重启动

2023年5月30日，是第七个"全国科技工作者日"，恰逢长飞公司35周年庆，在长飞光纤光缆股份有限公司（以下简称"长飞公司"，股票代码：601869.SH、06869.HK）召开了由长飞公司牵头，联合烽火通信科技股份有限公司、华中科技大学、武汉理工大学、长芯盛（武汉）科技有限公司、武汉光谷光联网科技有限公司、长飞光坊（武汉）科技有限公司、湖北光谷实验室、武汉长飞产业基金管理有限公司等8家高校、企事业单位成立的"湖北省光纤光缆先进制造与应用产业技术创新联合体"（以下简称"创新联合体"）启动大会。湖北省科技厅领导王东梅为创新联合体授牌。

创新联合体于 2022 年 12 月经湖北省科技厅备案成立，是湖北加快推进科技强省建设、着力构建现代产业体系和"51020"现代产业集群的一项重要举措，旨在面向新一代光纤光缆制造与应用产业链需求，推动创新资源聚合，打造贯穿光纤关键原材料、预制棒、光纤光缆、特纤特缆、光纤传输／传感／激光增益／医疗传像等产业应用的联合创新的新型研发机构，致力于通过开展新一代光纤光缆及应用关键核心技术攻关、承担重大科技任务，解决制约产业发展的"卡脖子"关键共性技术问题，运用市场机制带动全产业链协同创新。

湖北省科学技术厅重大专项处相关负责同志，长飞公司执行董事兼总裁庄丹、副总裁王瑞春、技术总监罗杰出席会议并发表讲话，创新联合体成员单位代表参会。会议由长飞公司全国重点实验室执行副主任熊良明博士主持。

湖北省科学技术厅重大专项处二级调研员孙刚宣读了创新联合体成员单位名单，他指出，以领军企业牵头的产业技术创新联合体，将成为湖北省推进科技领域重大项目攻关和协同创新的重要载体，对构建重大科技攻关新型举国体制、加速推进湖北科技强省建设具有重要意义。湖北省光纤光缆先进制造与应用产业技术创新联合体正式启动，将使湖北省光纤光缆产业走上标准化、高端化、品质化道路，对该产业高质量发展起到强有力的推动作用。

09 数智连接 光绘未来 | 长飞旗下子公司长芯盛 iCONEC 品牌发布会圆满落幕

2023年6月28日，在2023MWC上海展会期间，长飞光纤光缆股份有限公司旗下子公司长芯盛（武汉）科技有限公司（以下简称长芯盛）iCONEC品牌战略发布会在上海证大美爵酒店成功举办，会议以"数智连接 光绘未来"为主题，面向业界发布了焕新升级的品牌logo、iCONEC品牌发展战略、面向下一代数据中心超高密度解决方案。长飞公司执行董事兼总裁庄丹、副总裁聂磊，来自全国各地的合作伙伴、行业客户及媒体朋友共百余人莅临发布会现场。

长飞公司副总裁聂磊致开幕辞，他介绍，iCONEC 是长飞公司旗下唯一专业从事综合布线业务的子品牌，经过 8 年的发展，在楼宇及园区布线和数据中心布线领域取得了长足进步。面对当前传统产业加速数字化转型的趋势和数字经济发展新机遇，iCONEC 需要做好充足的准备，为综合布线行业提供更多优质的产品及解决方案，以专业的团队、领先的技术、一流的服务，把 iCONEC 打造成全球综合布线行业的领导品牌。

未来，长飞公司期望品牌升级后的 iCONEC 继续聚焦综合布线领域，持续注重技术创新及质量控制，开发出更多高性能产品和综合解决方案，锻造业务增长"势能"，谱写品牌高质量发展新篇章。

iCONEC 品牌升级发布 1

10 牢记嘱托 拾光向上 | 2023 "长飞科创日"主题活动圆满举行

殷殷嘱托催人奋进，孜孜开拓屹立世界。2023年7月21日，值习近平总书记视察长飞10周年之际，长飞光纤光缆股份有限公司举办了"牢记嘱托 拾光向上——2023'长飞科创日'"主题活动。中共武汉市委常委、东湖高新区党工委书记杜海洋，湖北省科学技术厅二级巡视员王东梅，武汉市科学技术局副局长王亮伟，中国工程院院士姜德生，长飞公司党委书记、董事长马杰，公司执行董事兼总裁庄丹等出席活动。

公司党委书记、董事长马杰致辞

公司执行董事兼总裁庄丹汇报长飞"拾光答卷"

习近平总书记的殷殷嘱托激励着一代代长飞科研工作者
一封信浓缩了他们10年砥砺奋进的追光心路历程

7月21日被设立为"长飞科创日"
在第一届"长飞科创日"主题活动上表彰10年间科技创新典型项目

2023年5月30日，湖北省光纤光缆先进制造与
应用产业技术创新联合体正式启动

武汉市特种光纤科技重大专项正式启动

姜德生院士在作题为"大容量光纤传感网络及其在智能交通中的应用"的现场授课，分享前沿视点与案例

邬贺铨院士以"算力时代的光网络"为题作了视频授课,深度解析了我国算力产业发展的新趋势与未来着力点。

两位院士的分享干货满满,在场听课的研发与管理人员都表示受益匪浅。

2023年7月21日,在习近平总书记首次视察长飞10周年之际,长飞光纤产业大楼也迎来正式入驻。

11 亨通海洋海底光缆销售和交付使用数量位居国内第一、全球第四

  2023 年，江苏亨通海洋光网系统有限公司（简称"亨通海洋"）作为国内最大的海洋通信系统集成商和网络服务商，交付了超过 130 个全球海缆项目，产品已广泛应用于亚洲、非洲、南美洲、欧洲等 80 多个国家和地区，覆盖全球五大洲。海底光缆销售数量和交付数量位居国内第一、全球第四。目前在全球累计交付海底光缆近 100000km。

12 亨通海洋发布新一代适合有中继长距离系统传输的产品"HORC-3"

2023年3月,亨通海洋在SUBOPTIC大会上发布新一代适合有中继长距离系统传输的产品"HORC-3"。HORC-3系列海底光缆是一款基于SDM技术的大纤对大容量的32纤对有中继海底光缆,使用多纤对、光纤束、并行单模复用PSM等技术,满足国际宽带迅猛增长的需求;HORC-3系列海底光缆能同时兼容24纤对,拥有更低的直流电阻,可提升系统跨距、降低线路损耗;具备基于20kV运行电压的绝缘设计与可靠性验证、更强壮的铠装保护、更高的系统容灾能力、更强的深海阻水阻氢与防腐能力。

13 亨通海洋成功交付了国内唯一一家自主研发的油气路由模组产品"SRM"

2023年，亨通海洋成功交付了国内唯一一家自主研发的油气路由模组产品"SRM"。SRM是一款基于光纤通信、面向数字化及自动化海油油气田、实现深远海水下控制系统的核心装备。

由中海油研究总院技术团队牵头，历经4年，亨通海洋基于光纤通信的水下数据传输系统以及水下接驳系统关键技术，独立自主开发出深水油气水下光纤路由器，可实现水下生产设备的光纤通信与在线监测，实现油气生产动态信息的实时监测和对水下生产系统的安全监测，提前预警外部风险，解决水下生产系统的监控盲区问题。

SRM装备的研制成功，标志着亨通海洋攻关海洋油气关键核心技术、在深水油气田开发关键技术装备的研制上取得重大突破。亨通海洋研制的SRM装备已完成交付验收，现应用于中国南海某石油平台。

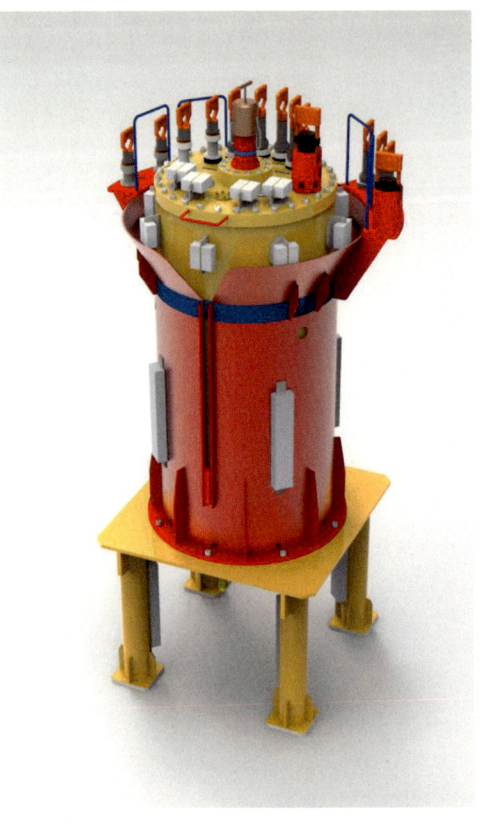

14 国家重点！目前世界最长！

2022年7月，国家重点研发计划项目"宽带通信与新型网络应用示范"课题——"粤港澳大湾区超级光网络"，举行了阶段敷设竣工暨莞深段开工典礼仪式，标志着目前世界最长的多芯光纤光缆工程完成阶段建设。该课题由广东工业大学牵头，中山大学、中国电信股份有限公司、烽火通信科技股份有限公司（以下简称"烽火通信"）等单位参与。

随着5G移动通信等新型业务的出现，常规单模光纤的带宽利用率已接近极限，难以支撑持续增长的通信需求。多芯光纤传输技术在单根光纤中可实现多通道信号传输，成倍提高光纤传输容量，是未来宽带网络通信的主流趋势。2019年，总长6.29km的全球首条多芯光缆完成铺设，证明了多芯光纤的可行性与应用前景。

粤港澳大湾区超级光网络，总长度超过160km，连接广州和深圳，采用烽火通信自主研发的空分复用光纤光缆技术，打造成目前世界上距离最长、容量最大的空分复用光通信"超级高速公路"。在工程建设中，课题组从光缆部署施工、多芯光纤现场熔接、后期系统维护等多个方面进行尝试和突破，完成了超 60km 多芯光缆的中期铺设熔接，并基于已经铺设的环大学 16km 多芯光缆进行了 200Tb/s 离线系统与 1Tb/s 实时系统混合传输现场演示。作为任务承担单位，烽火通信攻克了 7 芯单模光纤和扇入扇出器件的制备工艺技术及成缆工艺，通过对光缆中多芯光纤余长进行针对性设计和精确控制，保证了多芯光缆的低损耗特性，并与中国电信共同完成了多芯光缆铺设熔接，按期实现了高速信号解调带宽达到 200Gb/s 的 400G 高速传输设备研制目标。

粤港澳大湾区超级光网络中期阶段敷设的竣工，标志着多芯光纤向商用化迈上了新台阶，烽火通信也将继续深耕光纤光缆技术，持续挖掘光纤潜力，推动多芯光纤产品的规模化应用，为我国光通信事业的发展贡献力量。

15 2023 全球光纤光缆大会深挖数字连接价值，共创光通信行业美好未来

5月17日，以"纤动联接·数赋未来"为主题的2023全球光纤光缆大会在江城武汉盛大启幕。本次会议，由亚太光纤光缆产业协会（APC）与烽火通信联合主办，得到了各级政府的大力支持，同时也邀请到多个国家驻华机构负责人及政要出席，并有行业知名学者专家、全球运营商代表、通信企业领袖等参与本届盛会，光纤光缆巨头康宁、藤仓、亨通、中天、富通等更是齐聚一堂。大家以"光"之名，共话新机遇、共谋新发展。

开幕式由烽火通信总裁蓝海主持，中国信科集团总经理何书平致欢迎辞，多国使节代表、中国通信标准化协会理事长闻库、湖北省经济和信息化厅厅长刘海军作开幕致辞。

中国信科集团总经理何书平在致辞中表示，伴随云计算、大数据、人工智能等新兴技术快速发展，我们迎来了万物互联时代，以数字赋能产业转型升级，已成为全球推动经济发展的共识。在数字经济蓬勃发展的背景下，迫切需要全行业聚焦高质量发展主题，将新一代信息通信技术转化为产业发展的重要驱动，切实融入数字经济转型升级的创新链、产业链，合力构建发展新生态，全面提升发展新内涵。作为信息通信领域国家队，中国信科集团将牢牢把握行业发展趋势和规律，与全产业链携手，共同促进数字经济与实体经济深度融合。愿行业协同联动，激发科技创新活力，书写光纤光缆产业的崭新篇章。

中国通信标准化协会理事长闻库在致辞中表示，光纤光缆是信息通信传输的重要载体，也是数字经济信息底座的基础之一，发挥着无可替代的基础性的战略作用。在数字化转型的时代大潮中，要持续加强千兆光纤网络的建设，深化国际产业合作，共同制定全球统一标准，继续推动光纤光缆产业创新，助力数字经济高质量发展。

湖北省经济和信息化厅厅长刘海军在致辞中对湖北省光电子信息产业成果给予了高度肯定，并介绍了湖北省光电子信息产业的规模能级、竞争优势、内生动能，为武汉加速打造世界级光电子信息产业集群，提出了发展目标和实现路径。

2023年5月17日是第54个世界电信日，为践行创新、协同、绿色、开放的新发展理念，烽火通信联合APC协会邀请光通信产业链上的伙伴，在政府及行业各级领导的参与和见证下发出倡议，旨在建立和维护全球健康的光通信产业生态，广泛发展与光纤光缆产业相关的国际组织的合作与交流，赋能数字社会发展，让产业成果惠及全人类。

在开幕式主题报告环节，中国工程院院士邬贺铨、中国工程院院士余少华、菲律宾通信部代表、泰国数字经济和社会部代表、中国移动集团供应链管理中心胡曼丽、APC大会主席/工信部通信科技委专职常委/亚太光通信委员会主任委员毛谦分别从技术与应用的角度，围绕光网发展、电子信息工程科技挑战、国际ICT趋势及数字经济发展、产业转型升级、光纤光缆市场展望等，作了深入分析并提出高屋建瓴的见解，为行业发展提供了极具指导性的建议。

光通信作为经济社会的信息"大动脉"和数字经济"基石"，是信息通信传输的重要载体，发挥着无可替代的基础性战略作用。下午的专题报告环节，中国移动研究院基础网络技术研究所副所长张德朝、阿曼宽带网络规划与技术总经理、中国移动通信集团福建有限公司厦门分公司副总经理谢璨、泰尔系统实验室基础产品与设施部主任王晨、烽火通信科技股份有限公司线缆产出线研发中心总经理罗文勇、中山大学电子与信息工程学院教授李朝晖、江苏亨通光纤科技有限公司研发总监孙伟、康宁光通信中国光纤产品管理总监陈皓等10余位专家学者，围绕光通信技术演进、光纤光缆创新技术和应用进行了充分的探讨交流。

其中，烽火通信线缆产出线研发中心总经理罗文勇在"光纤光缆的创新应用"主

题演讲中表示，信息量增长速度已超过光纤通信容量增长速度，预计到 2050 年全球数据量将达 100 万 ZB，光纤技术从单缆容量提升向单纤技术延伸，并向着单芯方向拓展演进，需要低时延、低损耗、低成本"三低"和采用新材料、新工艺"两新"。在工信部工业强基一条龙示范项目中，烽火通信利用新一代立式 OVD 技术，输出了绿色环保全合成大尺寸光棒，单根母棒可供制棒拉丝长超过 6500km。烽火通信原创性采用 VAD+PCVD+OVD 三步法工艺制造的 G.654.E 超低损大有效面积大容量光纤，@1550nm 衰减低于 0.160dB/km，并在国内首个 400G+G.654.E 干线上海—广州工程中得到应用。

当前，全球 90% 以上的信息由光纤传输，光纤除了用于传统的光通信外，还已在或将在光纤传感、光纤传能、光纤激光等方面大有作为，并成为全光社会的关键基础材料，必会在推动数字化转型中发挥关键作用。烽火通信将以本次大会为契机，与全产业链继续携手，共同建立开放、包容、协作的国际化行业平台，维护健康的光通信产业生态，不断推动光通信行业技术进步与繁荣发展。

16 烽火通信蝉联"湖北省高新技术企业百强名单"榜首

2023年2月15日,湖北省服务高新技术企业"春晓行动"启动会在武汉召开,会上发布《2022年湖北省高新技术企业发展报告》及《2022年度湖北省高新技术企业百强名单》。烽火通信继2022年摘得百强企业榜单桂冠后,2023年再次蝉联榜首。烽火通信总裁蓝海接受授牌并作为企业代表发言。

湖北省科技厅、湖北省科技信息研究院基于长期开展的高新技术企业发展情况跟踪分析,结合科技部火炬统计数据,从经济效益、创新投入、创新产出、成长性等方面进行量化指标统计研究,结合发展态势、区域分布、产业构成等情况,形成了《2022年湖北省高新技术企业发展报告》,并遴选出一批处在产业链创新引领地位或细分领域

的优势企业，即湖北省高新技术企业百强。会上，为烽火通信等 10 家湖北省百强高新技术企业代表举行了授牌仪式。

湖北省人民政府副省长邵新宇强调，高新技术企业是一个地区最具创新活力的群体，是创新驱动战略、促进产业转型升级、引领经济高速发展的核心。各地各有关部门要充分认识发展高新技术企业的战略意义，进一步增强责任感、紧迫感，把发展高新技术企业作为发展科技创新工作的重中之重，集中发力、持续用力，不断增强壮大高新技术企业规模，使之成为全省经济高质量发展的重要引擎。

烽火通信总裁蓝海表示，2022 年烽火通信围绕湖北"十四五"发展战略规划，立足光通信领域厚植优势，承接并顺利验收 6 项国家重点研发计划，持续深耕智慧光网，着力构建数字中国全光底座，发布了"一平台三工具"，以增强自主可控大数据核心能力，推动"创新湖北"建设；围绕湖北省制造业产业链链长制实施方案，强化产业链上下游投资协同，投资建设"智慧光网和数字经济研发制造产业基地"，打造完整数字经济一体化产业链条，推动"富强湖北"建设；围绕数字经济强省三年行动，烽火通信的自研云计算、大数据全系列产品在湖北省楚天云规模应用，推动政府系统全面上云，资源集约化水平全国领先，推动"智慧湖北"建设。

2023 年，是全面贯彻落实党的二十大精神的开局之年，也是湖北加快建设全国构建新发展格局先行区的关键之年。作为扎根湖北的科技央企，烽火通信将深入实施创新驱动战略，充分发挥科技型骨干企业引领支撑作用，勇毅担当网络强国的"主力军"，致力成为数字命运共同体的"赋能者"，聚力打造原创技术的"策源地"，奋力争当国企改革的"排头兵"，围绕"四个面向"，让科技成果真正助力产业转型升级、助力经济社会稳健发展、助力湖北人民安居乐业。

17 汇源工控光模块国产化项目从 5M 升级为 10M，产品走向国际市场

2023 年，汇源工控光模块国产化项目从 5M 升级为 10M，产品走向国际市场，实现批量销售，同时被列入"中国制造 2025"项目；通过近几年的持续研发，现广泛应用于电力设备、工业控制及智能电表领域，可以有效解决工业控制与电力设备中传统金属线中信号传输的电磁干扰与绝缘问题，再次打破了国外垄断，在降低对国外同类产品依赖的同时，大大降低了国内应用客户的使用成本，促进了我国相关产业的健康发展并提高了其国际竞争力。

18 自主研发光学级氟树脂、光学级聚甲基丙烯酸甲酯及其塑料光导纤维入选国家重点新材料目录

四川汇源塑料光纤有限公司的光学级氟树脂、PMMA 及其塑料光导纤维项目，被列入《2021 国家重点新材料首批次应用目录指南》，填补了国内空白。本公司研制的塑料光纤被认定为 2022 年度四川省重大技术装备国内首批次产品。

19 卓越运营 引领中化高纤迈上高质量发展之路

新材料已经成为推动世界科技进步的重要力量，但我国多种关键材料仍受制于人，"材料强国"之路任重道远。芳纶领域也面临着同样的问题，国外对芳纶技术实行严格的封锁，极大地制约了芳纶及其高端下游产品的国产化进程。中化高性能纤维材料有限公司（以下简称"中化高纤"）胸怀"国之大者"，凭借卓越运营推动对位芳纶成功破局，研发的高强高模芳纶产品质量及各项技术经济指标达到国际水平，为中国高端新材料的产业化发展提供了高质量范本，也获得了上级的肯定。2022年以来荣获上海市科学技术发明一等奖，取得CNAS认证、能源体系认证、两化融合管理体系（3A）认证，被评为两化融合管理体系（3A）贯标示范点、江苏省五星上云企业、江苏省智能制造示范车间 - 中化高纤纺丝车间。

20 中化高纤重磅荣誉：上海市科学技术发明一等奖

  2023年5月，2022年度上海市科学技术奖励大会在上海展览中心举行，会上表彰了为上海科技发展做出突出贡献的企业和个人，中化高纤的"对位芳香族聚酰胺纤维规模化生产关键技术"荣获上海市科学技术发明一等奖。项目针对对位芳香族聚酰胺纤维的稳定化、规模化和清洁化生产技术瓶颈，开发了基于釜式预聚的双螺杆连续聚合和快速溶解、高压脱泡、抑制聚合物降解的关键技术与装备，实现了纺丝级PPTA聚合体的连续制备及其溶液的稳定纺丝；创立了纺丝气隙稳定可控的液晶纺丝技术和基于未干纤维的功能化改性技术体系，开发了高效溶剂回收与精制技术，制得了性能优异且稳定性良好的对位芳纶及改性纤维。项目建成了年产5500吨对位芳纶自主产业化生产体系，产品成功用于安全防护、光纤光缆、汽车船舶和复合材料等领域。

21 特发信息荣获昇腾人工智能生态大会"优秀合作伙伴"奖

2022年9月2日，在2022世界人工智能大会（WAIC）期间，由新一代人工智能产业技术创新战略联盟（AITISA）、中国人工智能产业发展联盟（AIIA）主办，华为公司承办的昇腾人工智能生态大会在上海召开。本次大会主题为"共筑产业生态，共创数智未来"，作为华为昇腾生态的重要合作伙伴，深圳市特发信息股份有限公司（以下简称"特发信息"）在此次大会上荣获"优秀昇腾人工智能计算中心合作伙伴"奖。

此前，特发信息凭借良好的系统集成能力及丰富的建设运营经验，与华为公司强强联合，先后完成鹏城云脑Ⅱ（二期）扩展型项目和中原人工智能计算中心项目的基础建设，为 AI 领域基础性研究与探索贡献了力量。

鹏城云脑Ⅱ扩展型项目是深圳市科技创新基础设施建设的重大项目。2020年，特发信息作为鹏城云脑Ⅱ项目的基础设施建设单位之一，承担了"云脑"Atlas900 AI 计算集群及通用计算与存储系统的集成工作。

中原人工智能计算中心项目，是2021年特发信息与华为公司在人工智能算力集群数字基础设施建设方面的又一次合作，为用户提供了公共算力服务平台、应用创新孵化平台、产业聚合发展平台和科研创新人才培养平台。项目由特发信息完成基础设施工程总集成交付。

未来，特发信息将继续以新一代信息技术为基础，大力布局和拓展新基建、智慧服务等业务，构建产品＋服务的核心竞争力，努力实现"智能制造 信息尖兵"的企业愿景。

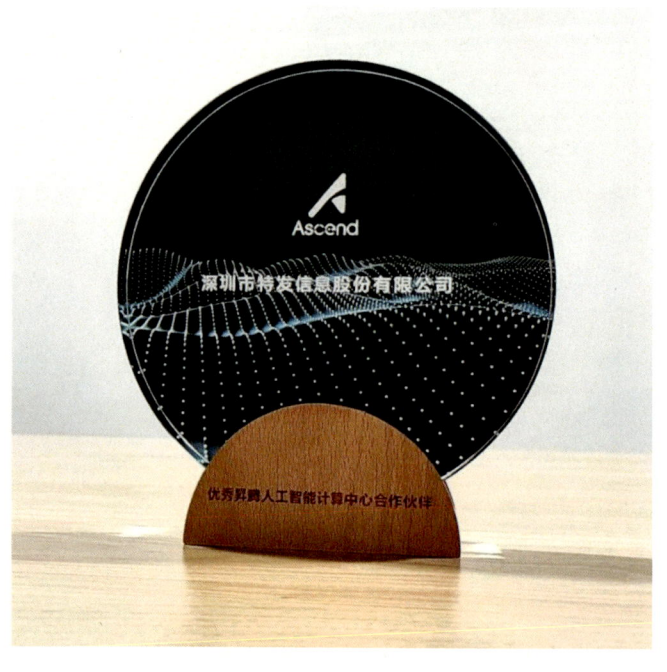

22 数据服务落地西安，助力产业稳健发展
——特发西港数据中心正式落成

2022年9月15日，在西安市高新区细柳街道苏宁云仓，特发信息位于西安的数据中心布点——特发千喜西港数据中心正式落成。特发西港数据中心由特发信息控股企业——西安特发千喜信息产业发展有限公司（以下简称"特发千喜"）建设，是国家A级数据中心，目前已部署上千个4.4kW机柜，能为客户提供安全、稳定、高效的运维管理及服务。另外预留部分定制服务器机柜位置，为特殊需求的客户提供个性化、定制化、差异化的产品服务。

当前，数字化正以不可逆转的趋势改变人类社会，特别是新冠肺炎疫情进一步加速推动了数字时代的到来，因此推进数字化转型是面向未来提升企业综合竞争实力的关键之举。特发千喜西港数据中心是特发信息智慧服务产业发展的重要一步，本次西港数据中心的正式落成，助力特发信息践行了国资企业数字化转型的要求，推动特发信息与多家合作伙伴签订合作协议，加强了与合作伙伴在数据资产管理和数据服务领域开展合作的广度和深度；同时助力数字经济持续发展，将为数字经济发展做出更大贡献。

23 特发信息全力以赴保供应，助力国家重点项目"白浙线"特高压直流工程按时全线贯通

2022年11月15日，国家重点工程白鹤滩—浙江±800kV特高压直流工程全线贯通。该工程对华东地区电力需求及经济发展具有重要意义。白鹤滩—浙江特高压工程起于四川凉山白鹤滩二期换流站，止于浙江杭州浙北换流站，线路全长2120km，输电能力800万kW，是"十四五"国家重点工程，也是促进国家能源结构调整和节能减排、服务碳达峰碳中和目标的重大清洁能源项目。该工程为华东地区提供了强劲的电力支撑，能有效提高该区域的清洁能源比重，为长三角经济发展注入了强劲的绿色动力。

特发信息深度参与了该工程项目，为该工程提供了1732km的大芯数超低损耗特种光缆，积极助力国家重点项目建设。白鹤滩—浙江±800kV特高压直流输电线路途经四川、重庆、湖北、安徽、浙江5省（市），连接当今世界在建规模最大、技术难度最高的白鹤滩水电站，工程跨度大、容量大，线路要求大芯数的超低损耗光纤，对产品质量要求极高。

为此，特发信息在原材料采购、生产过程等环节全力以赴，力求保质保量完成生产。在产品发货阶段，考虑到疫情对物流运输的影响，每次发货都提前做好线路规划，安排专线物流进行点对点运输，确保及时到货；现场施工阶段，工程技术人员克服时间长、地形复杂、极端天气、防疫等诸多困难，安排工程技术人员提供现场服务，高效、高质量地完成了现场开盘测试和施工作业指导，得到了客户的高度认可。

24 践行低碳绿色发展理念——特发信息光通信产业园光伏发电项目成功并网发电

2023年4月27日下午，随着光伏并网柜电闸的合闸，特发信息光通信产业园分布式光伏发电项目并网成功发电。特发信息光通信产业园光伏发电项目由特发信息与南方电网综合能源股份有限公司合作投资，利用产业园生产车间屋面敷设分布式光伏发电系统，通过光伏板、逆变器等系统装置，将太阳能转变为电能。项目总装机容量3.6兆瓦，日均发电量1万度，每年减碳量3500吨，采用"自发自用、余电上网"模式，工作日产生的电量全部由园区消纳，节假日等休息时段多余的电量并入南方电网。项目成功并网发电是特发信息贯彻落实新发展理念、推动能源清洁低碳"绿色转型"的战略部署，能有效减少能源消耗，标志着特发信息在绿色发展道路上迈出了坚实一步，为公司的高质量发展增添了新的动力。

25 品牌力量助力高质量发展 | 特发信息再获"深圳知名品牌"荣誉

2023年5月9日,"2023中国品牌日"深圳地方特色活动暨第七届"深圳国际品牌周"开幕大会在深圳广电大厦隆重举行。本届品牌周以"凝聚品牌建设力量,助力企业高质量发展"为主题,同期发布第二十届"深圳知名品牌"成果。品牌界权威专家、行业名流和企业领袖莅临现场,凝聚品牌发展共识。

特发信息凭借良好的品牌形象和影响力,连续四次被评为"深圳知名品牌",受邀出席本次大会。一直以来,特发信息立足深圳这片改革开放的热土,深耕信息行业,致力于围绕新一代信息技术的发展及其基础设施建设,为社会提供优质的信息化产品和服务,为行业发展赋能。此次顺利通过"深圳知名品牌"复审,既是对特发信息奋斗成果的肯定,也是对未来发展的鼓舞和鞭策。特发信息将继续提升品牌建设力、扩大品牌影响力、增强市场竞争力,不断拓展和深化产业布局,为推动工业经济高质量发展贡献力量。

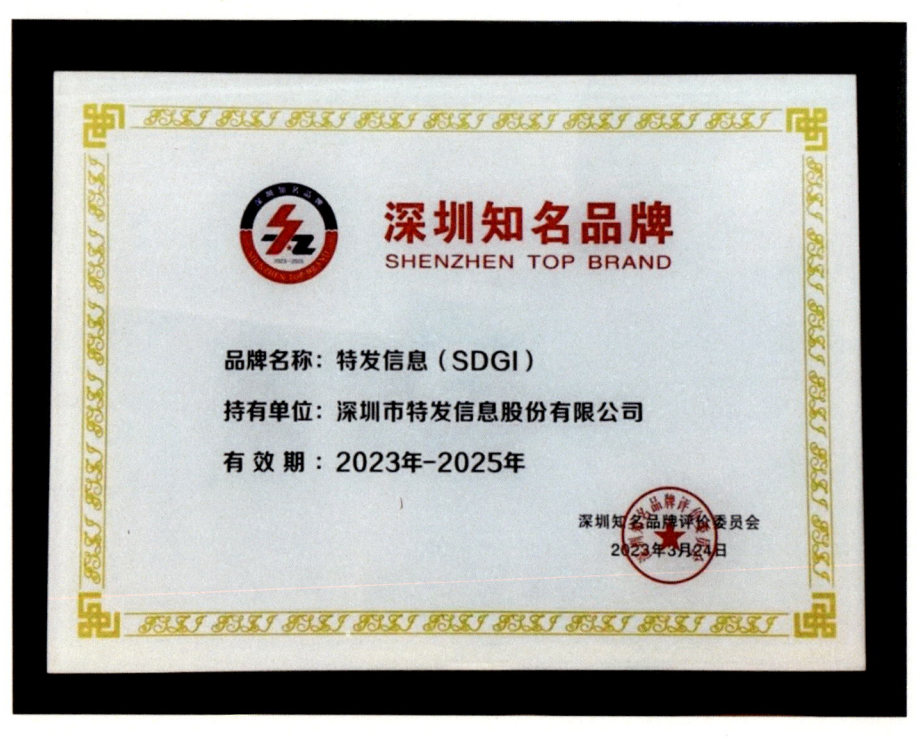

26 行业认可 载誉归来 | 特发信息蝉联中国光通信最具竞争力企业十强

2023年5月16日至18日，2023年APC全球光纤光缆大会在中国武汉光谷科技会展中心举行。由亚太光通信委员会和网络电信信息研究院联合主办的"全球|中国光通信最具竞争力企业10强"评选活动中，2023年度最新十强榜单正式发布，榜单覆盖全球光纤光缆、光传输与网络接入设备、光器件等多个领域。特发信息凭借优秀的技术创新能力、成果转化能力和突出的产业合作成果，连续17年蝉联榜单，成功斩获"2023年中国光通信最具综合竞争力企业10强""2023年中国光纤光缆最具竞争力企业10强"及"2023年中国光传输与网络接入设备最具竞争力企业10强"等多项荣誉。

27 特发信息与中科院深圳先进院合作成立"特种光纤光缆及光纤传感联合实验室"

为给企业科技创新高质量发展注入持续动力,以产学研推动企业在新领域的技术研究与成果应用,2023年6月6日,深圳市特发信息股份有限公司与中国科学院深圳先进技术研究院联合成立的"特种光纤光缆及光纤传感联合实验室"正式揭牌。联合实验室将以光纤传感技术为基础,面向通、感一体化的发展趋势,着力于技术攻关和科技成果的转化,并联合承担国家、省、市级的科研任务。联合实验室研发以光纤为载体的传感技术,具体目标为搭建多模和单模分布式光纤温度传感(DTS)研发平台、开发多模和单模分布式光纤温度监测系统,以及搭建分布式光纤振动传感技术(DVS)研发平台、开发融合OTDR功能的分布式光纤振动监测系统。研究成果将应用于特发信息线缆制造、光电制造、科技融合和智慧服务板块。

国家级实验室

鹏城实验室

鹏城实验室是中央批准成立的突破型、引领型、平台型一体化的网络通信领域新型科研机构。作为国家战略科技力量的重要组成部分，实验室聚焦宽带通信、新型网络、网络智能等国家重大战略任务以及粤港澳大湾区、中国特色社会主义先行示范区建设的长远目标与重大需求，按照"四个面向"的要求，开展领域内战略性、前瞻性、基础性重大科学问题和关键核心技术研究。

实验室坚持以重大任务攻关和重大科技基础设施与平台建设为牵引，以科技创新和体制机制创新为主线，深入探索社会主义市场经济条件下关键核心技术攻关新型举国体制，打造了一支由院士专家、杰出领军人才、中青年骨干、博士生团队组成的多层次合理人才队伍，建成了以"鹏城云脑""鹏城靶场"为代表的若干重大科技基础设施与平台，发布了"丝路"多语言机器翻译平台、"鹏程·盘古"中文预训练语言模型等一系列重大应用。

实验室以重大基础设施为支撑，以重大攻关项目为核心，探索出"重点项目+基础研究"双轮驱动的特色科研模式；积极推进合作共建与资源共享，构建产学研用金协同创新体系，与全国150余家高校、科研机构、龙头企业开展深度合作；与北京大学、清华大学等高校执行联合培养博士生的国家专项计划，开创了兼具各校特色的博士生培养新路径和"书院制"育人新模式。

实验室过渡办公场所位于深圳市南山区留仙洞战略性新兴产业基地（万科云城），并在西丽湖国际科教新城石壁龙片区建设未来园区。园区一期建设工程已启动实施，计划于2023年底竣工验收。

实验室深入学习贯彻党的二十大和习近平总书记关于科技创新的重要论述精神，在新的历史阶段，坚决扛起服务国家战略、履行国家使命的责任担当，秉承"交流无障碍、连接无极限、进化无止境"的发展愿景，朝着人类社会、信息空间、物理世界三者和谐共融的未来图景，全力抢占科技制高点，服务国家高水平科技自立自强，努力建设世界一流的战略性科技力量，为将我国建设成世界科技强国做出重大贡献。

（摘自网站）https://www.pcl.ac.cn/

张江实验室

　　张江实验室的定位是主要依托以上海光源为代表的光子科学科技基础设施集群，面向生命健康科学、集成电路信息技术、类脑智能等领域，打造成为跨学科、综合性、多功能的国家实验室。实验室以重大科技任务攻关和大型科技基础设施建设为主线，聚集国内外高端科技资源，开展战略性、前瞻性、基础性、系统性、集成性科技创新，努力实现基础科学原始创新能力有新突破和关键核心技术有重大发展。张江实验室初期将通过建设大科学装置、攻关重点方向、融合交叉创新相结合进行研究布局，开展光子科学大科学设施群及相关基础研究、生命科学和信息技术两大重点方向攻关研究、生命科学与信息技术交叉方向——类脑智能研究。

（摘自网站）https://baike.baidu.com/ 张江实验室

中关村实验室

  中关村实验室是中央管理的国家网络信息领域的新型科研事业单位。中关村实验室主体位于北京中关村科学城北区。中关村实验室聚焦国家网络信息领域的重大目标使命，开展战略性、前瞻性、基础性重大科学问题和关键核心技术研究；探索新型科研机构管理体制机制创新；聚焦培育高端创新人才、推动网络信息领域的产学研融通科技创新，开展与国内外相关机构和组织的交流合作，打造突破性、引领型、平台型一体化的世界一流实验室。

（摘自网站）https://scc.pku.edu.cn/ 中关村实验室

  中关村实验室在多个领域取得了丰硕的成果。例如，在信息技术领域，中关村实验室开展了一系列前沿研究，包括人工智能、物联网、区块链等。在生物医药领域，中关村实验室致力于创新药物研发和医疗器械研发。在新能源和环保领域，中关村实验室开展了许多有价值的项目，如清洁能源技术、水资源利用等。

（摘自网站）https://localsite.baidu.com/ 中关村实验室

怀柔实验室

怀柔实验室是由中央批准设立和管理的能源领域国家级新型科研机构，是国家战略科技力量的重要组成部分，面向国家清洁低碳安全高效能源体系构建和"碳达峰、碳中和"战略目标，围绕可再生能源开发、氢能和储能、新型电力系统、能源数字化、能源材料、能源器件和芯片等方面，开展战略性、前瞻性、基础性科学技术研究，创新目标导向、开放协同的新型科研机制，汇聚海内外能源领域科技创新力量，加速关键技术创新突破和重大科研成果转化应用。

（摘自网站）http://job.hust.edu.cn/ 怀柔实验室

浦江实验室

  浦江实验室是一家专注于人工智能（AI）和机器学习领域的研究机构，位于中国上海的浦东新区。该实验室由上海市政府、中国科学院和清华大学等多家机构共同支持，是推动中国科技创新的重要力量。

  浦江实验室的主旨是致力于推动人工智能和机器学习领域的研究，为全球科技创新做出贡献。该实验室拥有世界一流的研究团队和设施，其中包括一批国际知名的AI专家和工程师，他们致力于在基础研究和应用研究方面取得突破性进展。浦江实验室还与多家国际知名企业建立了合作关系，共同推动AI技术的创新和应用。

  浦江实验室的研究方向主要包括以下几个方面：机器学习算法、自然语言处理、计算机视觉和AI芯片等。其中，机器学习算法是该实验室的研究重点，包括深度学习、强化学习等领域。同时，浦江实验室也在自然语言处理、计算机视觉和AI芯片等方面取得了显著的研究成果。例如，该实验室的研究人员开发了一种基于深度学习的图像识别算法，能够在人脸识别、物体识别等方面取得较高的准确率。此外，浦江实验室还研发了一种具有自主知识产权的AI芯片，能够在智能家居、智能医疗等领域发挥重要作用。

  浦江实验室的未来发展前景十分广阔。随着中国政府对科技创新的不断重视，AI技术将在各个领域得到更广泛的应用。浦江实验室将凭借其强大的研究实力和丰富的科研经验，继续在基础研究和应用研究方面取得突破性进展。同时，该实验室还将加强与国内外企业的合作，推动AI技术的产业化进程。此外，浦江实验室还将致力于培养一批AI领域的优秀人才，为中国的科技创新做出更大的贡献。

（摘自网站）https://localsite.baidu.com/ 浦江实验室

  浦江实验室是国家级新型科研机构，是人工智能领域国家战略科技力量的重要组成部分。实验室开展战略性、前瞻性、基础性重大科学问题研究和关键核心技术攻关。

（摘自网站）https://zhidao.baidu.com/ 浦江实验室

合肥实验室（合肥综合性国家科学中心）

2016年8月25日，中国科学院、安徽省以习近平总书记科技创新重要论述和视察安徽重要讲话精神为指引，正式签署省院全面创新合作协议，决定在前期发展的基础上，进一步整合量子协同创新中心和量子卓越创新中心，有效利用全国高校、科研院所和相关企业的创新要素和优势资源，依托中国科学技术大学共同建设中国科学院量子信息与量子科技创新研究院（以下简称"量子创新研究院"），按照国家实验室的体制机制和运行模式进行建设，聚焦国家长远目标和重大需求，开展大体量、大协作的技术攻关，为我国在第二次量子革命中赢得战略主动权奠定坚实基础。

量子创新研究院的战略任务是通过对本领域重大前沿科学问题的研究，在量子通信方面，构建完整的天地一体广域量子通信网络技术体系，推动量子通信技术在政务、金融和能源等领域率先加以广泛应用，实现量子通信网络和经典通信网络的无缝衔接，为形成具有国际引领地位的战略性新兴产业和下一代国家信息安全生态系统奠定基础；在量子计算方面，有效解决大尺度量子系统的效率问题，实现数百个量子比特的相干操纵，构建可扩展的量子相干网络，研制对特定问题的求解能力全面超越经典超级计算机的专用量子计算和模拟机，并为最终实现通用量子计算机摸索出一条切实可行的道路；在量子精密测量方面，围绕时间、位置、重力、电磁场等物理参数的高精度测量机理开展系统性研究，突破一系列量子精密测量关键技术，并完成一批重要量子精密测量设备的研制。同时，将量子通信、量子计算和量子精密测量研究中发展起来的相关技术广泛应用于物质科学、能源科学、生命科学等学科领域，使我国在量子科技应用领域全面占领国际制高点。

（摘自网站）http://quantumcas.ac.cn/ 合肥实验室（合肥综合性国家科学中心）

量子信息科学国家实验室

量子信息科学国家实验室是国家重点支持的重大前沿科技项目，建成后以国家信息安全保障、计算能力提高等重大需求为导向，推动以量子信息为主导的第二次量子革命的前沿科学问题和核心关键技术研究，培育形成量子通信等战略性新兴产业，抢占量子科技国际竞争和未来发展的制高点。

量子信息科学国家实验室由中国科学院量子信息与量子科技创新研究院推动并建设，一期工程建设用地项目获得安徽省政府批准，总面积37.2802公顷。项目规划用地面积53.75公顷，建设规模约48万平方米，总投资约70亿元。

（摘自网站）https://baike.baidu.com/ 量子信息科学国家实验室

国家同步辐射实验室

国家同步辐射实验室坐落在安徽合肥中国科学技术大学西校园，是国家计委于 1983 年 4 月批准建设的我国第一个国家级实验室。实验室建有我国第一台以真空紫外和软 X 射线为主的专用同步辐射光源（简称"合肥光源"）。其主体设备是一台能量为 800MeV、平均流强为 300mA 的电子储存环，用一台能量 800MeV 的电子直线加速器作注入器。国家同步辐射实验室一期工程于 1984 年 11 月 20 日破土动工，1989 年建成出光，1991 年 12 月通过国家验收，总投资 8,040 万元人民币。1999 年国家投资 11,800 万元人民币进行国家同步辐射实验室二期工程建设，2004 年 12 月二期工程通过国家验收。在过去 20 多年的开放过程中，合肥光源坚持稳定运行、优质开放的原则，为我国材料科学、凝聚态物理学、化学、能源环境科学等领域的研究提供了一个优良的实验平台，取得了一系列研究成果。2014 年重大升级改造完成后，储存环束流发散度显著降低，光源稳定性明显改善，接近三代同步辐射光源水平。目前合肥光源拥有 10 条光束线及实验站，包括 5 条插入元件线站，分别为燃烧、软 X 射线成像、催化与表面科学、角分辨光电子能谱和原子与分子物理光束线和实验站；以及 5 条弯铁线站，分别为红外谱学和显微成像、质谱、计量、光电子能谱、软 X 射线磁性圆二色光束线和实验站。

（摘自网站）http://wiki.ustc.edu.cn/ 国家同步辐射实验室

国家同步辐射实验室是国家计委 1983 年 4 月批准建立的我国第一个国家级实验室。实验室主要任务是围绕国家重大研究计划和战略需求，向国内外用户提供稳定运行的国际一流大科学实验装置；积极发展同步辐射及测量新技术、新方法，推动我国先进光源关键技术的发展；汇聚与培养一流科学研究与技术发展人才。

实验室建有我国第一台自主建设的专用同步辐射光源——合肥光源，其优势能区为真空紫外和软 X 射线波段，主要面向先进功能材料、能源与环境、物质与生命科学交叉等领域的研究，为我国基础科学及基础应用科学提供先进的研究平台。自 20 世纪 90 年代以来，合肥光源在长期的运行开放中，解决了先进功能材料、能源与环境、生命科学等领域的一系列重要科学问题，在国际著名学术期刊《科学》《自然》中皆有重要研究成果发表；面向我国重大战略需求，在航空发动机燃烧、煤化工能源转化、先进薄膜材料、大光栅技术和标准探测器定标与传递等领域，做出了开创性的研究工作。

目前合肥光源的运行开放达到国际同类装置的先进水平，每年运行时间超过7000小时，开机率优于99%，为国内外用户提供40000小时以上的优质机时。

作为合肥综合性国家科学中心建设的核心层，实验室拥有我国第一台用户型红外自由电子激光装置，同时积极推进世界上综合性能最先进的低能区第四代光源——合肥先进光源的立项和建设，目标是形成先进光源集群，推动多学科集聚、顶尖科学家集聚、一流创新群体集聚、高新产业研发集聚，助力国家科技战略布局。

（摘自网站）http://www.nsrl.ustc.edu.cn/ 国家同步辐射实验室

磁约束核聚变国家实验室

依托 EAST、稳态强磁场实验装置，推动建设磁约束核聚变国家实验室、国家强磁场科学中心；推动筹建特殊环境服役材料国家重点实验室。

（摘自网站）http://www.hf.cas.cn/ 磁约束核聚变国家实验室

主要开展等离子体物理与磁约束核聚变的基础研究。等离子体物理是近几十年来国际上发展最迅速并得到广泛应用的新型学科之一。等离子体与聚变国家实验室将以"稳态先进磁约束反应堆模式"为目标，研究高效、安全、洁净的反应堆的主要科学问题以及相关的基本等离子体物理过程，同时深入研究低温等离子体的产生、约束、稳定性及输运机理的研究，在未来新能源、空间推进技术、电磁干扰、新材料、环境保护等方面做出创造性的工作。

（摘自网站）https://baike.baidu.com/ 磁约束核聚变国家实验室

重大科学技术成果

光纤通信领域主要学会、协会科学技术成果奖

（一）中国通信学会科学技术奖

名称和等级：2022年度中国通信学会科学技术奖一等奖
获奖项目：全光骨干网技术创新与产业化应用
获奖单位：中国电信集团有限公司，华为技术有限公司，中兴通迅股份有限公司，烽火通信科技股份有限公司
完成人：刘桂清　李俊杰　汪海强　杨玉森　闫　飞
　　　　武晓锋　冯皓宇　张红宇　邱　晨　唐建军
　　　　王振方　张安旭　杨其芳　吴　洁　汪令全

名称和等级：2022年度中国通信学会科学技术奖二等奖
获奖项目：面向云数据中心互联的开放光网络关键技术和产业化
获奖单位：阿里云计算有限公司，武汉光迅科技股份有限公司，中国信息通信研究院，华中科技大学
完成人：谢崇进　陈　赛　窦　亮　孙　朝　喻杰奎
　　　　王　月　张　欢　王　磊　唐　明　肖　礼
　　　　李宁东　张　帅　高　帆　闫伯元　刘家胜

名称和等级：2022年度中国通信学会科学技术奖二等奖
获奖项目：超高速激光微波双模接收技术
获奖单位：中国电子科技集团公司第十研究所
完成人：杜　瑜　刘　洋　陈　颖　裴乃昌　陈　俊
　　　　马力科　罗　宁　张　波　唐　婷　兰　霞
　　　　彭　智　朱胜利　张晓波　张成伟

名称和等级：2022年度中国通信学会技术发明二等奖
获奖项目：光通信用高纯合成石英管关键技术
获奖单位：中天科技精密材料有限公司，复旦大学，中天科技光纤有限公司
完成人：沈一春　钱宜刚　陈京京　沈海平　秦　钰
　　　　陈娅丽　油光磊　季晓锋　周建峰　赵海伦

(二)中国电子学会科学技术奖

名称和等级: 2022年度中国电子学会技术发明一等奖
获奖项目:高质量磷化铟制备及微电子、光电子器件应用关键技术
获奖单位:中国电子科技集团公司第十三研究所,中国电子科技集团公司第五十四研究所,中国科学院上海微系统与信息技术研究所
完 成 人:孙聂枫　　欧　欣　　王书杰　　宋瑞良　　卜爱民　　陈宏泰

名称和等级: 2022年度中国电子学会自然科学二等奖
获奖项目:智能响应型有机半导体及其信息器件
获奖单位:南京邮电大学
完 成 人:黄　维　　赵　强　　马　云　　张　寅　　刘淑娟

名称和等级: 2022年度中国电子学会自然科学二等奖
获奖项目:可见光泛在通信与融合组网理论
获奖单位:清华大学
完 成 人:杨　昉　　丁文伯　　宋　健　　王劲涛　　张洪明

名称和等级: 2022年度中国电子学会自然科学二等奖
获奖项目:光子学微波信号频域测量理论与方法
获奖单位:西南交通大学,南京航空航天大学,渥太华大学(加拿大)
完 成 人:邹喜华　　潘时龙　　姚建平　　潘　炜　　闫连山

名称和等级: 2022年度中国电子学会科技进步二等奖
获奖项目:面向电子信息产业的高性能合成石英关键技术研发与产业化
获奖单位:江苏中天科技股份有限公司,复旦大学
完 成 人:沈一春　　薛　驰　　陈京京　　钱宜刚　　肖力敏
　　　　　秦　钰　　曹珊珊　　陈娅丽　　唐　峰　　高　卓

名称和等级: 2022年度中国电子学会自然科学三等奖
获奖项目:光量子信息加密、测量理论与方法研究
获奖单位:南京邮电大学,中国科学院数学与系统科学研究院,中国人民解放军战略支援部队信息工程大学,中国科学技术大学
完 成 人:王　琴　　张春辉　　骆顺龙　　李宏伟　　郭光灿

名称和等级：2022 年度中国电子学会技术发明三等奖
获奖项目：光子集成片上两维相控阵同时多波束形成技术及应用
获奖单位：中国电子科技集团公司第三十八研究所
完 成 人：王　凯　　张业斌　　陈信伟　　韩守保　　陈　曦　　田朝辉

名称和等级：2022 年度中国电子学会技术发明三等奖
获奖项目：光无线多中继协同编码感知物联传输方法与系统
获奖单位：杭州电子科技大学，谱恒高科技有限责任公司
完 成 人：包建荣　　姜　斌　　邱　雨　　周雪芳　　许晓荣　　唐向宏

名称和等级：2022 年度中国电子学会科技进步三等奖
获奖项目：130nm 硅光成套工艺技术研究及应用
获奖单位：联合微电子中心有限责任公司
完 成 人：朱继光　　冯俊波　　曹国威　　王学毅　　宁　宁

名称和等级：2022 年度中国电子学会科技进步三等奖
获奖项目：低压高速电力线载波关键技术与应用
获奖单位：中国电力科学研究院有限公司，国网福建省电力有限公司营销服务中心，国网北京市电力公司
完 成 人：祝恩国　　刘　宜　　张海龙　　林繁涛　　任　毅

名称和等级：2022 年度中国电子学会科技进步三等奖
获奖项目：基于阵列单光子接收的远程探测激光雷达
获奖单位：中国电子科技集团公司第十四研究所
完 成 人：夏凌昊　　吴　诚　　黄慧鑫　　徐　迟　　刘　伟

名称和等级：2022 年度中国电子学会科技进步三等奖
获奖项目：电力光纤到户关键技术及应用
获奖单位：北京国电通网络技术有限公司，国网信息通信产业集团有限公司，国网辽宁省电力有限公司
完 成 人：邓　伟　　周桂平　　于　晶　　郭　栋　　王小辉

（三）中国光学学会光学科技奖

名称和等级：2022 年度中国光学学会光学科技奖一等奖（应用成果类）
获奖项目：第三代半导体发光器件衬底技术
获奖单位：北京大学，中图半导体科技股份有限公司，中镓半导体科技有限公司，北京大学东莞光电研究院
完 成 人：王新强　　康　凯　　张国义　　沈　波　　于彤军
　　　　　刘　放　　王　琦

名称和等级：2022 年度中国光学学会光学科技奖三等奖（基础研究类）
获奖项目：二维半导体可控制备及其光电探测应用
获奖单位：深圳大学，深圳万物传感科技有限公司
完 成 人：张　晗　　谢中建　　郭志男　　黄卫春　　邢晨阳
　　　　　李中俊　　唐宇轩　　潘银龙

（四）中国光学工程学会科技创新奖

技术发明奖

名称和等级：2022 年度中国光学工程学会技术发明奖一等奖
获奖项目：广角空间激光通信技术
获奖单位：中国科学院半导体研究所，山东中科际联光电集成技术研究院有限公司，中国电子科技集团公司第三十四研究所，长春理工大学，北京工业大学

名称和等级：2022 年度中国光学工程学会技术发明奖一等奖
获奖项目：uDAS 分布式光纤传感地震仪及应用
获奖单位：电子科技大学，中国石油集团东方地球物理勘探有限责任公司，中油奥博（成都）科技有限公司

名称和等级：2022 年度中国光学工程学会技术发明奖一等奖
获奖项目：高功率高性能单频光纤激光器
获奖单位：国防科技大学

名称和等级：2022 年度中国光学工程学会技术发明奖一等奖
获奖项目：公布式光纤多参量微扰动感知技术
获奖单位：南京大学，南方科技大学，南京法艾博光电科技有限公司，北京邮电大学

名称和等级：2022 年度中国光学工程学会技术发明奖三等奖
获奖项目：AM 系列高带宽模拟调制器
获奖单位：珠海光库科技股份有限公司

名称和等级：2023 年度中国光学工程学会技术发明奖一等奖
获奖项目：宽带光器件频率响应高分辨测量技术及应用
获奖单位：南京航空航天大学

名称和等级：2023 年度中国光学工程学会技术发明奖二等奖
获奖项目：微结构光纤器件关键技术及应用
获奖单位：复旦大学

名称和等级：2023 年度中国光学工程学会技术发明奖二等奖
获奖项目：中红外高功率及超快光纤激光器关键技术
获奖单位：深圳大学

名称和等级：2023 年度中国光学工程学会技术发明奖二等奖
获奖项目：高稳定光纤飞秒激光技术开发及产业化
获奖单位：上海理工大学

名称和等级：2023 年度中国光学工程学会技术发明奖二等奖
获奖项目：新型拉曼分布式光纤传感关键技术、仪器及应用
获奖单位：太原理工大学

名称和等级：2023 年度中国光学工程学会技术发明奖三等奖
获奖项目：微光医疗心血管光学相干断层成像设备及附件
获奖单位：深圳市中科微光医疗器械技术有限公司

科技进步奖

名称和等级：2022年度中国光学工程学会科技进步奖一等奖
获奖项目：高压电力系统特种光纤在线监测传感器关键技术及应用
获奖单位：上海大学，江苏亨通电力电缆有限公司，国网智能电网研究院有限公司，华北电力大学，南通世睿电力科技有限公司，国网浙江省电力有限公司温州供电公司

名称和等级：2022年度中国光学工程学会科技进步奖二等奖
获奖项目：新一代有机硅光纤预制棒关键技术及产业化
获奖单位：江苏亨通光电新材料有限公司，江苏亨通光纤科技有限公司

名称和等级：2022年度中国光学工程学会科技进步奖二等奖
获奖项目：弯曲不敏感高带宽多模预制棒与光纤关键技术及产业化
获奖单位：中天科技光纤有限公司，中天科技精密材料有限公司，江苏中天科技科技股份有限公司

名称和等级：2022年度中国光学工程学会科技进步奖二等奖
获奖项目：低衰减小弯曲光纤光缆技术
获奖单位：烽火通信科技股份有限公司，烽火藤仓光纤科技有限公司，锐光信通科技有限公司，中国信息通信科技集团有限公司

名称和等级：2022年度中国光学工程学会科技进步奖二等奖
获奖项目：基于二维原子晶体的光调制技术研究及应用
获奖单位：深圳大学

名称和等级：2022年度中国光学工程学会科技进步奖二等奖
获奖项目：基于光学传感技术的燃烧效能在线评测与智能优化调控系统
获奖单位：中国科学院合肥物质科学研究院，安徽大学，马鞍山钢铁股份有限公司，安徽工业大学，蚌埠学院，南京信息工程技术大学

名称和等级：2022年度中国光学工程学会科技进步奖二等奖
获奖项目：2微米光纤激光器核心器件
获奖单位：珠海光库科技股份有限公司

名称和等级：2022 年度中国光学工程学会科技进步奖三等奖
获奖项目：双极性海底光缆系统及产业化
获奖单位：中天科技海缆股份有限公司

名称和等级：2022 年度中国光学工程学会科技进步奖三等奖
获奖项目：基于相位敏感光时域反射的同步多路光缆安全预警关键技术及应用
获奖单位：深圳市特发信息股份有限公司

名称和等级：2023 年度中国光学工程学会科技进步奖一等奖
获奖项目：面向算力业务的全光底座关键技术与大规模组网
获奖单位：中国联合网络通信集团有限公司

名称和等级：2023 年度中国光学工程学会科技进步奖一等奖
获奖项目：高纯低吸收合成石英材料关键技术研究及应用
获奖单位：江苏中天科技股份有限公司

名称和等级：2023 年度中国光学工程学会科技进步奖二等奖
获奖项目：光电集成芯片仿真设计软件国产化
获奖单位：山东大学

名称和等级：2023 年度中国光学工程学会科技进步奖二等奖
获奖项目：5G 与数据中心高带宽、抗弯曲光纤关键技术
获奖单位：江苏亨通光纤科技有限公司

名称和等级：2023 年度中国光学工程学会科技进步奖二等奖
获奖项目：光纤传感技术在油气资源勘探开发领域的应用
获奖单位：中国石油集团东方地球物理勘探有限责任公司

名称和等级：2023 年度中国光学工程学会科技进步奖三等奖
获奖项目：光纤旋转地震仪工程化及应用
获奖单位：杭州友孚科技有限公司

自然科学奖

名称和等级：2023年度中国光学工程学会自然科学奖一等奖
获奖项目：光电振荡模态调控机理与集成化方法研究
获奖单位：中国科学院半导体研究所

名称和等级：2023年度中国光学工程学会自然科学奖一等奖
获奖项目：液晶软光子材料与元件研究
获奖单位：南京大学

四

光纤通信科学技术发展

新一代全光底座赋能数字经济
New Generation All Optical Network Empowers Digital Economy

唐雄燕

唐雄燕　沈世奎
（中国联通研究院，北京100048）

摘　要：随着数字经济的快速发展以及人工智能的突飞猛进，算力网络应运而生，对网络带宽、性能、安全和管控等的要求提高，全光网络作为运营商网络的基础底座，需要具备超高安全、超低时延、超高可靠、超大带宽、超长距离、灵活可调的高品质连接能力。本文分析了数字经济时代全光网络发展的主要业务需求，提出新一代全光底座体系架构，并系统介绍了超高速传送、全光综合接入、SDN智能管控、开放解耦、光网络数字孪生、光网络内生安全、通感一体以及空间光通信等关键新技术。

关键词：数字经济　全光底座　算力网络　400G　数字孪生　光通感一体

1. 引言

数字经济已成为经济高质量发展的重要引擎，2022年我国数字经济规模达到50.2万亿元，总量稳居世界第二，占GDP比重提升至41.5%。算力作为数字经济时代的新生产力，作用和价值日益提升；有关测算显示算力指数每提高1%，数字经济和GDP将分别增长3.3%和1.8%。算力是推动人工智能、大数据、物联网、区块链等技术创新与应用的基础支撑，是建设数字中国的重要保障[1]。随着数字中国、网络强国建设的深化，各行各业的数字化和智能化程度将大幅度提高，尤其是随着以ChatGPT为代表的新一代人工智能突飞猛进，对智能算力的需求迅猛增长。为推进我国算力基础设施发展，2022年2月，国家发展和改革委员会、中央网信办、工业和信息化部、国家能源局联合印发通知，同意在京津冀、长三角、粤港澳大湾区、成渝、内蒙古、贵州、甘肃、宁夏等8地启动建设国家算力枢纽节点，并规划了10个国家数据中心集群，标志着"东数西算"工程正式全面启动。"东数西算"工程通过构建数据中心、云计算、大数据一体化的新型算力网络体系，将东部算力需求有序引导到西部，优化数据中心建设布局，促进东西部协同联动。"东数西算"工程对底层光网络提出了新需求，为此需要围绕数据中心集群建设直连光网络，增大网络带宽，降低传输费用，并构建 1-5-20ms 传输时延圈（城市内 1ms，枢纽内 5ms，枢纽间 20ms）。2021 年 11 月，国家信息中心发布了《全光智慧城市白皮书 2.0》，定义了全光智慧城市的内涵——以 F5G 全光底座为基础，构建城市云网边端协同的基础设施架构，形成立体感知、全域协同、精确判断、持续进化和开放的智慧城市系统。全光智慧城市的核心是构建城市"1ms"时延圈，实现确定性的网络联接。无论是东数西算还是智慧城市建设，都需要以全光网络为依托的运力支撑，数字经济的发展与算力经济和运力经济高度正相关。

2. 全光底座主要需求

当前光网络还存在架构复杂、适应性差、智能化程度低等问题，迫切需要从带宽驱动的管道网络，向体验驱动、业务驱动的算力时代全光底座演进[2]。算力时代全光底座主要需求包括以下方面。

2.1. 优化网络架构

"全国一体化大数据"对传输网的关键需求之一，是建设数据中心集群之间以及集群和主要城市之间的高速数据传输网络。通过架构优化，任意 DC 间就近选直连路由，减少数据绕转时延，提升业务品质。

2.2. 大带宽

东数西算将带来骨干网带宽大幅增长，当完成规划的机架数时，预计骨干带宽将增加 3000T 以上，是现有运营商骨干带宽的 3 倍左右。因此，骨干网络需要向 400G 演进，减少对光纤、机房等基础设施的占用。

2.3. 低时延

时延是影响用户对算力服务体验的关键参数之一。不同类型业务对时延有不同要求，其中对时延要求超过 30ms 的温冷业务占比在 30% 以上。因此，降低业务时延，结合算力资源与网络优势，有助于运营商发展更多算力业务。

2.4. 弹性敏捷

算力网络时代，网络带宽的需求并不固定，因此需要网络弹性，根据需求快速建立连接并调整带宽，以提升整体效率。

2.5. 高可靠，物理安全

算力网络时代，主要面向政企类客户，同时业务会多级部署。因此对网络的高可靠、尤其是物理安全提出了更高的要求。

从典型业务场景需求看，光网络在大带宽、低时延、高可靠和物理安全方面有天然的优势。依托全光网络可以打造品质算网，构建新基建的坚实底座。

3. 全光底座总体架构及关键技术
3.1. 总体架构
中国联通提出的算力时代全光底座架构如图1所示，构建全光底座的关键技术包括新型光纤、400G 传输、全光接入、SDN 智能管控、开放解耦、数字孪生、内生安全、通感一体及空间光通信等，下面分别简要介绍。

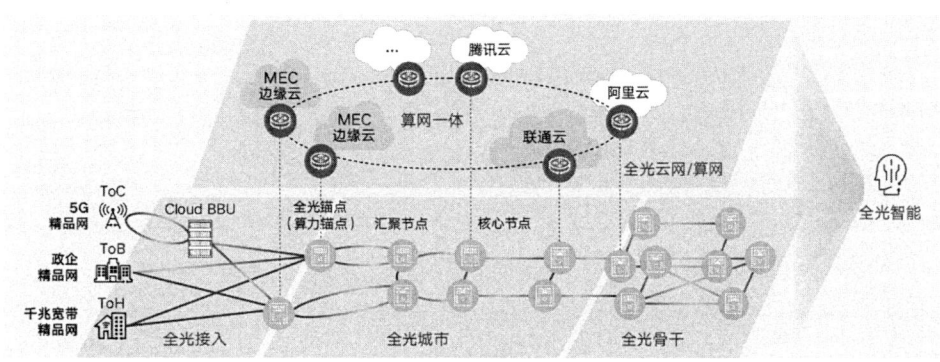

图1 全光底座架构

3.2. 新型光纤技术
算力网络发展对光网络提出了更高要求，也给新型光纤技术带来了新的发展机遇。新型光纤技术具有低时延、低非线性、大容量等优势，将助力数据中心集群、高速数据传输网络、枢纽节点互连互通的建设。

G.654.E 光纤兼具大有效面积和低损耗特性，可实现更远的传输距离、更大的系统容量、更长的跨段距离，显著提升 400G WDM 等高速系统无电中继传输距离，在构建超高速超长距大容量骨干光网络中具有巨大优势。近年来，中国联通联合产业链积极推动在陆地高速传输系统引入 G.654.E 光纤，完成了其标准化、关键参数指标归一化、产业化及试验示范，推动了产业链成熟。

空分复用技术可大幅度提升系统容量，是打破"容量瓶颈"的有效手段。空分复用光纤可分为多芯光纤、少模光纤、多芯少模光纤等，如图2(a)所示。中国联通在空分复用技术应用上开展了积极探索，联合产业界、学术界，完成了弱耦合少模光纤、弱耦合七芯光纤的 200G、400G 传输验证实验，如图2(b)所示，证明了弱耦合空分复用光纤及关键器件可有效兼容现有的单模光纤通信系统，实现大容量长距离传输[3,4]。空分复用技术为算力全光底座注入了新的活力。

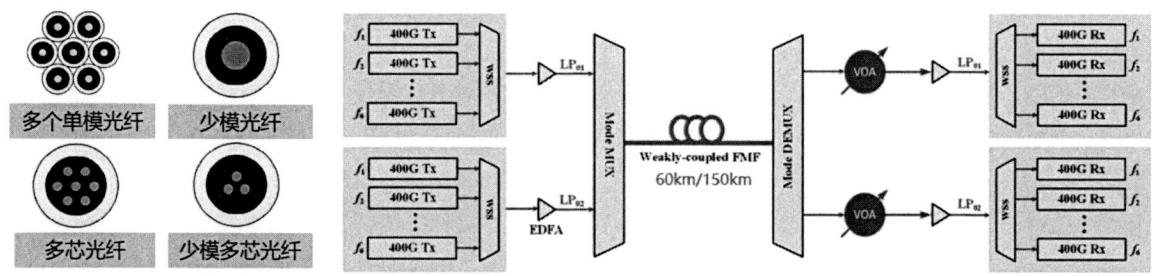

图2(a) 空分复用光纤类型   **图2(b) 空分复用光纤系统验证**

空芯光纤因其特有的结构具有损耗低、时延低、非线性低等优势，可应用于数据中心等场景，对大容量传输也具有很大吸引力。目前，国内外研究机构有关空芯光纤的研究性实验取得了良好的效果。但现阶段，空芯光纤在生产制造、成本、工程应用等方面，仍需取得更多突破。

3.3. 400G 高速光传输技术

光传输技术是全光底座的基础，东数西算工程和 AIGC 大模型发展为光传输网向更高速率更大带宽演进升级提供需求动力，目前光传输网络已开始进入 400G 时代。PCS-16QAM 和 QPSK 是 400G 传输系统中两种主要的调制技术，其星座图如图 3 所示。基于 130G 波特率的 400G QPSK 调制技术支持超长距离传输，适用于全国一干和 ROADM 组网应用，产业链在逐步成熟中，预计 2024 年可进行现网部署；400G PCS-16QAM 调制技术具有大容量、短距离特征，主要用于中短距离传输、IDC 数据中心互联等场景，该技术标准化和产业链成熟度较高，已完成现网验证，2023 年已有商用部署。

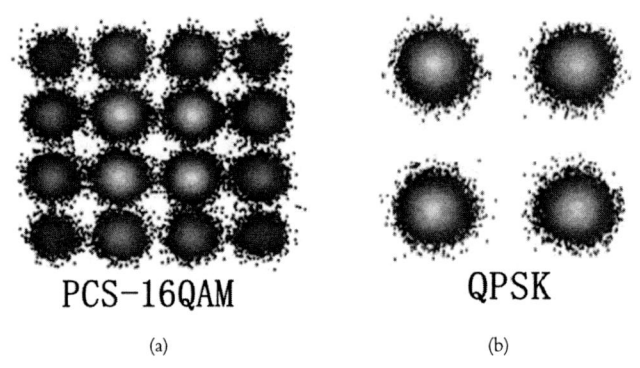

图 3　400G 传输不同调制方式的调制星座图：（a）PCS-16QAM，（b）QPSK

频谱扩展是 400G 传输系统在传输距离不变前提下实现容量翻倍的必然选择。单波速率提升需要使用更高波特率，将占用更宽频谱，需要将频谱资源扩展到 C+L 波段。C+L 系统中光纤 SRS 效应引起的功率转移，会对系统性能、平坦度产生影响，因此对系统光功率动态均衡、自动优化提出更高要求。400G 系统实际部署时，可引入填充波管理技术，降低波道串扰和 SRS 效应对业务波道性能的影响。受限于关键器件的技术可行性，当前 C+L 系统在架构上是分离的，未来 400G 将依托全波长可调激光器、一体化 WSS 和集成化放大器等器件，最终实现 C+L 光传输系统一体化。

2023 年上半年，中国联通在浙江、广东、河南、山东四省分别完成华为、烽火通信、中兴通讯和上海诺基亚贝尔四个厂家的 400G PCS-16QAM 实验网测试，正在组织 400G QPSK 测试验证。

3.4. 全光综合接入

密集波分复用（DWDM）作为不断提升全光底座带宽和运力的关键技术之一，已在骨干网得到大规模应用，DWDM 持续下沉是发展趋势。应对城域多业务综合承载接入需求，中国联通在业内首次提出边缘层引入 DWDM 实现 5G 前传和专线等综合承载，并携手国内外产业链牵头制定了基于低成本 DWDM 可调谐激光器的 G.metro 标准，在 2018 年完成后发布为 ITU-T G.698.4 v1.0 版本，主要包括 10G 速率；2023 年 4 月发布 v2.0 版本，主要包括 25G 速率，系统架构如图 4 所示。

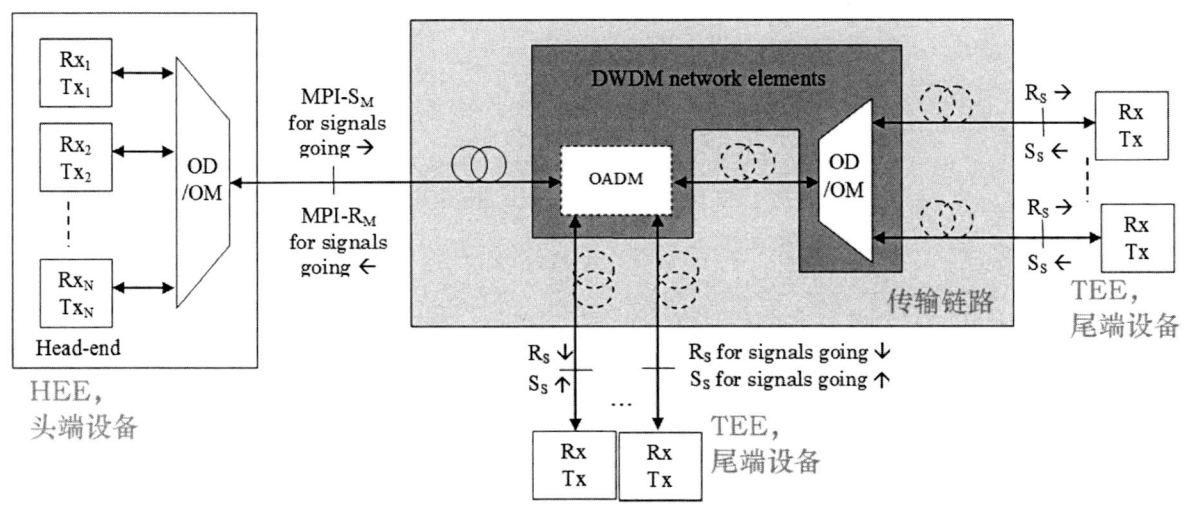

图 4　G.metro 系统架构

基于 G.metro 可调谐激光器 / 光模块，可实现基于光波长级连接，提供波长即业务（λaaS）服务，推动光业务网络发展。中国联通正在基于 G.metro 技术打造面向专线接入和 5G 前传等多场景的全光综合接入产品，并已在现网部署应用。

3.5. SDN 智能管控

随着行业数字化转型的深入，政务、金融、大企业客户的需求正在发生快速变化，将逐步出现多云协同、云边协同等复杂的业务场景，软件定义网络（SDN）的业务感知能力、任务自动下发能力需要更加灵活，管控面需要进一步增强自动化、资源可视、协同计算等能力，需要根据业务不同的 SLA 需求选择最优的算力节点和网络连接，将算力节点通过网络串联起来，提高算力和网络资源的使用效率[5]。

算网融合 SDN 智能管控架构如图 5 所示，在协同层采用两级架构，按省进行分权、分域部署，业务协同器系统负责提供端到端业务编排能力和北向开放接口，其中二级协同器系统负责省内多域控制，完成省内业务编排与发放；一级业务协同器对各个二级协同器、骨干网控制器及国际控制器统一协同，实现跨省业务编排与跨省业务快速发放。两级协同器通过标准化 ACTN 北向接口协同各厂商管控系统，实现跨域跨厂商网络端到端自动编排和协同，提供开放、快捷、分层的 OTN/WDM 业务发放和运维能力。

同时，协同层在跨域跨厂家网络设备协同基础上，进一步增加与算力管控平台的

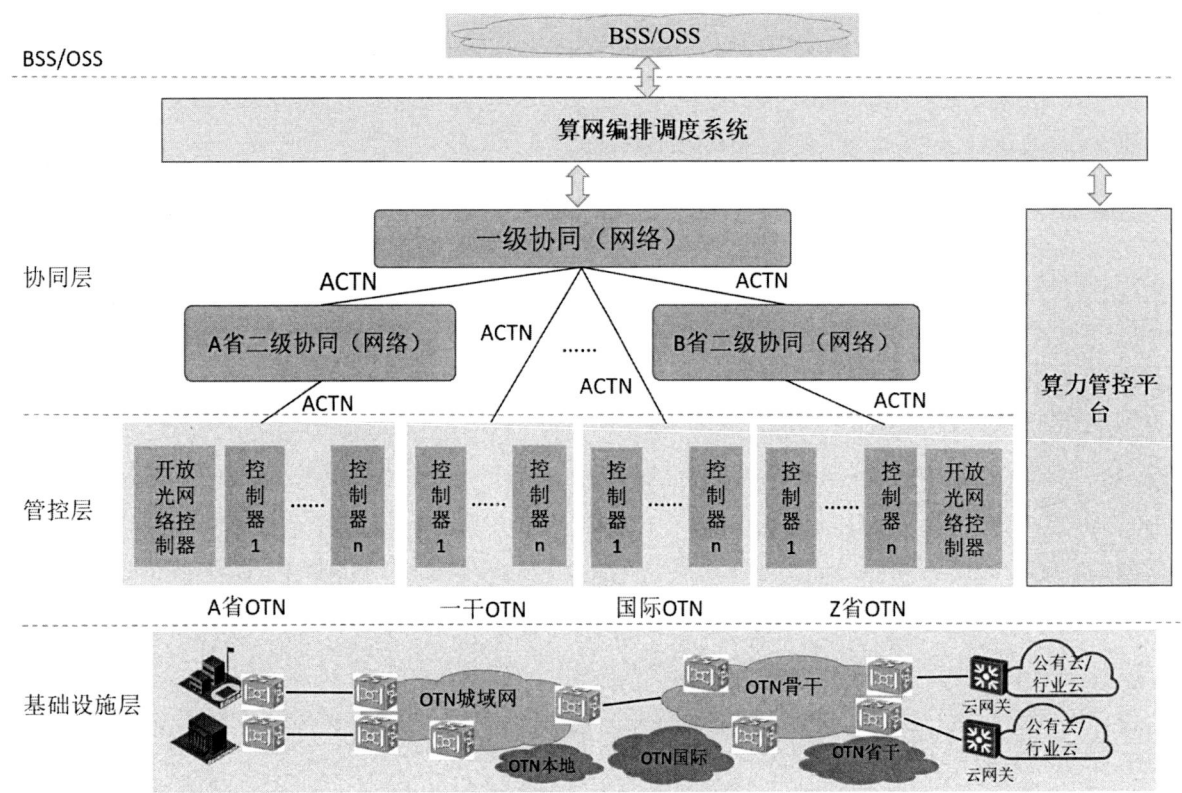

图 5 算网融合 SDN 智能管控架构图

调度协同，通过算网编排调度系统实现对算力资源的自动感知，从而进一步拉通算力资源和网络资源，推动算力和网络服务更加紧密协同，满足用户对业务功能灵活调度的需求，实现"算网联动，网随算调"的目标。

管控层由自研开放光网络控制器和厂商控制器组成，提供控制域内的业务快速发放和业务感知等能力，并通过控制器北向接口支撑上层协同编排系统。

3.6. 光网络开放与解耦

网络开放和解耦成为促进产业创新、降低建网成本的重要趋势，光网络同样要逐步引入开放建网策略，增强运营商在网络建设和供应商选择上的自主权，保障供应链安全，促进国产化发展。中国联通城域光网络开放解耦架构如图 6 所示，接入层引入与核心汇聚 OTN 解耦的 OTN-CPE 设备，光网络采用开放线路系统的模块化波分设备；自研开放光网络管控系统通过统一的 Netconf 协议及 YANG 模型实现多厂家多设备形态的统一管控。

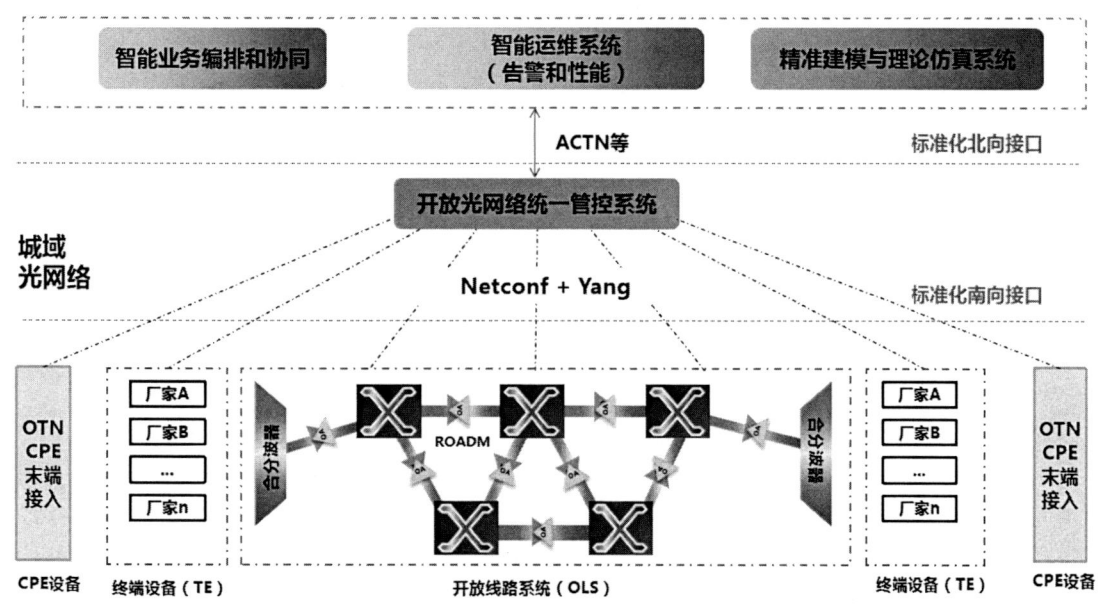

图 6　中国联通城域光网络开放解耦架构

城域光网络开放解耦主要包括设备层解耦与管控层解耦。设备层面的解耦包括接入型 OTN-CPE 设备与核心汇聚 OTN 设备的解耦，以及城域光网络终端设备与开放线路系统的解耦[6,7]。通过在 OTN-CPE 设备引入多个接入型设备供应商，打破了传统网络建设烟囱化的格局，极大降低了专线业务接入层的建设成本。城域开放光网络系统中光层参数的标准化，使得终端设备厂家与光线路系统厂家的设备可以解耦，在同一套光线路系统中，可以引入不同厂家的终端设备。在管控层，通过标准化的 Netconf 协议，制定统一的 YANG 模型，规范设备的管控接口，可以实现统一的管控架构，能对不同厂家、不同类型的设备实现统一纳管，给网络维护带来便利；进一步通过标准的北向接口，可以实现业务端到端快速发放以及资源统一管理。

3.7. 光网络数字孪生

未来光网络规模越来越庞大，同时用户对光网络性能、可靠性要求更高，但传统运维模式难以支持光网络的高效管理和控制，迫切需要发展能够实现全生命周期"自规划、自配置、自修复、自优化"的自智光网络[8]。基于数字孪生可以对光网络进行模拟、分析、推理，进而做出决策，创建处理方案并实现故障排查和性能优化。更进一步，孪生光网络可以通过模拟物理网络的发展变化，识别劣化趋势，发现潜在隐患，给出预防性优化和维护方案，真正实现自优化和零故障光网络建设目标。

光网络数字孪生体系分为光网络层、光网络数字孪生系统层、应用层，如图 7 所示。光网络数字孪生系统包括数据层、孪生模型层和孪生体管理。数据层同步光网络层及管控平台数据，并将处理后的结构化数据上报给孪生模型层；孪生模型层完成数据的建模，为应用层提供服务，并能够对模型不断迭代优化、仿真验证；孪生体管理

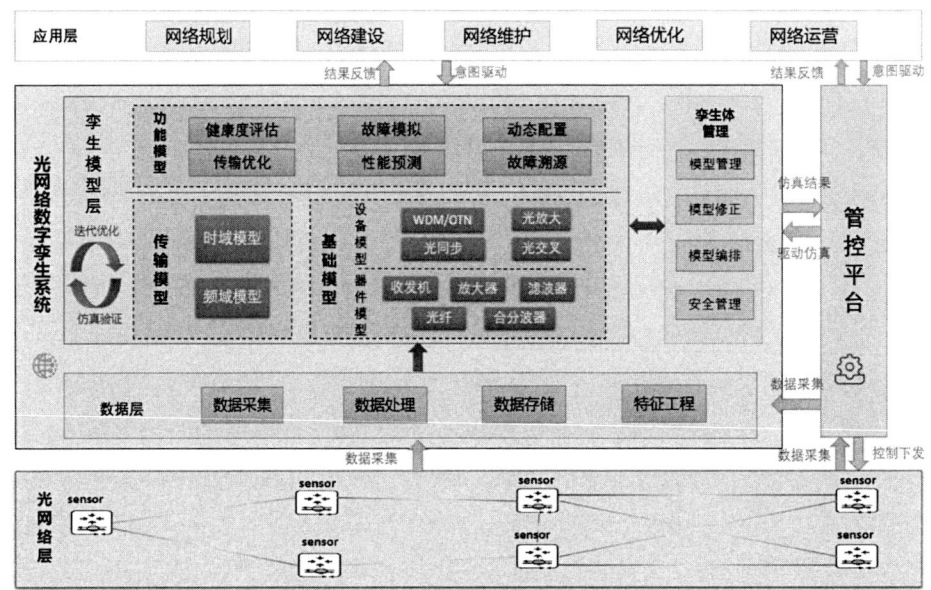

图 7　光网络数字孪生体系架构

模块接收管控平台指令，对孪生模型的全生命周期进行管理、编排及控制。

3.8. 光网络内生安全

光传送网作为业务传输管道，需要提供持续、安全、稳定的高可用、高可靠服务，全光网络内生安全已成为网络安全新的前沿方向和研究热点[9]。光网络内生安全主要是在物理层对光信号的相位、偏振、强度等参数进行扰动来进行加密解密，或利用加密算法在数字信号处理过程中对传输信号进行加密解密操作，从而实现光网络物理层的信息安全认证和加密传输。

目前，主要有基于混沌算法的加密传输、噪声流加密、OTN 加密等光网络内生安全技术。混沌加密算法具有内在随机、初值敏感等特性，非常适合保密通信领域。基于混沌算法产生的随机扰动，可以直接在光信道对传输信息进行加密解密，也可以在数字信号处理过程中数字信号进行加密，以上两种技术都已经处于样机研制测试和试用阶段；通过光反馈、光注入和光电反馈等扰动方式，使激光器产生混沌激光，是基于混沌算法实现保密通信的一种技术，目前还处在理论研究和实验验证阶段。

噪声加密光通信技术利用光信道的固有物理光噪声作为参数，充分利用光噪声对传输信号的随机性影响，非法用户由于不掌握信息传输系统的参数，无法对截获到的光信号进行有效识别，从而显著提高光网络的安全性。噪声加密技术发展迅速，已经进入从研究走向产品化的过程。

OTN 设备加密保护，主要通过电信号的数字包封技术来实现。在不区分业务的情况下，对在 OTN 网络上传输的数据进行加密保护。目前，国内主要 OTN 设备厂商，都能提供基于 OTN 加密的设备和系统。

3.9. 光网络通感一体

光网络通信与感知功能的一体化设计，是构建智能化、多场景应用的新型融合通信系统的重要趋势。目前运营商铺设的光纤资源目前主要实现通信功能，其中还有大量未承载业务的"暗光纤"，容易造成基础资源浪费。而光纤传感系统和光通信的基本组件类似，两者有效融合能够实现资源复用。尤其是基于光纤散射效应的光纤分布式传感技术，不仅可以有效盘活"暗光纤"资源，还能实现许多创新感知应用。另一方面，随着数据传输需求的不断增长，光纤网络的建设规模和复杂度不断增加，光网络的运维管理变得越来越重要，而光通信与传感技术的融合，可以辅助光纤资源的主动感知，实现光缆资源可视化、光纤故障监测等应用，提升光网络的运维效率，降低业务故障率。光网络通感一体化技术，有望在未来的数字化社会中扮演越来越重要角色[10]。光网络通感一体化技术的潜在应用主要包括光纤光缆网络智能运维、智慧城市、管网和结构监测以及地质环境监测等场景[11]。

3.10. 空间光通信与空天地一体化

全光底座技术在空天地一体化通信中也有相应的应用前景。未来通信的范畴将突破传统地面网络限制，延伸至近地面、天域和太空。在这些地域，无法依靠线缆解决连接问题，因此自由空间光（FSO）通信成为关注焦点。FSO利用光纤通信的波段和技术，结合无线通信的便捷性和移动性，解决因地理地形限制或临时通信需求下的传输问题。FSO具备宽可用频谱不受无线电管理局分配管理约束、高传输速率、高信息传输安全性和抗电磁干扰性能以及灵活布放和开通等优点；但也存在信道无法估计、传输链路影响通信质量等突出问题。构建卫星互联网时，FSO可应用于星间和星地通信。美国已启动基于星链系统的空间激光传输研究和试用，在空间相干光通信和波分复用上进行了探索。地面上，可以用于应急通信、灾后通信快速恢复、大型赛事服务、会场临时转播和跨地域临时通信等场景，中国联通正在ITU-T SG15牵头开展陆地FSO回传应用标准化工作。

4. 总结与展望

光网络是支撑数字经济发展的底座，是新型数字信息基础设施的关键。全光底座将持续向着宽带、智能、开放、泛在、绿色的方向发展，提供超高安全、超低时延、超高可靠、超大带宽、超长距离、灵活动态的高品质连接，并不断向房间、桌面、机器延伸，实现联家、联企和联算，拓展光通信发展新空间。固网宽带的代际演进也将从F5G迈向F5G Advanced，2020年ETSI定义F5G标准，提出固网代际概念；2022年10月中国联通联合20多家产业伙伴发布F5G Advanced产业白皮书，推动宽带产业持续演进。展望未来，全光底座将联通现实世界与虚拟世界，光纤接入带宽从千兆向万兆演进、从电信级向工业级演进；光纤应用从通信向感知拓展，实现通感一体化；光纤传输速率不断提升，从单波400G向800G演进，并不断扩展频谱范围；光纤网络走向更加绿色低碳，实现10倍能效提升。面向人工智能大潮和算力新需求，中国联通正在联合产业合作伙伴，积极打造算力时代的全光底座，助力网络强国、数字中国和智慧社会建设，赋能数字经济高质量发展。

参考文献

[1] 曹畅，唐雄燕，等．算力网络——云网融合2.0时代的网络架构与关键技术[M]．北京：电子工业出版社，2021．

[2] 王光全，沈世奎．云时代全光底座架构及关键技术[J]．信息通信技术与政策，2021(12):8．

[3] Tang, C. Zhao, S. Shen, X. Tang, L. Shen, L. Zhang, C. Yan, L. Yang, R. Wang, J. Chu, Y. Tang, and Z. Zhang. Real-time Demonstration of SDM-WDM Transmission Using Weakly-coupled 7-core Fiber and Commercial 400G WDM Equipment [C]. Asia Communications and Photonics Conference (ACP). pp 442-444. 2022.

[4] L. Shen, D. Ge, S. Shen, S. Wang, C. Zhao, G. Wang, L. Zhang, J. Luo, X. Lan, L. Deng, M. Zuo, Y. Gao, and J. Li. 16-Tb/s Real-time Demonstration of 100-km MDM Transmission Using Commercial 200G OTN System [C]. Optical Fiber Communications Conference and Exhibition (OFC). pp 1-3. 2021.

[5] 谭艳霞，王光全，王泽林，郑潇雷，张贺，张晨芳，韩赛，沈世奎．SDN智能管控编排系统技术方案研究[J]．电信科学，2023, 39(3): 143-152．

[6] 周彦韬，满祥锟，张贺．接入型光传送网（OTN）设备DCN网络的设计与应用分析[J]．邮电设计技术，2021(08):66-69. doi:10.12045/j. issn.1007-3043.2021.08.013

[7] 周彦韬，郑潇雷，张贺．自研CPE-OTN设备管控系统 中国联通发掘专线市场[J]．通信世界，2020, No.858(30):38-39．

[8] 中国联通研究院．北京邮电大学．中国联通光网络数字孪生技术白皮书[R]．202212．

[9] 中国联通研究院．光传送网（WDM/OTN）安全白皮书[R]．202306．

[10] 张传彪，唐雄燕，王光全，张民，沈世奎．光网络的通感一体化技术研究前沿[J]．激光与光电子学进展，2023, 60(1): 0100001．

[11] NJ. Lindsey, TC. Dawe, JB. Ajo-Franklin. Illuminating seafloor faults and ocean dynamics with dark fiber distributed acoustic sensing. Science [J]. 2019, 366(6469):1103-1107.

作者简介

唐雄燕：工学博士，教授级高工，中国联通研究院副院长、首席科学家，下一代互联网宽带业务应用国家工程研究中心主任，"新世纪百千万人才工程"国家级人选。兼任北京邮电大学兼职教授、博士生导师，工业和信息化部通信科技委委员，北京通信学会副理事长，中国通信学会理事兼信息通信网络技术委员会副主任，中国光学工程学会常务理事兼光通信与信息网络专家委员会主任。具有20余年的电信新技术、新业务研发与技术管理经验，主要专业领域为宽带通信、光纤传输、互联网、物联网与新一代网络等。

沈世奎：博士，中国联通研究院专家，正高级工程师。兼任中国光学工程学会海洋信息网络专业委员会秘书长，中国通信标准化协会（CCSA）传送网与接入网技术工作委员会（TC6）光器件工作组（WG4）副组长，中国通信学会高级会员，英国 IET CEng 特许工程师，ITU-T SG15 中国代表团标准专家。2006 年本科毕业于武汉大学，2011 年博士毕业于北京理工大学。2011 年加入中国联通，主要从事光纤光缆、光模块和光网络领域的新技术、标准制定和应用部署等研究工作。牵头完成多项 ITU 标准、CCSA 行业标准和国家标准，参与完成标准 20 余项。参与多项国家重点研发计划，曾获国家科技进步二等奖以及中国电子学会、中国光学工程学会、中国通信标准化协会和中国联通集团等奖项多项。

新型线缆支撑"连接+算力+能力"新信息服务体系

New Cable Support New Information Service System of "Connection+ Computing power+ Capability"

聂 磊

聂 磊 张 薇

（长飞光纤光缆股份有限公司，湖北武汉430073）

摘　要：以5G、千兆光纤网络为代表的连接，以云计算、IDC、DICT为代表的算力，和以基础通信、大数据、人工智能、区块链为代表的能力，共同构建了网络无所不达、算力无所不在、智能无所不及的新型信息服务体系。新型线缆作为其中关键的信息基础设施，有效支撑了"连接+算力+能力"新型信息服务体系中的每一个典型场景。本文将从长途干线、数据中心和FTTR这三个典型场景着手，探讨相关技术发展方向和重点新型线缆产品。

关键词：连接+算力+能力　东数西算　算力网络　双碳　长途干线　数据中心　FTTR

1. 引言

目前网络连接的范畴，正在从十亿级"人"的连接向百亿级"人机物"智能连接融合拓展，机器智能成为信息交互的主要模式，由此带来的海量信息交互对算力提出迫切需求，进而推动信息基础设施不断演进，基础设施形态面向算网有机融合、一体共生的方向持续升级。在连接对象拓展叠加基础设施升级的基础上，以虚拟数字人、元宇宙、数字孪生等应用为代表的新业态新模式不断涌现，经济社会发展正在向虚实融合演进。

以5G、千兆光纤网络为代表的连接，以云计算、IDC、DICT为代表的算力，和以基础通信、大数据、人工智能、区块链为代表的能力，共同构建了网络无所不达、算力无所不在、智能无所不及的新型信息服务体系。新型线缆作为其中关键的信息基础设施，有效支撑了"连接+算力+能力"新型信息服务体系中的每一个典型场景。本文将从长途干线、数据中心和FTTR这三个典型场景着手，探讨相关技术发展方向和重点新型线缆产品。

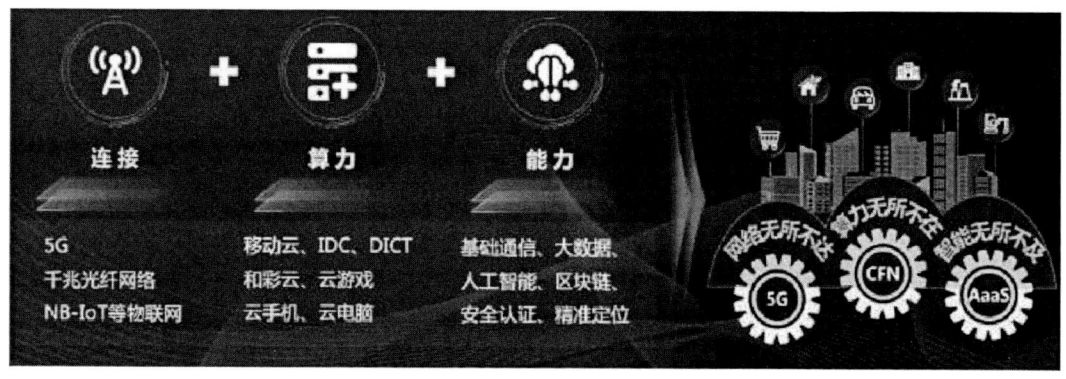

图 1 "连接 + 算力 + 能力"新型信息服务体系 [1]

2. 长途干线

"东数西算"带动了长距离传输的需求。"东数西算"工程旨在推动全国数据中心适度集聚、集约发展,通过在全国布局 8 个算力枢纽,引导大型、超大型数据中心向枢纽内集聚,形成数据中心集群。在算力枢纽之间,打通数据高速传输网络,强化云网融合、多云协同,促进东西部算力高效互补和协同联动,实现全国数据中心的合理布局、优化供需、绿色集约和互联互通。

2.1. 技术发展方向

2.1.1. 算力枢纽间互联提升超大带宽需求

数据中心带宽大幅增长,对运力枢纽出口带宽带来巨大挑战。"东数西算"工程将在全国设立 8 个算力枢纽、十大数据中心集群,将东部算力需求有序引导到西部,促进东西部之间算力高效互补和协同联动。受新基建、数字化转型等国家政策推动以及企业降本增效需求驱动,我国数据中心近年来发展迅速,截至 2022 年 6 月底,全国在用数据中心机架总规模超过 590 万,服务器规模近 2000 万台,近 5 年年均复合增速超过 30%。另一方面,西部枢纽以服务全国算力需求为主,出省带宽预计超 70%,当完成规划的机架数时,预计骨干网带宽将增加 1000T 以上,对枢纽之间运力带宽同样提出了巨大挑战。[2]

2.1.1. 算间互联催生确定性低时延需求

一方面,数据中心互联需要稳定与可靠的低时延。按照业务对时延的敏感性差异,可划分为热业务、温业务和冷业务,三类业务调度需求不同,如数据中心双活的热业务时延要求 1ms~2ms,而 AI 训练、异地灾备等冷业务对时延需求不敏感,网络时延越低,可牵引更多的业务到西部集群。《全国一体化大数据中心协同创新体系算力枢纽实施方案》中明确提出,枢纽之间数据中心端到端单向网络时延原则上应在 20ms 范围内。

另一方面,骨干网络需面向数据中心布局优化端到端时延。部分枢纽集群所在地不是传统的中心城市,网络层级较低,使得枢纽间的互联还存在路由绕行等情况。据全球互联网网络感知平台统计数据,我国骨干网络网内平均时延为 32.97ms,骨干网络网间平均时延为37.14ms，与东数西算枢纽之间的时延要求存在较大差距。骨干网络亟需对东西部枢纽节点之间及地市数据中心的互联路由进行优化，完善枢纽及地市数据中心直连网络，通过光缆拓扑优化及光层交叉调度，减少路由绕行，弥补时延短板。

2.1.3. 算间高效协同催生组网架构优化

云、边多数据中心协同，要求全光运力进一步优化组网架构。随着边缘计算在智慧交通、安防监控、工业互联网等场景中的应用越来越广泛，大量经过处理的数据需要从边缘节点汇集到数据中心云，以完成进一步的大数据分析挖掘、数据共享和算法模型的训练。同时，边缘节点存储的大量数据，也需要备份到云端，防止边缘节点故障导致数据丢失。全光运力作为连接云、边数据中心的纽带和桥梁，需要提供灵活调度能力，以匹配云与云、云与边、边与边之间存在高效协同需求。随着数据中心间东西向互联流量持续增大，全光运力迫切需要围绕数据中心布局进行网络重构，增强东西向流量业务疏导能力，由"南北向"为主向"南北向＋东西向"转变，逐步向网状化、立体化组网方式演进。

2.2. 重点产品

2.2.1. G.654.E 光纤

增加网络容量的有效方式是提高频谱效率，如通过高阶调制或者提高单波的波特率等方式，将目前的100G网络升级为200G甚至400G。400G比100G有更高的频谱效率、更低的单位比特成本和更低的功耗的优势，但也面临高阶调制系统带来的更高光信噪比（OSNR）以及更低非线性效应方面的要求，降低了系统的传输距离，限制了长途传输网络的性能。当网络向更大容量升级时，若采用常规方式则需要使用更多的中继站或拉曼放大器，但这些方式将导致额外高额的投资。提高网络传输性能是一个系统工程，如400G长距离传送面临香农极限、高波特率器件（高速、高性能）、超宽频谱资源技术（C+L）等关键挑战。解决香农极限难题的手段就是提高光信噪比，一般有三个途径：一是增大光纤的有效面积 Aeff，目的是提升入纤功率；二是降低光纤链路衰减；三是降低光纤放大器噪声系数。因此，对于传输骨干网，追求的是更大容量、更高速率、更长距离和更高频谱效率，作为传输媒介的光纤，更低的损耗和更强的抗非线性性能成为算力网络中骨干网光纤的核心特征。因此业界开始探讨使用更具有性价比的新型光纤技术来支持高速传输系统，而兼具超低衰减系数和大有效面积两大特性的 G.654.E 光纤，可显著降低光纤的非线性效应，提高系统的 OSNR，从而增加系统无中继传输距离，减少中继站数量，可以为数据中心和中继站选址在地理位置上提供一个更加灵活的选择，从而降低数据中心整体建设成本。

2016年ITU-T讨论通过了G.654.E光纤国际标准，可以支持C波段扩展及C+L波段传输。从超高速传输技术发展来看，兼具低非线性效应（大有效面积）和低衰减系数的 G.654.E 光纤是200G、400G及未来Tbit/s超高速传输技术的首选光纤，这在业内已成为共识。[3]

表 1 ITU-TG.654.E 标准

特性参数	条件	数值
模场直径	@1550nm[μm]	(11.5-12.5)±0.7
光缆衰减系数	@1550nm[dB/km]	≤0.23
宏弯损耗	弯曲半径30mm-100圈 @1625nm[dB]	≤0.1
色散性能	1550nm 色散系数 [ps/(nm*km)]	17-23
	1550nm 色散斜率 [ps/(nm^2*km)]	0.050-0.070
光缆截止波长	最大值 [nm]	1530

2.2.2. 空分复用光纤

在新兴的带宽需求型应用以及遵循摩尔定律持续增长的计算机处理能力的推动下，互联网流量以每 10 年 100 倍的速度迅速增长，并且在可预见的未来，这种趋势仍将持续。由于传输带宽扩展以及频谱效率的提升，传统单模光纤传输容量在过去十几年里呈指数级增长。然而，由于受到非线性噪声、光纤熔合损伤现象和放大器带宽的限制，标准单模光纤已接近香农定理所限定的物理极限，很难继续支撑持续增长的容量要求。

为了进一步增加光纤的通信容量，最直接的方法就是增加纤芯或模式的空间利用率。因此，空分复用（SDM）为光纤传输系统提供了一个新的发展方向，有可能使系统容量增加一个数量级。目前，SDM 有三种增加空间信道的实现方式：

第一种是多芯光纤（MCF），即在光纤包层内通过控制纤芯间距合理排布多个纤芯。然而，持续增加 MCF 中的纤芯数量将会导致光纤由于包层直径过大而失去韧性，因此，如何在有限的包层空间内容纳尽可能多的纤芯并同时保证较低的芯间串扰是设计 MCF 的难点。

第二种是少模光纤（FMF）或多模光纤（MMF）。其中根据光纤内本征矢量模式叠加方式的不同，光纤内传输的模式又可以分为线偏振（LP）模式以及轨道角动量（OAM）模式。多模传输时不可避免地会产生模间干扰，为解决该问题，分别提出了用于接收端直接检测的弱耦合光纤以及利用多入多出（MIMO）数字信号处理算法解调接收的低差分模式群时延（DMGD）光纤。

第三种则是空间和模式两个维度相结合的少模多芯光纤（FM-MCF）。虽然 FM-MCF 提升了信道数量，但是如何同时控制芯内和芯间的模式串扰，并且在大纤芯密度多模式数量的基础上保证 C+L 大带宽则是 FM-MCF 的设计难点。[4]

2.2.3. 空芯反谐振光纤

空芯微结构光纤通过在纤芯中引入空气缺陷、在包层中引入由石英薄壁和空气孔周期性排列的结构，实现一定波长的光被束缚在空气纤芯中传输。这种光纤兼具光纤的波导性和自由空间光路的无介质性，与传统实芯光纤相比具备一些奇异的特性，如极其小的非线性、较低的模式色散及近乎光速的传输速度等。自 1999 年第一根空芯光子晶体光纤（HC-PCF）问世以来，空芯微结构光纤取得了飞速的发展，根据导光机制划分，有两种主要类型的空芯微结构光纤：

第一类空芯微结构光纤是利用光子带隙（PBG）效应来导光的空芯光子晶体光纤；第二类空芯微结构光纤是通过泄漏模导光的空芯反谐振光纤（HC-ARF），当纤芯中掠入射的光的横向传播常数与包层石英壁不发生谐振时，可以视其为一个宽带导光窗口，其一般具有较大的结构尺寸和简单的包层结构。这两类光纤目前已经广泛应用于跨倍频程的非线性频率转换、高功率脉冲压缩、高功率超短脉冲激光传输、液体气体痕量检测、生物分子探测及量子存储等领域。[5]

2.3. 应用探索

新型光纤成为超大容量传输的重要支撑。相较于常规的 G.652 光纤，G.654.E 低损耗大有效面积光纤通过增大模场面积降低高速信号传输的非线性效应，是一种可满足目前与未来光传输发展趋势的新型单模光纤。随着低损耗光纤制备技术的成熟，目前国内外多个公司已实现低损耗光纤的规模化生产。国内三大运营商也正在积极推进 G.654.E 的应用，并已完成部分 G.654.E 链路的建设工作。

空分复用光纤（SDM）、空芯光纤等新型光纤及其应用前景引起业界关注。空分复用技术可以从空间维度进一步提升单纤传输容量，基于光纤对的空分复用技术已经在海缆通信系统中获得应用，多芯复用光纤系统、模式复用光纤系统也在持续研究当中，仍有一些问题亟待解决，包括关键器件如低插损、高稳定性的复用器 / 解复用器、空分复用放大器以及熔接、成缆等技术的成熟性和稳定性都有待进一步规模验证。空芯光纤经过多年的发展，目前实验室内已经实现 0.174dB/km 衰耗系数，在低延迟、低非线性以及更大的传输带宽等方面的巨大优势为其在高速光通信领域的应用开辟了可能性，运营商也正在开展新型光纤传输系统的测试验证。总的来看，新型光纤相关技术和特性仍需进一步研究，与之配套的光纤制备技术、光电器件还未达到成熟和产业化阶段，需要产业界持续开展技术研究和应用探索。[2]

3. 数据中心

算力是全球数字经济的生产力，数据中心是算力的关键支点。经过 20 多年的发展演进，国内数据中心产业的发展进入了新的阶段，作为数字设施、数字能源、数字科技的三重载体产业，数据中心在新时期进入高质量转型期。

3.1. 技术发展方向

3.1.1. 算力基础设施：构建灵活敏捷的算力底座，打造更加泛在的算力分布

算力基础设施是算力网络的核心，以构建高效、灵活、敏捷的算力基础设施为目标，积极引入云原生、无服务器计算、异构计算、算力卸载等技术，探索算力原生、存算一体等新方向，持续增强算力能力，释放算力价值。

算力基础设施从云向算、从中心向边缘和端侧泛在演进，通过发展边缘计算、超边缘计算和端计算，形成更加泛在的多维立体算力布局。[6]

3.1.2. 网络基础设施：构建光电联动的全光网络底座，全光高速互联，全光灵活调度

网络基础设施层需要加快构建光电联动的全光网络和云边端全连接的智能IP网络，打造高品质网络基础设施，优化网络结构，扩展网络带宽，减少数据绕转时延，以运力促算力，打造新一代算力基础网络和算网协同新体系。

网络基础设施需要构筑基于OXC的光电联动全光网络底座，通过大容量高速互联和全光灵活调度，实现对算力网络中业务流量、流向需求和变化的动态感知，保障算网协同、实时响应和端到端的服务。[7]

3.1.3. 算网有机融合，一体共生

算网一体通过算力度量、算力标识、算力感知、算力路由和在网计算等技术实现算力和网络在协议和形态上的深度融合、一体共生。以算网一体为核心特征的算力网络也是6G网络的关键技术，6G网络对内实现计算内生，对外提供计算服务。6G中的算力网络通过实时准确的算力发现、灵活动态的服务调度、体验一致的用户服务，实现计算和网络资源的智能调度和优化利用。[8]

3.1.4. 双碳目标及可持续发展战略将长期驱动数据中心产业绿色低碳发展

随着我国碳达峰碳中和战略的深入推进，国家层面出台多项政策促进数据中心绿色低碳发展；而北上广深等一线城市及周边地区的土地、水电资源相对紧张，对数据中心能效及碳排放要求更为严格，当前上述区域正在持续加强对数据中心产业的政策引导，推动数据中心绿色低碳发展。[9]

3.2. 重点产品

3.2.1. 多模光纤

随着数据中心的数据吞吐量、网络容量和存储需求快速增长，高带宽和短波分复用的OM5多模光纤将被广泛使用。OM3、OM4光纤只能基于单波长传输，而OM5光纤可以将传统的OM4光纤在850nm的带宽性能拓宽到953nm上，利用4波长短波波分复用技术，在一根多模光纤上同时传输4个波长，将多模光纤传输容量提高至原来的4倍，同时完全向下兼容，在提升数据中心链路的传输速率与布线长度方面具有显著优势。[10]

3.2.2. 小外径光纤

城域网和接入网对光缆的尺寸以及光纤的弯曲性能提出了更高的要求，减小光纤外径的弯曲不敏感光纤即新型小外径弯曲不敏感光纤可以满足以上要求，为解决这一问题提供了新思路。以200μm和180μm小外径弯曲不敏感光纤为例，这两者的玻璃部分直径依然保持125μm，但是减少了涂敷层直径。当光缆外径一定时，可容纳更多的芯数；当光缆中光纤芯数一定时，可大幅度减少光缆直径，制备高密度、大芯数光缆，从而缓解城市管道资源匮乏的压力。[10]

3.2.3. 小型化光纤连接器

光纤连接器是整个光链路中影响光学性能的一个重要环节。数据中心内为"业务生产"使用的每一个机柜单位空间都是重要的成本考虑因素。对于由无源的主干光缆、光学管理平台（配线架）、光纤跳线及布线路由管理组件等组成的整个光链路来说，同时满足高密度、高性能（超低衰减）、易管理、易升级是个巨大的挑战。

优化机架空间和性能，对于满足不断增长的数据需求和降低成本至关重要。VSFF（极小光连接器）是一系列高密度、节省空间和高性能的连接器（例如 SN、MDC、MMC 等），是解决现有数据中心布线基础设施中空间限制的有效方案。新连接器的极小物理尺寸为满足未来扩容的需求留下了充足的空间，它比目前常规连接器（如 LC）的端口密度高出三到四倍。

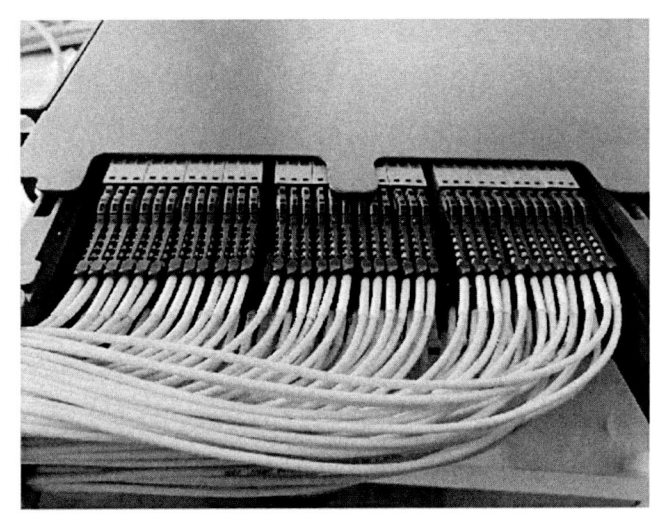

图 2　432 芯 /U 超高密度光纤配线架 +MDC 极小光纤连接器

3.2.4. 高密度光管理平台

光管理平台是整个光链路中承上启下的重要连接点，尤其在数据中心的列头柜（HDA 区，EoR 架构）、核心配线柜（MDA 区域）等处。光管理平台需要提供更高密度以应对不断增长的光纤互连需求并节省宝贵的机柜空间，与此同时也要考虑数据中心接入、汇聚、核心间光纤连接速率的指数级提升带来的硬件升级并保护客户投资。

光纤管理平台需要模块化、高密度化以满足目前的光连接性能需求，并为未来的光主干速率的迭代升级提供足够的余量，以便轻松实现从当前主流的 100G-400G 升级到 800G 甚至未来的 1.6T。在光管理平台保持不变的同时，通过将连接器更换成极小连接器（VSFF）、将主干光缆更换成小外径主干光缆、将光纤跳线更新成小外径跳线等操作，目前已经可以在一个机柜空间（RU）内提供高达 432 芯光纤连接（采用 MDC 连接器）并保持良好的光纤跳线管理。

3.2.5. 布线智能管理系统

近年来，大中型数据中心内光纤连接数量出现呈指数级增长的趋势。传统的布线运维管理方式在效率、准确性等各方面都存在极大的挑战。光连接占据数据中心所有布线连接的95%以上，所以光纤管理的智能化是大势所趋。

在数据中心日常运维管理中对跳线的增加、移动、去除是常见操作。在布线日益高密度的场景下，人为的错误占到IT故障的比例相当大，是IT运维实践中的一个痛点。

光纤管理智能化通过管理软件、数据库和加载于传统无源布线组件上的"探测器"，将光纤连接的Move、Add、Change（移动、增加、改变）等操作产生的变化实时记录下来，提供永远最新的连接记录，从而对园区内楼宇间的光缆连接、数据中心内列头柜和核心柜的重要光缆连接实时监控，极大提高了故障排除的效率。

3.3. 应用探索

OM5光纤作为一种新型高端多模光纤，目前已有了众多应用案例，其中最大的一个商业案例是中国铁路总公司总数据中心项目，该项目总投资22.7亿元，占地约70亩，总建筑面积约4.6万平方米，项目建成后主要用于铁路行业相关核心数据的存储、12306网站数据的存储及交换等。该项目同时也是国内大型数据中心首次规模使用OM5多模光纤。

随着数据中心应用的需求不断提升，对多模光纤的要求也不断提高。多模光纤朝着低弯曲损耗、高带宽、多波长复用的方向发展。其中最具有应用潜力的，当属OM5高带宽光纤，其与性价比高的VCSEL激光器配合，为数据中心传输提供了低成本、低能耗、高性能、完美兼容的优质解决方案，还为未来系统升级至更高速率（如800Gb/s和1.6Tb/s）的多波长系统提供了有力的光纤解决方案。

另外，面向未来数据中心的高密度接入，小外径抗弯曲光纤、小型化光纤连接器等新型产品也将助力"东数西算"建设。[3]

4. FTTR

随着业务的不断发展及用户对网络体验需求的不断升级，对网络的吞吐量、时延、漫游等将会有更加严格的要求，对FTTR网络架构和末端无线带宽都会提出新的需求。

4.1. 技术发展方向

4.1.1. 网络时延不断逼近端到端全网"零"等待时延

随着时延敏感业务（沉浸XR等）的发展，需要极低的端到端的网络时延，无压缩无解码的数据流传输让网络时延的上限压缩在物理传输的理论边界，追求业务传输"零"等待时延、"零"业务卡顿的终极梦想。[11]

4.1.2. 无感漫游融合创新，构建一家一张网

家庭连接技术的融合创新驱使家庭网络联成一片，实现"零"等待无感漫游，让用户感知网络无处不在、任意畅游。

4.1.3. FTTR 将与 Q 波段毫米波相结合，为数字家庭合力打造极强信息底座

工信部无 [2013]502 号《40～50 吉赫兹（GHz）频段移动业务中宽带无线接入系统频率使用事宜》中已发放 45GHz 频谱（Q 波段：42.3G-47.0GHz,47.2GHz-48.4GHz）用于低功率无线接入。这部分频谱资源是当前国内 Wi-Fi 在用频谱的 15 倍以上，将极大缓解 Wi-Fi 频谱资源不足问题。基于毫米波可实现 100Gbps 以上的吞吐，单用户流量可达万兆。

FTTR 与 Q 波段毫米波结合的应用场景中，墙体对毫米波具有较好的隔离作用，毫米波穿透性差的特点反而可有效解决 FTTR 网络内及网络间干扰问题，能满足更多并发用户的网络需求，对于部署 Cloud VR、全息通信等业务极其有利。

4.2. 重点产品

4.2.1. G.657.B3 光纤

G.657.B3 是为光纤入户（FTTH）、企业内部网络以及其他需要在超小弯曲半径条件下进行光纤通信的场合所设计的，其性能指标参考 ITU-T G.657.B3 标准要求，在 5mm 弯曲半径条件下具有很低的弯曲附加损耗，从而满足光纤入户等室内外复杂布线条件下的安装施工需要，克服墙角转弯、跳线固定以及线缆高张力等情况带来的弯曲附加损耗，保证通信系统稳定运行。

4.2.2. 光电混合缆

光电混合缆是一种适用于通信接入网系统的新型接入方式，它将输电铜线与光纤集合在一起，可以一次性同步解决宽带接入、设备用电、信号传输的问题，因此在家庭场景下，采用 86 盒式的从设备时可以使用光电混合缆进行信号传输和设备供电，避免使用本地电源对 FTTR 供电。中小微企业的吸顶式从设备，由于本地取电困难，也可以通过光电混合缆解决取电问题。

光电混合缆小型化、轻量化、低成本、能快速敷设，是末梢智能终端普及的基础，具有如下特点：

（1）低插入损耗，高回波损耗；
（2）光电一体，充分节约管道资源；
（3）光缆直径和弯曲半径小，在狭小空间也能自由安装，同时兼备光信号传输和电能传输；
（4）具有很好的柔韧性和机械性能。

4.2.3. MINI SC 跳线

MINI SC 跳线是一种可以穿管或者穿墙的 SC 连接器，与其他普通 SC 连接器相比，具有尺寸小、抗拉强等特点，常用于

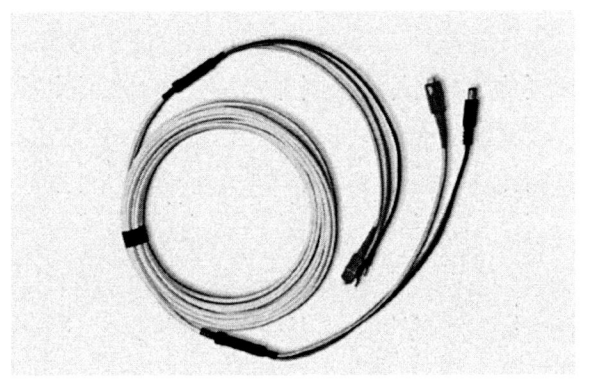

图 3　光电混合缆跳线

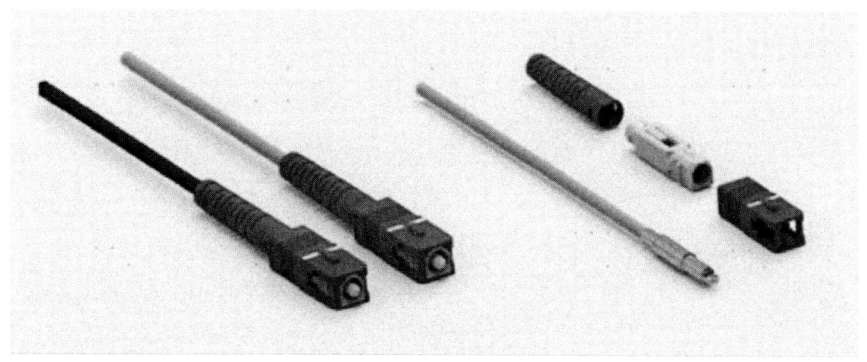

图 4 MINI SC 跳线

尺寸受限的应用场景;穿管后套上外壳,即可组装成完整的 SC 连接器。其特点包括:

(1)穿管部分最大外径∅4.8;穿管部分长度 29.5mm;
(2)适用缆型:3.0 圆缆、2×3 皮缆;
(3)可穿过管径 7/5.5mm 的微管,微管的最小弯曲半径为 84mm。

4.3. 应用探索

FTTR 解决方案具有传输带宽大、确定性时延低、抗干扰性强、安全可靠等优势,应用场景广阔。在住宅场景,作为 FTTH(光纤到户)在住宅内部的延伸,FTTR 把光纤部署到家庭的每个房间,是保证家庭用户真千兆的必然选择,让普通用户可以在家中畅享超千兆低时延的高品质宽带网络。

FTTR 系统还可进一步延伸至医院、学校、酒店、办公楼宇等园区场景,为企业用户提供高速稳定的网络,接入带宽可达 10G。在教育行业,利用 FTTR 系统部署校园网,打造智慧"全光校园"。在医疗行业,基于 FTTR 系统打造"全光医院",构建智慧医疗的坚实网络底座并提高医院诊疗效率。此外,FTTR 系统可应用在生产线智能检测回传等各类工业场景,通过超大带宽、超低时延、超远传输、超高可靠,来满足工业场景对网络的超高要求,同时支持办公、生产、安防等多种业务在同一张网络上传输,并保证相互间物理隔离,实现安全与效率并行。[12]

5. 结论与展望

中国工程院院士刘韵洁先生曾说:"互联网进入下半场还有很多挑战需要克服,首先是对网络确定性要求高。"算力要发挥极致性能,必然呼唤网络技术的变革与创新;同时,算力的升级发展也必将反哺下一代网络的飞速演进。"网络无所不达、算力无所不在、智能无所不及"是未来数字世界发展的必然趋势,光纤线缆作为新型信息基础设施的带宽基石,承载"东数西算"网络需求,并为算力提供坚实的环境支撑,为家庭与各行各业的数字化转型提供快速、稳定与安全的核心能力底座。

参考文献

[1] 杨杰. 聚力算网融合创新，共拓信息服务蓝海 [N]. 人民邮电报，2022-03-01（3）.
[2] 中国信息通信研究院. 全光运力研究报告（2022 年）[R].
[3] 王铁军. 新型光纤助力国家算力网络建设 [M]// 韩馥儿. 中国光纤通信年鉴：2022 年版. 上海大学出版社，2022：108.
[4] 涂佳静，李朝晖. 空分复用光纤研究综述 [J]. 光学学报，2021, 41（1）.
[5] 高寿飞，汪滢莹，刘小璐，等. 空芯反谐振光纤及其高功率超短脉冲传输 [J]. 中国激光，2017, 44（2）.
[6] 算力基础设施关键技术 [OL]. https://vader.blog.csdn.net/article/details/122521072.
[7] 网络基础设施关键技术 [OL]. https://vader.blog.csdn.net/article/details/122521839.
[8] 算网一体关键技术 [OL]. https://vader.blog.csdn.net/article/details/122521816.
[9] 中国信息通信研究院. 数据中心白皮书（2022 年）[R].
[10] 周红燕. 双千兆网络时代的光纤应用前景 [C]. 中国通信学会 2020 年通信线路学术年会论文集.
[11] 宽带发展联盟. FTTR 光纤到房间白皮书（2022 年）[R].
[12] 广东省通信管理局. 广东省光纤到房间（FTTR）全光 Wi~Fi 组网白皮书（2023 年）[R].

作者简介

聂磊：长江商学院 EMBA，长飞光纤光缆股份有限公司副总裁。

张　薇

张薇：女，武汉大学硕士，长飞光纤光缆股份有限公司产品高级工程师。

双折射反谐振空芯光纤研究
Research on the Birefringent Anti-resonant Hollow-core Fiber

陈 伟

陈 伟* 王 洋

（上海大学特种光纤与光接入网重点实验室）
（特种光纤与先进通信国际合作联合实验室）

> **摘 要**：本文主要针对反谐振空芯光纤（ARF）无法实现较高双折射的问题，提出了针对不同结构双折射反谐振空芯光纤的优化准则。该准则可有效地判断空芯光纤的双折射特性，优化高双折射空芯光纤的结构设计。在此基础上提出了一种具有四重旋转对称的半管嵌套ARF（STNARF），通过反交叉效应引入了较高双折射，同时可以优化光纤的限制损耗。该方法为高双折射反谐振空芯光纤的结构设计提供了思路与方法。
>
> **关键词**：双折射 低损耗 反谐振空芯光纤 光纤结构设计

1. 引言

空芯光纤通过特殊的结构将光限制在空气中传输，具有低非线性[1]、低色散[2]、和高激光损伤阈值[3]等诸多令人激动的特性。由于空芯光纤导光机理还存在很多问题，限制了空芯光纤在许多领域的应用，尤其在相干光学应用中，保持光传输过程中偏振状态仍然没有很好的解决方案。

在实芯保偏光纤中，可以通过引入机械应力或引入各向异性，来激发较高的双折射系数[4]。但在空芯光纤中，此类方法并不适用。通过对椭圆纤芯空芯光纤仿真验证，该方法无法激发较高的双折射系数。对于空芯光纤，光主要存在于空气中，由于空气对任何环境扰动都不敏感，只有部分光会与玻璃管壁发生相互作用，利用这种相互作用是引入双折射的主要途径。对于反谐振光纤，其引导是由于围绕在纤维芯周围的玻璃壁中的反谐振效应而发生的，并通过芯（空气）和包层（玻璃）模式之间的抑制耦合而加强，因此其具有更低的传输损耗与更宽的传输带宽。然而引入双折射要困难得多。直到最近，两种基于改进的 NANF 概念的理论被提出，它们可以通过在正常或混合波段传输机制中工作来解决这一问题[5, 6]。2020年，实验验证了相位双折射为 2.35 ×

10^{-5} 和 $1.1×10^{-5}$ 的单环 ARF，传输损耗分别为 460 dB/km 和 >2 dB/m[7, 8]；2022 年相位双折射为 $9.1×10^{-4}$ 的半管 ARF 设计思路被提出[9]。然而，传输损耗仍然保持在 180 dB/km 的高水平。因此，高双折射空芯光纤的设计与制备仍然需要研究。

本文提出一种新的双折射判断方法，通过对不同方向的包层管壁厚的分析，可以有效判断不同结构光纤的双折射是否超过 $1×10^{-5}$。并且，我们提出一种具有四成旋转对称的半嵌套管反谐振空芯光纤。基于该判断方法，优化了包层管壁厚范围，设计光纤实现在 1.55 μm 波段双折射系数为 $4.77×10^{-5}$、带宽为 210 nm。

2. 双折射反谐振空芯光纤理论模型构建与分析

为了研究不同结构的反谐振空芯光纤中不同方向壁厚对双折射的影响，针对两种不同包层管数量的空芯光纤结构进行研究，两种结构如图 1 所示。其中（a）中存在 6 个包层管，（b）中存在 4 个包层管。两种结构纤芯均 D，包层管直径分别为 d。在（a）中，其 x- 方向的壁厚为 t_x，其余包层管壁厚为 t_c；在（b）中，水平方向玻璃管壁厚为 t_h，垂直方向管壁厚为 t_v。考虑到光纤实际制备难度，选择壁厚范围均为第二反谐振窗口，即在保证一定传输带宽的基础上尽可能降低制备难度。因此需要控制包层管壁厚 t 满足反谐振条件：

$$t = \frac{(m-0.5)\lambda_0}{2\sqrt{n_g^2-1}} \tag{1}$$

其中 n_g 为石英折射率。

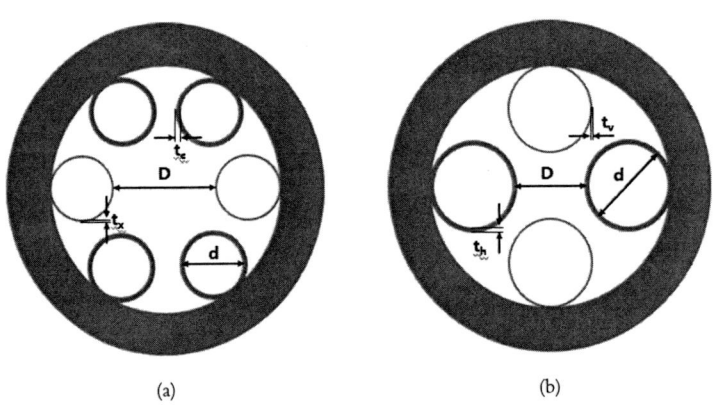

图 1 不同结构反谐振空芯光纤

通过引入不同方向包层管壁厚差使得光纤具有较大的双折射，是由于在反交叉点时水平方向和竖直方向的偏振表现出不同的行为。该现象也可以引用 KK 公式来进行解释。基于 Kramers-Kronig 关系的有效折射率增加与限制损耗急剧增加之间的密切关系，这是由谐振频带边缘的介电模式的反谐振反射减少引起的。因此，为了更好地对双折射现象进行分析和判断，我们引入不同包层管壁厚的差值对双折射进行分析。

我们引入反谐振状态系数 k，来表征不同壁厚导致空芯光纤从谐振条件向反谐振条件转变的过程。对光纤包层管壁厚进行设计，使得不同方向的包层管壁厚分别处于不同的谐振状态，从而引入双折射。因此通过参数 k 表征壁厚差可表示为：

$$\Delta t = (k_a - k_b)\frac{\lambda_0}{2\sqrt{n_g^2 - 1}} \quad (2)$$

其中 m 为光纤谐振阶数，k_a 与 k_b 分别为不同壁厚在 1.55 μm 的反谐振状态系数。因为在光纤制备过程中包层管壁厚差过大会增加光纤制备难度，因此本文主要讨论在相同阶次内进行双折射光纤结构设计。

取 t_a 和 t_b 两点，分别对两种包层管壁厚的光纤进行仿真计算，k_a=0.81 时光纤损耗对应的二阶谐振窗口为 1018—1623 nm；同样，k_b=0.22 时光纤损耗对应的二阶谐振窗口为 1309—2140 nm。因此不同壁厚均处于相同阶次的谐振窗口为 1309 nm—1623 nm，$\Delta\lambda$=314 nm。当目标波段处于该区域，则证明两种不同壁厚在目标波段都属于二阶谐振窗口，区域宽度可以通过反谐振状态系数 k 表征：

$$\Delta\lambda = \frac{m - mk_a + (m-1)k_b}{m(m-1)}\lambda_0, \quad m = 2 \quad (3)$$

我们采用 $\Delta\lambda$ 来表征不同壁厚组合带来的双折射与损耗。$\Delta\lambda$ 越小，对应壁厚差值 Δt 越大，即反谐振状态系数差 Δk 越大，则会引起双折射系数越大。选取 k_a=0.8，k_b=0.2，计算结果 $\Delta\lambda$=319 nm，计算结果与有限元仿真结果基本一致。

我们对 6- 包层管结构进行仿真，当包层管壁厚差大于 2.2 μm 时，无论两壁厚如何选择，光纤双折射 $>1\times10^{-5}$。对比不同结构的空芯光纤，4- 包层管结构的光纤，与 6- 包层管结构的损耗与双折射具有相同的趋势，当壁厚差大于 0.15 μm 时，光纤双折射总 $>1\times10^{-5}$。不同包层管数量导致光纤旋转对称性发生变化，4- 包层管结构需要较小的壁厚差就可以实现较大的双折射系数，即四重旋转对称结构更易实现较大的双折射。

3. 双折射反谐振空芯光纤的结构设计与判断准则

相比较于实芯光纤，传统通过几何引入椭圆纤芯或通过引入应力的方法无法在反谐振空芯光纤中激发很高的双折射系数，因此本文采用反交叉效应，通过改变不同方向包层管壁厚，改变纤芯模式与包层管模式耦合效率，以此改变不同方向的偏振态，激发更高的双折射系数。通过引入不同壁厚改变结构对称性的方法来提高双折射，并且不同壁厚可以通过反交叉效应改变纤芯模式与包层管模式的耦合，以此提高双折射。光纤双折射 B 表示为：

$$B = \left| n_x - n_y \right| \qquad (4)$$

其中 n_x 和 n_y 为光纤不同偏振方向的有效折射率。

通过对光纤结构分析，我们提出一种半嵌套管结构的反谐振空芯光纤，如图 2（d）所示，通过在具有四重旋转对称结构光纤的包层管中，增加单层负曲率的半管嵌套层，有效降低光纤的限制损耗。对于无节点嵌套型反谐振空芯光纤（NANF）结构，增加嵌套环模式耦合一般发生在纤芯模式与嵌套环内层圆形区域的传输模式之间，由于中间月牙区域存在，纤芯区域离嵌套环内层圆形区域的距离变大，两个区域传输模式的空间不重叠度提高，因此限制损耗降低。而与 NANF 结构相比，本文提出的半

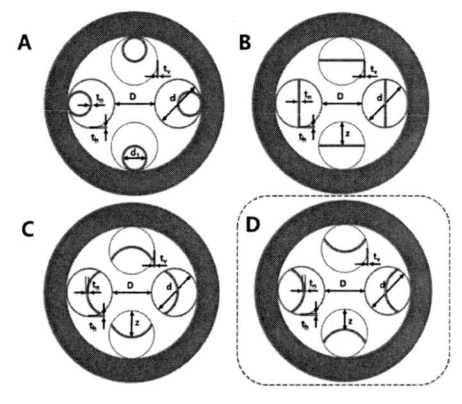

图 2　四种不同结构的双折射反谐振空芯光纤 [10]

嵌套管结构在保留了较大月牙区域的同时，破坏了嵌套管中圆形区域，从而使其模式耦合降低，更好地将光功率限制在纤芯区域。

在嵌套管结构的设计中，需要考虑每一层玻璃管壁之间空气是否处于反谐振条件。需要调整嵌套环外径与包层管外径的距离参数 z，使得内外管之间空气层和嵌套管内部空气层满足反谐振条件，即 $z \approx \pi D/4u_{01}$，其中，u_{01} 为零阶贝塞尔函数的第一个根。我们设计的反谐振空芯光纤以半圆嵌套管为特征，最大程度上减少了损耗，同时不影响外层包层管激发双折射；为了简化光纤预制棒制备过程，增加的半圆嵌套管直径与包层管直径相同，壁厚为 t_n。

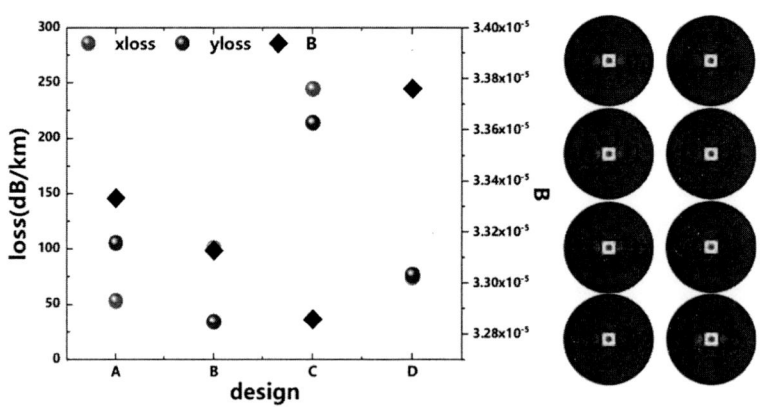

图 3　不同结构损耗与双折射比较

为了验证半管嵌套结构的优势，我们与NANF[10]以及不同曲率的嵌套层进行了比较。四种设计结构均使用相同的设计参数，即纤芯直径 $D=20~\mu m$，包层管直径 $d=30.4~\mu m$，水平方向与垂直方向壁厚 t_h 和 t_v 分别为 1.4 和 0.9 μm，嵌套管壁厚 $t_n=1.3~\mu m$。图3 为不同结构在 1.55 μm 波段下对应的限制损耗与双折射系数仿真结果，其中右侧图为不同结构 x- 方向与 y- 方向的基模模场分布。与传统的 NANF 结构相比，半管嵌套结构具有更高的双折射系数。平板嵌套结构损耗相对较小，但是该结构会降低光纤双折射系数。与正曲率嵌套结构相比可知，嵌套管曲率会对限制损耗、双折射等光纤性能产生较大的影响，负曲率的嵌套层更有利于降低光纤损耗。结合光纤损耗和双折射仿真结果可知，水平方向和垂直方向包层管壁厚差越大，光纤相双折射越大，但光纤损耗也会随之增大。因此需要在损耗与双折射系数之间做权衡，可以通过计算拍长损耗比 η 来确认包层管壁厚：

$$\eta = \frac{L_p}{\alpha} = \frac{\lambda}{\alpha \cdot B} \tag{5}$$

因此我们选择设计光纤壁厚分别为 $t_h=1.41~\mu m$、$t_v=0.92~\mu m$，保证了光纤限制损耗在可使用范围内能够激发出较大的双折射。确定光纤壁厚基本参数后，需要对光纤嵌套管的相关参数进行优化，进一步降低光纤限制损耗，使其可以实现低损、高双折射的目的。最终选择嵌套管壁厚 $t_n=1.2~\mu m$，半嵌套管位置 $z/d_h=0.46$。

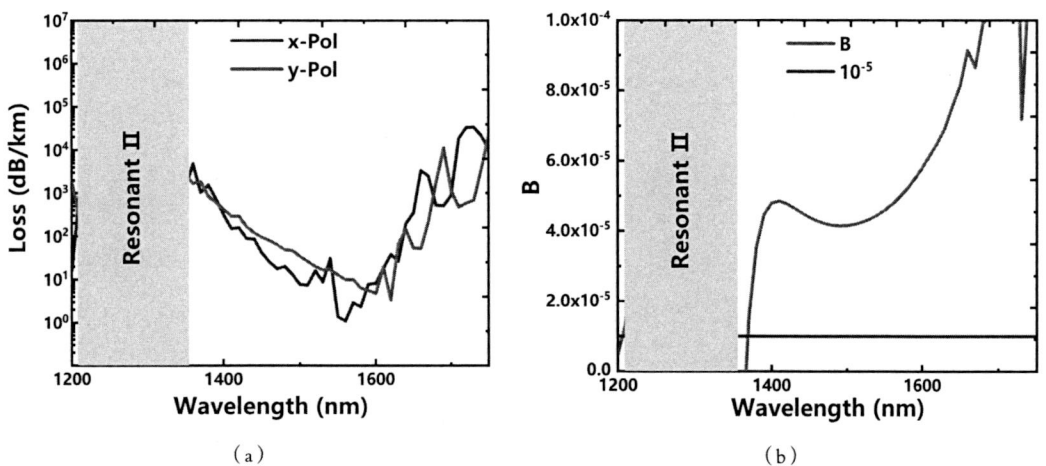

图 4 （a）双折射空芯光纤不同偏振方向损耗；（b）双折射空芯光纤双折射

按照上述参数对光纤进行仿真，图4为仿真结果。图4(a)为设计光纤的损耗谱，深色实线与浅色实线分别为 x- 和 y- 方向损耗，从图中可知，由于包层管壁厚不同，导致两方向损耗、即其偏振相关损耗出现差异，在谐振窗口出现了纤芯模式与包层管模式转变。通过公式（4）可以得到光纤相双折射，如图4（b）所示，光纤在1.55 μm波段双折射系数为4.77×10^{-5}、带宽为210 nm。

4. 结论与展望

本文提出一种空芯光纤双折射判断方法，基于该方法设计了一种具有四重旋转对称结构的半嵌套管形空芯光纤。通过对两种不同结构的空芯光纤进行仿真，验证了判断空芯光纤双折射方法的正确性；基于提出的判断方法，优化了光纤结构参数。优化的光纤在1.55 μm波段时双折射系数可达4.77×10^{-5}、带宽为210 nm。该类型反谐振空芯光纤的制备对壁厚控制的要求非常高，我们将继续优化制备工艺，继续降低损耗、提高双折射带宽，以实现更多应用。

5. 致谢

感谢国家重点研发计划项目（2018YFB1801800）、国家自然科学基金项目（62275148，61975113，61935002）、上海先进光波导智能制造与测试专业技术服务平台（19DZ2294000）、高等学校学科创新引智计划（111）（D20031）、江苏省产业前瞻与关键核心技术-重点项目（BE2022055-4）的资助与支持！

参考文献

[1] F. Benabid, P. J. Roberts. Linear and nonlinear optical properties of hollow core photonic crystal fiber[J]. Journal of Modern Optics, 2011(58):87-124.

[2] J. W. Nicholson, A. D. Yablon, S. Ramachandran, S. Ghalmi. Spatially and spectrally resolved imaging of modal content in large-mode-area fibers[J]. opt Express, 2008 (16): 7233-7243.

[3] X. Zhang, W. Song, Z. Dong, J. Yao, S. Wan, Y. Hou, P. Wang. Low loss nested hollow-core anti-resonant fiber at 2 microm spectral range[J]. Opt Lett, 2022 (47): 589-592.

[4] S. A. Mousavi, S. R. Sandoghchi, D. J. Richardson, F. Poletti. Broadband high birefringence and polarizing hollow core antiresonant fibers[J]. Opt Express, 2016 (24): 22943-22958.

[5] W. Ding Y. Y. Wang. Hybrid transmission bands and large birefringence in hollow-core anti-resonant fibers[J]. Opt Express, 2015 (23): 21165-21174.

[6] S. M. Abokkhamis Mousavi, D. Richardson, S. Sandoghchi, F. Poletti. First design of high birefringence and polarising hollow core anti-resonant fibre[C]. European Conference on Optical Communication (ECOC), 2015: 1-3.

[7] S. Yerolatsitis, R. Shurvinton, P. Song, Y. Zhang, R. J. A. Francis-Jones, K. R. Rusimova. Birefringent Anti-Resonant Hollow-Core Fiber[J]. Journal of Lightwave Technology, 2020 (38): 5157-5162.

[8] G. Stepniewski, D. Dobrakowski, D. Pysz, R. Kasztelanic, R. Buczynski, M. Klimczak. Birefringent large-mode-area anti-resonant hollow core fiber in the 1.9 microm wavelength window[J]. Opt Lett,

2020 (45): 4280-4283.
[9] Y. f. Hong, S. f. Gao, W. Ding, X. Zhang, A. q. Jia, Y. l. Sheng, P. Wang, Y. y. Wang. Highly Birefringent Anti‑Resonant Hollow‑Core Fiber with a Bi‑Thickness Fourfold Semi‑Tube Structure[R]. Laser & Photonics Reviews, 2022.
[10] F. Poletti. Nested antiresonant nodeless hollow core fiber[J]. Opt Express, 2014 (22): 23807-23828.

作者简介

陈伟：上海大学特聘教授，长期致力于光纤技术、光纤新品开发及工程化应用的研究。入选国家"百千万"人才工程，被授予"有突出贡献的中青年专家"称号，享受国务院政府特殊津贴，为中国光纤通信业界科技精英。2001年4月—2014年4月，在武汉邮电科学研究院从事光纤研究与开发，曾担任烽火锐光科技有限公司总经理；2014年5月—2021年8月，先后担任亨通光纤科技股份有限公司总工程师和总经理，兼任亨通光导新材料有限公司总经理；2021年9月，调入上海大学特种光纤与光接入网重点实验室从事科研工作。

王洋：上海大学通信与信息工程学院博士研究生，研究方向为新型特种光纤及先进通信技术。

王　洋

低串扰弱耦合七芯光纤制备关键技术研究
Investigation on Key Technologies for Preparation of Low Crosstalk Weakly Coupled 7-Core Fiber

孙 伟

孙 伟　刘振华　张功会　劳雪刚
王建江　王 林　贺作为　田国才

（江苏亨通光纤科技有限公司，江苏苏州 215200）

摘　要：空分复用是光纤通信的一个重要复用维度，可有效增加单根光纤通信容量，以应对通信和算力网络传输容量激增的需求。多芯光纤是空分复用的主流技术路线，也能成倍提升单根光纤的传输容量。亨通光纤基于空分复用理念设计制备了七芯弱耦合光纤，具有掺氟包层结构、低损耗纤芯，可极大提高单根光纤的通信传输容量，串扰值可低至-60dB/100km。七芯弱耦合光纤串扰指标及包层直径等技术参数，可根据用户应用需求及任务量设计并满足长距离大容量传输，且支持C+L波段传输。

关键词：空分复用　大容量　弱耦合　串扰

1. 引言

光纤通信网是支撑大容量、高速率有线和无线通信网快速发展的核心基础，随着5G/6G通信技术发展，大数据、云计算、人工智能、物联网、AI/VR等数据传输业务导致光纤传输容量迅速提升，已大大超越光通信网络传输容量建设增速。据思科公司统计，全球2018—2022年平均固定宽带速度由45.9Mbps增至97.8Mpbs[1]，预计全球平均带宽速度在2023年将增至110.4 Mbps，相比2018年增长240%，容量带宽需求旺盛。

而在通信容量方面，单模光纤传输非线性香农极限容量100Tb/s正在逐步逼近，通信和算力网络对容量的需求仍在快速提升，逐渐出现"容量危机"，如图1所示。因此，提升现有光纤通信网传输容量已迫在眉睫。空分复用作为一种新型技术途径，可有效缓解容量危机，近几何级数地提升单纤传输容量。

波分复用、时分复用、偏振复用、相干检测和信号高阶调制等技术已应用于通信系统，将长距离光纤传输容量从40G提升至800G乃至向1.6T商用演进。目前在空间空分维度还未商用，急需技术演练成熟并降低链路成本。从当前典型的空分复用光纤通信技术方案看，多芯传输光纤本身就是一种新型的光纤内集成化传输链路。在此基础上，如何开发长距离、低损耗、纵向一致性高并兼容陆地和海洋通信的多芯光纤，提升空分复用传输应用潜力，将是未来超宽带、空分复用光纤通信系统发展及应用的重要支撑。

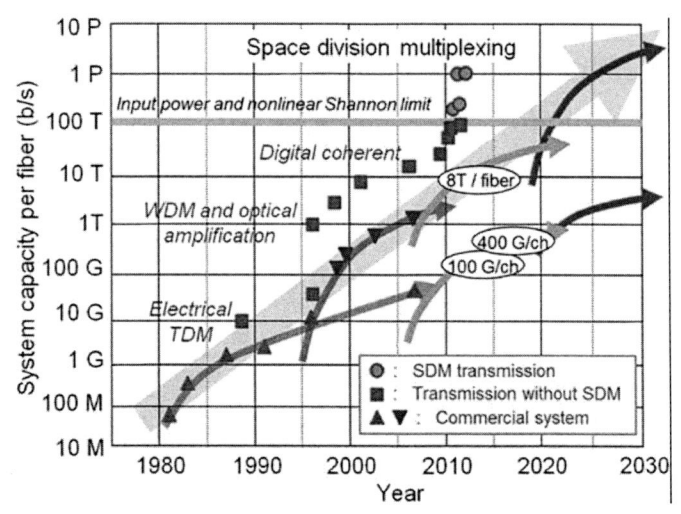

图 1　单根光纤传输容量发展趋势与大容量光纤通信技术发展趋势 [2]

在海洋通信领域，海底光缆承担着 99% 的跨国数据传输。海底光缆容量经过射频中继、电中继、光中继及相干光等技术的逐步提升，目前已逐渐逼近香农极限 100TB/s，如图 2 所示。为了突破香农极限，以满足日益增长的海缆容量需求，SDM 技术应运而生并进一步提升了传输容量。目前海缆商用通信光纤已达 16 纤对，实验室水平达到 32 纤对；鉴于有限的物理空间和供电体系难以在海缆系统中增加纤对数，基于多芯光纤的空分复用传输系统为之提供了一种新型解决方案。

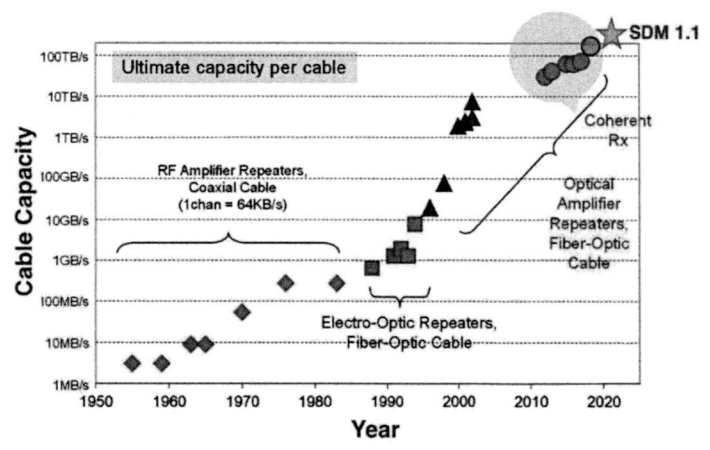

图 2　全球海洋光缆通信系统技术趋势：海底光缆向 SDM 技术演进（OFC 2020 M3G.5）

基于行业前瞻布局和自身海洋通信的内在需求，亨通光纤公司研发了面向陆地和海洋通信的七芯弱耦合光纤，并构建起多芯光纤制备平台以及熔接测试能力，以打造批量供应能力，为下一代大容量通信网络及算力网络提供空分复用光纤支撑。

2. 七芯弱耦合光纤制备

2.1 七芯光纤设计

针对弱耦合七芯光纤的信道独立传输要求，在传输过程中不与其他信道信号发生耦合，其芯间串扰值在 -30dB/100km 方可达标，而面向长距离传输芯间串扰越低越好[3]。而弱耦合多芯光纤的串扰值与多芯光纤中芯包折射率差、模场均有关联性，需将包层直径、纤芯直径、芯间距、折射率差等参数进行优化均衡[4]。本文基于掺锗纤芯组分设计，通过掺氟沟槽辅助来阻挡相邻纤芯中的信号能力横向泄露造成耦合，芯间距设计在 35—45μm 之间，包层尺寸选择 150μm，并添加识别 Marker 芯来判定信道，端面及折射率剖面设计如图 3 所示。

在同一包层内，芯间距增加会导致包层厚度减小，有可能导致纤芯的传输损耗增加以及弯曲损耗增加，不利于多芯光纤的应用[5]。在实际制备过程中，需要通过衰减、串扰、色散、截止波长等参数测试迭代来优化七芯光纤的设计与具体制备工艺之间的平衡，尤其是长距离纵向几何尺寸的一致性，以期望获得传输性能更优的七芯弱耦合光纤。

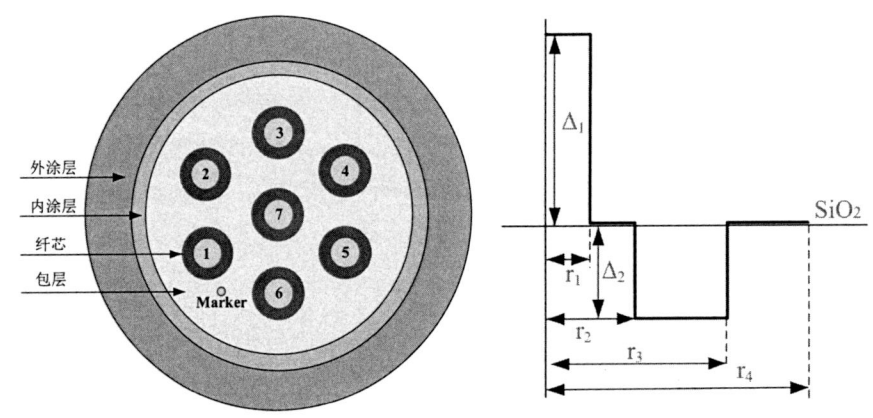

图 3 七芯光纤的端面设计与纤芯剖面结构设计

2.2 制备

基于行业对空分复用多芯光纤的应用需求，亨通光纤公司着力布局空分复用多芯光纤产业化能力建设，构建了多芯光纤制备全流程工艺平台，打造了从多芯光纤的芯棒制备、芯棒 Rick 掺氟包层及烧结延伸、纤芯预制棒与精密打孔母棒组装及延伸到多芯光纤精密拉丝及测试的全链条工艺，并具备产业化批量供应能力，注册了自主化多芯光纤 MCFCom 商标，如图 4 所示。

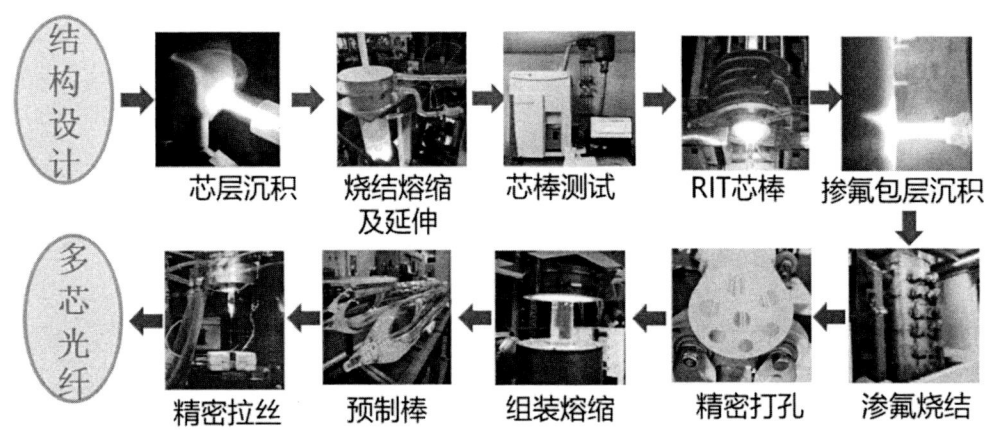

图 4　多芯光纤制备全工艺流程

图 4　多芯光纤商标及样纤

为满足长距离大容量传输应用，制备多芯光纤单跨长度应不低于 50km，这就要求制备多芯光纤时芯棒和母棒打孔长度均尽可能长，并保持芯棒几何尺寸一致性高，打孔精度约束在 10 丝左右，单根多芯预制棒拉丝多芯光纤在百 km 以上。亨通公司经过一年多的石英材料打孔试验验证，母棒打孔长度先后突破 600mm、1000mm，包括打 mm 级 Marker 孔，单根多芯光纤预制棒拉丝有效长度在 100km 以上。从七芯多孔套柱到七芯光纤的端面如图 5 所示。

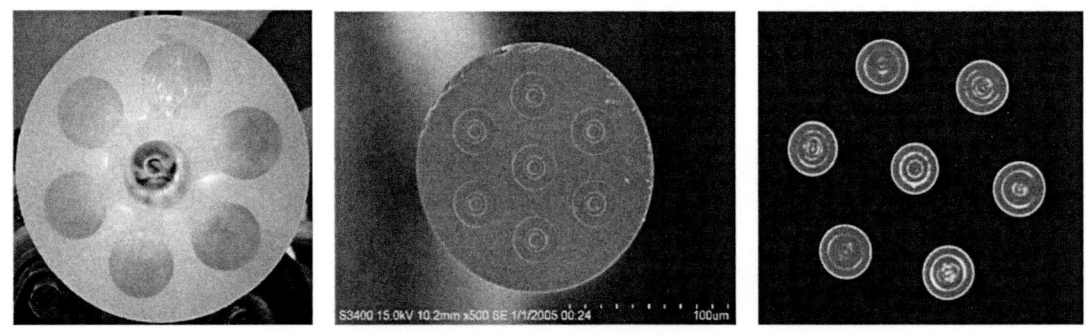

图 5　七芯光纤的精密打孔套柱端面、七芯光纤与其纤芯信道通光测试

2.3 七芯光纤熔接与测试

多芯光纤的熔接是其应用过程中不可避免的重要环节，为此亨通光纤公司联合藤仓中国公司对藤仓 100P+ 熔接机多芯光纤熔接程序及工艺进行了优化。对熔接机 IPA2 对芯程序进行优化，以增加对 Marker 芯的识别度，如图6所示。在熔接程序最后辅助人工检验及微调对芯，对同批次的七芯光纤进行熔接，单芯损耗可以做到 0.2dB。后续我们将以更多的多芯熔接试验数据来支撑熔接机对多芯光纤熔接对芯算法识别能力的提升。

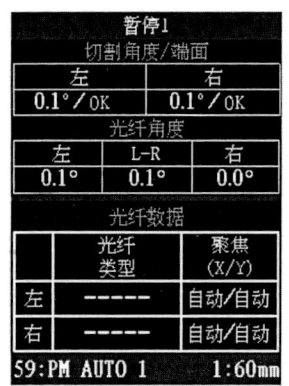
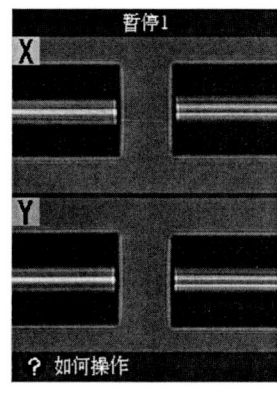
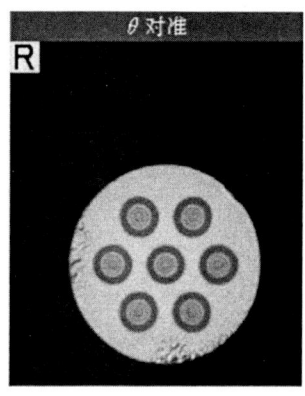
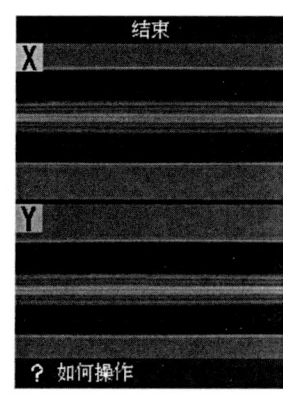

图6 七芯光纤低损耗对芯熔接示意图

参照理论设计要求对七芯光纤进行几何尺寸、光学参数、传输参数及其他参数的测试。其中七芯光纤的几何参数测试如表1所示。包层直径为 149.89μm，涂覆层直径为 246.47μm，其外径与单模通信光纤相近，可兼容后续的成缆工艺。七芯光纤的几何参数中，芯间距及误差是重要的一项，设计要求为 43±0.4μm，通过 Zeiss 正置显微镜 Axioscope5 测试，其结果均在合格范围内，可以较好地保证低传串扰值以及支持熔接对芯。

表1 七芯光纤几何参数测试情况

序号	测试参数	单位	设计要求	检验结果	备注
一、纤芯基本信息					
1	纤芯类型	---	同质	同质	
2	纤芯数量	pcs	7	7	
3	标记芯	---	带 Marker 芯	有	
二、光纤几何特性					
4	包层直径	μm	150±1	149.89	
5	包层不圆度	---	≤1.0%	0.82%	
6	芯层/包层同心度	μm	≤0.6	0.48	

续表

序号	测试参数	单位	设计要求	检验结果	备注
7	邻芯间距	μm	D12：43±0.4	42.847	
			D23：43±0.4	42.655	
			D34：43±0.4	42.729	
			D45：43±0.4	43.029	
			D56：43±0.4	42.701	
			D61：43±0.4	42.934	
			D71：43±0.4	42.965	
			D72：43±0.4	42.647	
			D73：43±0.4	42.761	
			D74：43±0.4	42.628	
			D75：43±0.4	43.074	
			D76：43±0.4	42.918	
8	涂层直径	μm	245±5	246.47	
9	涂层/包层同心度	μm	≤12	2.92	

七芯光纤的光学参数和传输参数测试情况如表2所示，在1550nm处的衰减为0.185-0.187 dB/km；由于出自同一根芯棒，各个纤芯的衰减一致性很好。芯棒制备过程中进行L波段消除水峰处理，可支撑L波段传输，在1625nm处的衰减为0.193-0.208 dB/km，典型值为0.203 dB/km，也可以较好地支撑L波段传输。色散系数约束在20 ps/(nm·km)，可降低传输过程中光模块DSP的色散补偿功耗，有利于长距离传输。且各个信道的色散系数和色散斜率均比较稳定，也有利于通信传输系统的一致性。

表2 七芯光纤光学和传输测试情况

序号	测试参数	单位	设计要求		测试结果	备注
一、光纤光学和传输特性						
1	模场直径	μm	1550nm	9.0±0.5	9.03	
2	截止波长	nm	l_{cc}	≤1300	1217.68	
3	衰减系数	dB/km	1550nm	≤0.20	0.186	
					0.185	
					0.186	
					0.185	

续表

序号	测试参数	单位	设计要求		测试结果	备注
3	衰减系数	dB/km	1550nm	≤ 0.20	0.186	
					0.187	
					0.185	
			1625nm	≤ 0.23	0.206	
					0.200	
					0.203	
					0.208	
					0.208	
					0.203	
					0.193	
4	色散系数	ps/(nm·km)	1550nm	17<CD<23	20.01	
					20.01	
					20.18	
					20.01	
					20.01	
					20.17	
					20.12	
5	色散斜率	ps/(nm^2·km)	1550nm	TBD	0.0648	
					0.0648	
					0.0651	
					0.0648	
					0.0647	
					0.0650	
					0.0648	
6	偏振模色散系数	ps/√km	1550nm	≤ 0.1	0.080	
					0.068	
					0.084	
					0.064	
					0.074	
					0.073	
					0.029	

七芯光纤的抗弯性能、串扰值及其他参数测试如表3所示。宏弯损耗在1625nm波段处R15mm十圈的附加衰减均没有超过0.015dB，且测试过程中易产生误差导致测试值为负，该光纤的抗弯性能优异，并且各个信道没有明显的差异，说明中间芯与边缘芯的抗弯均有类似657光纤的抗弯性能。串扰测试方面，采用99km长盘实际测试，在1550nm波长进行里外端测试比对，所测试的串扰值均在-60dB/100km以下，该串扰值水平说明芯棒制备工艺及打孔工艺高度匹配，并且拉丝过程中纤径一致性约束明显；该串扰值可有力支撑七芯弱耦合光纤的长距离传输，信道之间耦合极低。七芯光纤测试需匹配扇入扇出（FIFO）器件，我们在测试过程中选择了单芯插损为0.7dB的FIFO器件，由复旦大学提供，有力支持本文的测试工作。

表3 七芯光纤抗弯曲性能、串扰及其他参数测试情况

序号	测试参数	单位	设计要求		测试结果	备注
1	宏弯附加损耗	dB	1625nm Φ30mm*10t	≤0.1	-0.008	误差
					-0.001	误差
					0.003	
					0.006	
					-0.014	误差
					0.006	
					0.015	
2	邻芯串扰	dB/100km	1550nm（正向）	≤-50	-66.52	
					-68.59	
					-67.37	
					-66.24	
					-67.02	
					-69.90	
					-65.22	
			1550nm（反向）		-66.27	
					-68.85	
					-64.06	
					-66.20	
					-66.20	
					-68.69	
					-64.32	

续表

序号	测试参数	单位	设计要求	测试结果	备注
3	应力筛选强度	kpsi	—	100	100
4	涂覆剥除力	N	—	TBD	2.2
5	扇入扇出器件	dB	1550nm	≤ 3.5	OK	七芯

从以上表1至表3的测试数据可以看出，七芯弱耦合的芯棒制备工艺、母棒精密打孔工艺、组棒延伸工艺以及精密拉丝工艺已经较为稳定，可进行批量生产。

3. 总结与展望

亨通光纤公司建立了多芯光纤全工艺流程，研发针对陆地和海洋通信应用的七芯光纤。制备七芯弱耦合光纤的衰减指标典型值在 0.185dB/km@1550nm，0.2dB/km@1625nm，支持 C+L 波段传输，相邻芯间串扰指标达到 -60dB/100km，涂覆直径与单模光纤相同，兼容现有的单模光纤成缆工艺。基于七芯光纤已制备气吹微缆，并经过 500 米气吹验证，为陆地大容量传输应用奠定了传输基础。

亨通光纤公司研制的多芯光纤入选长三角国家技术创新中心，作为常设展品常年展出，代表了长三角地区的光纤创新水平。为更好地面向海洋领域应用，目前亨通光纤公司正在联合华海科技公司进行七芯光纤的海试验证，以期能更好地应用于海缆领域。未来亨通光纤公司将联合更多的产业链单位协调攻关空分复用通信工程技术问题，并进行大容量通信试验验证。

致谢

感谢国家重点研发计划 2021YFB2900700、江苏省重点研发计划重点项目 BE2022055 的支持！感谢上海大学在多芯光纤三维折射率剖面测试方面给予的支持！感性复旦大学肖力敏老师提供 FIFO 器件支持！感谢苏州大学电子信息学院对 100km 长距离七芯光纤串扰测试给予支持！

参考文献

[1] Cisco U. Cisco annual internet report (2018-2023) white paper [J]. Cisco: San Jose, CA, USA, 2020, 10(1): 1-35.

[2] T. Mizuno, H. Takara, A. Sano, Y. Miyamoto. Dense Space-Division Multiplexed Transmission Systems Using Multi-Core and Multi-Mode Fiber[J]. Journal of Lightwave Technology, 2016, 34（2）: 582-592.

[3] Zhang F, Deng C, Huang Y, Zhang X, Wang T. Optimization of the interlayer distance for low-loss and low-crosstalk double-layer polymer optical waveguides[J]. Opt Express, 2023,31(15): 23754-23767.

[4] 刘嘉伟，余先伦，聂鹏程等. 低串扰大模场面积多沟槽辅助六芯光纤的研究 [J]. 光学技术，2022, 48 (2): 171-176.

[5] 解宇恒，裴丽，何倩，常彦彪，郭智君，王建帅，郑晶晶，宁提纲，李晶. 多芯光纤折射率与内应力分布重构技术 [J]. 红外与激光工程，2022.51 (1): 20210758.

作者简介

孙伟：博士，高级工程师，江苏亨通光纤科技有限公司研发总监、资深工程师，主要从事特种光纤的制备技术及应用研发工作。承担国家重点研发计划课题研究任务、工信部高质量发展专项课题研究任务等重大科技项目，主持江苏省重点研发计划重点项目。曾获中国光学工程学会科技进步奖 2 次、中国电子元件行业协会科技进步奖 1 次。牵头制定行业标准 2 项，授权发明专利 37 项，发表学术论文 21 篇。

刘振华

刘振华：江苏亨通光纤科技有限公司副总工程师。从事光纤光缆技术研究 21 年，在光纤拉丝技术领域积累了丰富经验，尤其是解决了多芯光纤拉丝的几何尺寸精确控制问题。曾参与工信部高质量发展专项、江苏省工业专项升级专项等重大科技项目。

张功会：江苏亨通光纤科技有限公司高级工程师。从事通信光纤、特种光纤技术研究 14 年。先后参与国家工业强基工程、国家重点研发计划等重大科研项目 10 余项；获授权专利 16 项，参与制定标准 17 项，发表学术论文 19 篇。曾获江苏省科技进步一等奖、中国电子元件行业协会科技进步一等奖、中国光学工程学会科技进步一等奖等科技奖项。

张功会

劳雪刚：高级工程师，江苏亨通光纤科技有限公司研发经理。从事光纤领域工作超过 16 年，长期致力于光纤预制棒的研发与应用。曾参与 4 项国家级科技项目。

劳雪刚

王建江：江苏亨通光纤科技有限公司特种光纤制造研发中心经理。长期从事通信光纤、特种光纤的制备研究。曾获中国光学工程学会科技进步二等奖。

王建江

王林：江苏亨通光纤科技有限公司高级工程师，在读博士。主要从事光纤制备技术研究。主持及参与国家级、省部级项目 12 项。曾获江苏省科技进步一等奖等省部级科技奖 6 项。

王　林

贺作为：江苏亨通光纤科技有限公司技术总监。长期从事光纤拉丝及制备技术研究。主导开发 11 项光纤新品，拥有技术专利 50 余项。曾获苏州市五一劳动奖章及江苏省特级技师称号。

贺作为

田国才：江苏亨通光纤科技有限公司首席技术官。从事光纤预制棒装备及工艺研究 22 年，在低损耗及合成光纤预制棒领域积累了丰富经验。曾参与工业强基工程等重大科技项目。获中国光学工程学会科技进步奖 2 次、技术进步奖 1 次。

田国才

新型空芯反谐振光纤研制及其在光纤增强拉曼光谱系统中的应用研究
Development of a Novel Hollow Core Anti resonant Fiber and Its Application Research in Fiber-enhanced Raman Spectroscopy Systems

张 涛

张涛[1/3]、杜城[1/3]、高福宇[2]、李伟[3]、桂吟秋[3]、马鹏飞[3]

（1.烽火通信科技股份有限公司，武汉 430074）

（2.北京航空航天大学仪器科学与光电工程学院，北京100083）

（3.锐光信通科技有限公司，武汉430074）

摘　要：本文提出一种新颖的中空芯纤维设计，该设计基于围绕中心芯布置的嵌套和接触的抗共振管元件。文章证明了这种设计在700—1300nm左右的波长下具有较低的损耗。这种结构设计的反谐振光纤具有很强的限制光传输波长的能力，低损耗模式的传输稳定性高，光纤以单模传输，具有良好的类高斯分布模场，并且光传输信道与包层和石英壁无明显模式耦合。在793nm处光纤的衰减为0.8dB/m。这种光纤契合高灵敏度的拉曼光谱分析系统应用需求，其低衰减率特性使其能够在光纤增强拉曼光谱系统中实现卓越的传感性能，验证实现了对450ppm CO_2 浓度的精确检测，为光纤拉曼气体测量技术的研究提供了新的选择。

关键词：空芯反谐振光纤　拉曼光谱　光纤制造　气体成分检测

1.概述

光纤增强拉曼光谱（Fiber-enhanced Raman spectroscopy，FERS）是一种基于空芯波导提升拉曼散射收集效率的增强技术。光纤增强拉曼光谱技术发展至今主要经历了三个阶段：镀银毛细管增强拉曼技术、空芯光子晶体带隙光纤增强拉曼技术、空芯光子晶体反谐振光纤增强拉曼技术。镀银毛细管既可以提高拉曼光的收集效率，又可以减少拉曼光在管内壁的损耗。但镀银毛细管内径一般在毫米级别，使用内径更小的空芯光子晶体光纤可以进一步减少拉曼散射光的损耗，并且可以将95%的光能限制在纤芯区域，这就为实现光与物质相互作用提供了良好的环境。这一特性极大地扩展了空芯光纤的应用领域，其中非常重要的一个就是光谱吸收型气体传感。而相比于空芯光子晶体带隙光纤[1]，空芯光子晶体反谐振光纤对激发光的传输损耗更小[2]，有望在现有研究基础上，进一步提高气体的拉曼检测下限。

因此，本文针对更适用于微量气体分析的低背景前向拉曼散射需求，开展了无节点型空芯反谐振光纤的设计与工艺研究，重点围绕气体传感系统需求波长的光纤损耗降低、光纤弯曲性能提升和制造工艺便捷性等方面进行研究，并基于以上研究成果，探讨了其在搭建的拉曼测试系统中的应用前景[3]。

2. 空芯反谐振光纤设计与工艺研究

2.1. 空芯反谐振光纤设计

空芯反谐振光纤和已较早出现的空芯带隙光子晶体光纤同样是将光限制在纤芯空气中传输，但其导光机理不同于光子带隙，是通过调节纤芯壁厚使其满足对应光波的谐振条件，并可通过调节纤芯壁曲率减小模式重叠，抑制纤芯中基模与包层模式的耦合[4]，从而将光限制在空气孔纤芯中[5]，在微观粒子导引、光操控等微观领域具有极大的应用潜力。图1（a）所示为单层半圆形五环空芯反谐振光纤，通过包层半圆形设计，破坏其圆对称结构，增加包层模式与基模的模式折射率差，并通过增加包层半圆之间的距离提高高阶模式损耗，使光纤具有良好的单模特性。经仿真设计其传输波段为500—1300nm处，如图1（b）所示，在此区间体现出了良好的纯净单模特性。

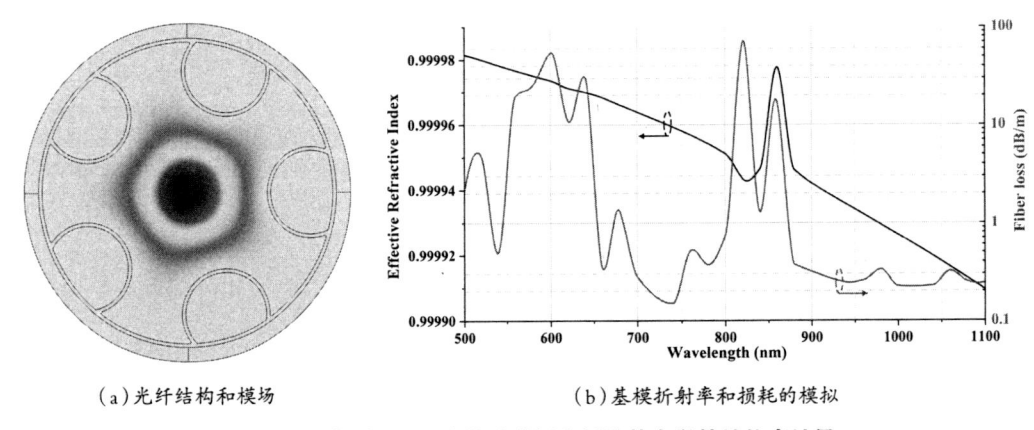

（a）光纤结构和模场　　　　　　　（b）基模折射率和损耗的模拟

图1　单层半圆形五环空芯反谐振光纤及其光学特性仿真结果

基于以上研究结论，我们计划采用单层半圆五环芯结构设计，进行制备工艺技术探索，并在此基础上进行气体拉曼传感测试系统中的探索性研究。

2.2 空芯反谐振光纤制备工艺研究

空芯反谐振光纤结构相比常规单模光纤非常特殊，其波导结构中多个空心环形区域的尺寸控制要求非常高。为了契合应用需求，需要有效提高空芯反谐振光纤长度方向上的结构均匀性，为此我们对光纤预制棒定型工艺和毛细管表面形态处理工艺都进行了改进。同时，依据空心结构拉制工艺要求，我们设计和制造了专属的气压控制设备和隔断气压夹具。由于反谐振光纤微孔之间相互独立、互补相连，且 SiO_2 壁非常薄，使得反谐振光纤对拉制过程张力变化较敏感，因此制备空芯反谐振光纤对拉制张力控制尤为重要。

光纤预制棒制成后，在拉制过程中保持拉制速度 32m/min，小孔和中间区域的压力差值 ΔP 为 3.2kp，光纤包层直径 240±5μm。拉制过程分析：在张力由小到大的过程中，光纤的微结构中小圆的形态是更加趋向于圆形的，并且在张力增大的过程中小圆的直径也逐渐变大，光纤的微结构更加趋向于契合设计。

3. 结果与讨论
3.1 光纤测试结果

我们对所拉制的光纤进行结构形貌观测，如图 2 所示。由于光纤拉丝气压控制、张力控制及速度控制等多维度参量影响，与原有光纤仿真设计尺寸有小幅偏差，需要后续持续开展系统性工艺优化研究。同时对光纤衰减性能进行了测试分析，测试结果如图 3 所示。

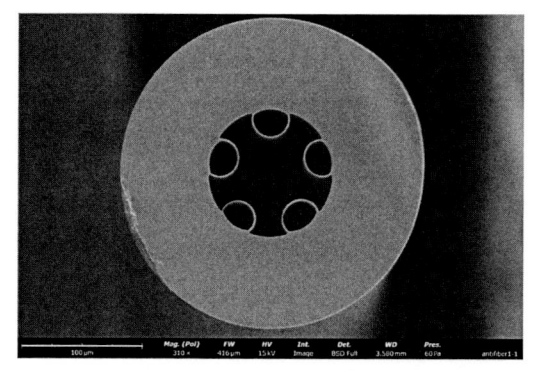
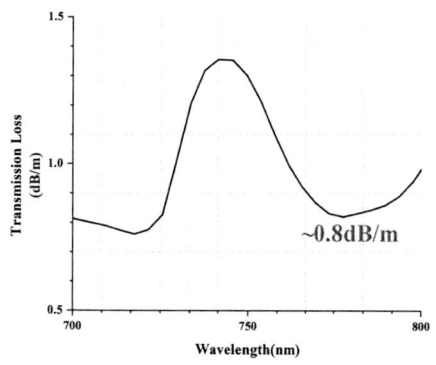

图 2　单层半圆形五环空芯反谐振光纤端面图　　图 3　空芯反谐振光纤衰减测试结果

依托光纤预制棒定型工艺、拉丝工艺优化，以及微观尺度上系统性的表面粗糙度优化，创新型的五个半圆环结构的空芯反谐振光纤衰减，在 793nm 小于 0.8dB/m。同时，由于结构特殊性，在弯曲条件下，其微观形变将对损耗影响有一定缓冲作用，能够提升空芯反谐振光纤的抗弯曲能力。

3.2 光纤增强拉曼光谱系统应用研究

依据光纤增强拉曼光谱测试原理，搭建相关多组分气体检测平台如图 4 所示。532 激光（400mW）从激光器发出后进过带通滤波片 F1，获得纯净的 532nm 激光束，激光束通过透镜 L1 耦合进空芯光纤 HCF 中，HCF 两端与气室相连，在 HCF 中，532nm 激光将作为泵浦源对气体进行激发，被激发的气体产生拉曼散射，与泵浦光一起通过 HCF 并被消色差透镜 L2 还原成平行光。在光束通过反射镜 M1、M2 改变传播方向后，截止片 F2 对 532 激光进行截止，而气体的拉曼信号则通过 F2 并被 F3 耦合进多模光纤

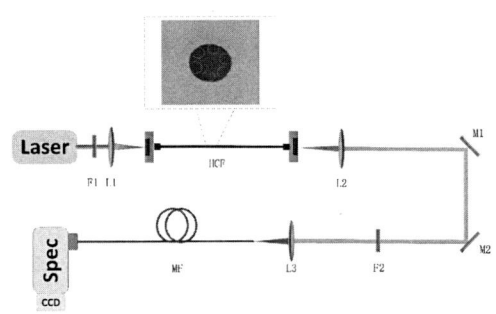
图 4 单层半圆形五环空芯反谐振光纤及其光学特性仿真结果

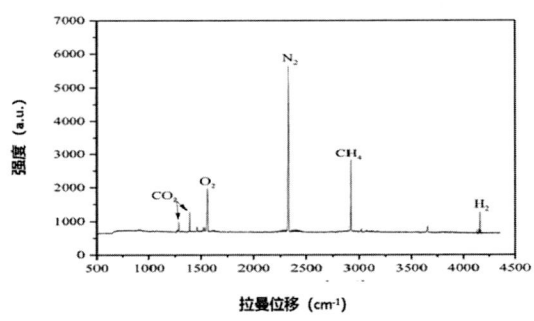
图 5 基于空芯反谐振光纤气体的拉曼光谱示意图

MF 中进入光谱仪并在 CCD 上成像,最终获得气体的拉曼光谱。

在已建立的拉曼信号测试系统内,采用新研制的空芯反谐振光纤替换原有的空芯带隙光子晶体光纤,如图 5 所示,初步的测试结果表明,原有系统中采用中空带隙光子晶体光纤,存在信号强度增加、石英噪声信号增强的问题;而将创新结构的空心反谐振光纤连接到系统中,在增强信号强度的情况下,石英噪声信号控制效果良好,能够提升系统多种气体检测灵敏度。

4. 结论

本项研究针对光纤拉曼气体测量技术需求,进行了结构简单、模式纯度高的单层半圆形五环空芯反谐振光纤的创新设计,光纤损耗指标的模拟仿真结果显示,设计所对应光纤结构能够满足多个波段较低衰减的性能实现。本研究同时对设计相关的空芯反谐振光纤进行了制备工艺的探索,实验结果表明,在本研究所对应的工艺条件下,相对高的张力对光纤内部微观结构平滑性和形态规整性的提升均较为有利,能够实现 793nm 具备衰减性能 0.8dB/m 的单层半圆形五环空芯反谐振光纤制备。同时,基于良好的预制棒形态控制与便捷的设计,能够在专属装备上,实现 5km 量级连续长度空芯反谐振光纤的有效拉制,长度方向结构均匀性良好。

同时,本文搭建了先进的光纤增强拉曼光谱装置,并基于项目研究成果,采用所研制的空芯反谐振光纤作为主要的测试单元,开展了多组分气体测试研究,验证了这种新型光纤在光纤增强拉曼光谱系统中的优势,以较快响应速度实现了 450 ppm CO_2 浓度的信号检出,且在信号增强的情况下,石英噪声信号的控制未出现劣化,为光纤拉曼气体测量技术的研究提供了新的选择。

参考文献

[1] Cregan R F, Mangan B J, Knight J C, et al. Single-mode photonic band gap guidance of light in air[J]. Science, 1999, 285(5433): 1537-1539.

[2] Gao S F, Wang Y Y, Ding W, et al. Hollow-core negative-curvature fiber for UV guidance[J]. Optics Letters, 2018, 43(6): 1347-1350.

[3] 夏长明，周桂耀. 微结构光纤的研究进展及展望[J]. 激光与光电子学进展，2019, 56(17): 34-53.

[4] Vincetti L, Setti V. Waveguiding mechanism in tube lattice fibers[J]. Optics express, 2010, 18(22): 23133-23146.

[5] 高寿飞，汪滢莹，刘小璐等. 空芯反谐振光纤及其高功率超短脉冲传输[J]. 中国激光，2017, 44(2): 151-156.

作者简介

张 涛

张涛：锐光信通科技有限公司副总经理，主要负责保偏光纤、掺稀土光纤、光子晶体光纤、掺铒光纤等特种光纤的研发试生产、生产交付、质量体系及流程建设等工作。参加国家项目10余项，包括预先研究项目、国家973计划项目、军口863计划项目、重点自然科学基金项目等。曾荣获中国通信学会科学技术奖一等奖、湖北省技术发明二等奖。

杜 城

杜城：高级工程师。参加或主持包括预先研究项目、国家973计划项目、重点研发专项等国家项目10余项。申请特种光纤相关发明专利19项，其中国际专利（PCT）3项。参与多项国家标准及行业标准的起草。曾荣获中国通信学会科学技术奖一等奖、湖北省技术发明二等奖、军队科技进步一等奖等奖项。

李 伟

李伟：高级工程师。主要从事前沿光子晶体光纤的技术开发工作，负责研发的保偏光子晶体光纤达到世界先进水平，并且在天舟一号上进行了世界首次太空应用。参加或主持国家项目多项，包括预先研究项目、工信部工业转型2025项目、科技部重点研发专项等。以第一作者授权发明专利5项。曾荣获中国通信学会科学技术奖一等奖、湖北省技术发明二等奖。

高福宇

高福宇：北京航空航天大学仪器科学与光电工程学院副研究员，"卓越百人"博士后。长期从事光纤陀螺、光子晶体光纤技术研究，突破了光子晶体光纤设计、研制与应用的关键技术。作为核心人员参与了国家自然科学基金面上基金与重点基金、国防预研、民用航天等项目研究。

塑料光纤的创新发展
Innovative development of plastic optical fiber

储九荣

储九荣　张海龙　孔德鹏　张用志
袁　苑　穆启元　李乐民　刘中一
（四川汇源塑料光纤有限公司）

> **摘　要**：塑料光纤因无电磁干扰和辐射、抗干扰能力极强、可靠性和保密性强，光缆具有轻质、柔软、易耦合等特点，被广泛应用于数据通信、工业控制、消费电子、传感器及装饰照明等领域。本文重点介绍了连续反应共挤热扩散法制备 GI-POF 的工艺；介绍了亚太赫兹通信系统的聚合物波导纤维的研究进展，以及塑料光纤通信链路的研究进展及其在工业智能化中的应用。
>
> **关键字**：塑料光纤　GI-POF　亚太赫兹通信　聚合物波导纤维　通信链路　工业智能化

1. 前言

塑料光纤（Plastic Optical Fiber，POF）也称聚合物光纤（Polymer Optical Fiber），是以高折射率的高分子光学透明材料作为纤芯，以低折射率的高分子光学透明材料作为包层。POF 无电磁干扰和辐射、抗干扰能力极强、可靠性和保密性强，具有轻质、柔软、芯径大易耦合等特点，被广泛应用于工业控制、消费电子和传感器、汽车工业、装饰照明等领域。

梯度型塑料光纤（Graded-Index Plastic Optical Fiber，GI-POF）采用从纤芯到包层折射率逐渐降低的梯度折射率分布，减小了模式色散，解决了阶跃型塑料光纤（SI-POF）带宽低的问题，信号传输带宽在 100m 范围内可传输 2.5Gbit/s。使用聚合物波导纤维（Polymer Waveguide Fiber, PWF）作为亚太赫兹波无线电信号的低损耗传输通道，创造了一种替代技术，在特殊的波段（亚太赫兹波段）发挥类似传统光缆和铜缆的作用，在充满链路能源效率竞争的情况下达到高数据率，成为亚太赫兹技术中的一个重要研究方向。

光收发器是塑料光纤通信链路的重要组成部分，由于塑料光纤在工业控制中的大量应用，四川汇源塑料光纤有限公司对低速工控光收发器做了重点研究，并实现了几款产品的国产商品化。

2. 塑料光纤及器件的研究进展
2.1 GI-POF 的研究

GI-POF 的结构和传输模式[1]，如图 1 所示，其芯层折射率在光纤中心为最大 n_1，向外沿径向方向逐渐减小，直到包层处折射率为 n_2，折射率剖面分布曲线呈抛物线。理论证明这样的折射率分布可使光纤色散降低到最小，原因是：虽然不同模式（不同频率和波长）的光线以不同的路径在纤芯内传播，但因为光纤的折射率不是一个常数，所以不同模式的光线的传输速度也各不相同。沿光纤轴线传输的光线 1 速度最慢（这里的折射率 n_1 最大，传输速度 c/n_1 最小，c 为真空中光速），但传输的距离最短；光线 3 到达终点的传输距离最长，但其传输速度较快（光线路径上的折射率 n 较小，传输速度 c/n 较快）。最终不同模式的光线到达终点的时间几乎相同，输出光的脉冲展宽不大。当信号传输速率为 2.5Git/s 时，信号传输距离可达 100 m，信息传输容量比 SI-POF 大 100~200 倍，这样既保持了塑料光纤纤芯大的优势，又解决了带宽低的问题。

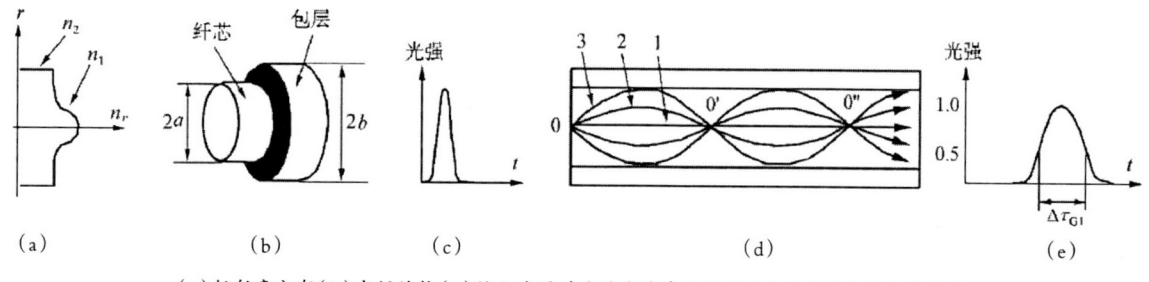

(a)折射率分布 (b)光纤结构 (c)输入光脉冲 (d)光线在芯层的传输路径 (e)输出光脉冲

图 1　GI-POF 传光原理

作为 GI-POF 的研究重点——制造工艺研究，应该着重解决的问题有：(1)设法降低衰减；(2)精确地控制折射率分布；(3)提高高温、高湿的稳定性；(4)改善弯曲损耗等。

目前，GI-POF 的主要制造工艺有两类：预制棒拉丝工艺和共挤出工艺。预制棒拉丝工艺借鉴了石英光纤的制备工艺，是目前比较成熟的制造工艺；共挤出工艺是一种连续高效的制造工艺，是行业发展的新热点，也是本文研究的重点。

共挤出工艺是一种连续制造 GI-POF 的工艺，采用的是连续反应共挤热扩散法[2]。四川汇源塑料光纤公司在实际研究过程中的工艺流程如图 2 所示。

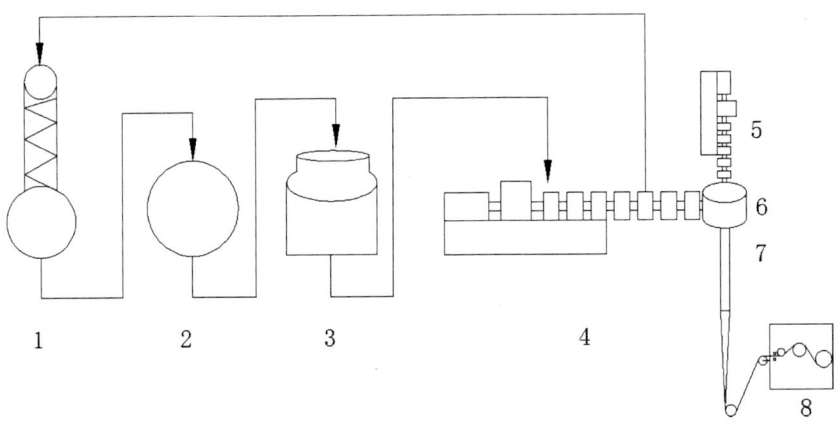

1- 原料单体提纯 2- 配料混合 3- 本体聚合 4- 芯层连续反应挤出机 5- 包层挤出机 6- 双层共挤模具 7- 热扩散成型区 8- 牵引收线机（含测径仪）

图 2　共挤出工艺流程

连续反应共挤热扩散法的原料包括主单体甲基丙烯酸甲酯、惰性掺杂剂溴苯、增柔改性剂、引发剂以及链转移剂。各原材料首先需要 1- 提纯，主单体纯度≥99.99%，其他芯层材料分别提纯，提纯方法为常规的减压蒸馏、过滤等，以除去杂质、提高纯度。提纯后的单体按质量百分浓度进行 2- 配料混合，各组分配比为：惰性掺杂剂 3%~20%、增柔改性剂 2%~20%、引发剂 0~0.4%、链转移剂 0~0.6%，主单体余量。混合后的配料输送到一个预聚灌进行 3- 本体聚合，本体聚合过程中，预聚灌的温度可以设置为 60~160℃，使其预聚转化率达到 10%~50%；之后通过管路输送到 4- 芯层连续反应挤出机，继续提高转化率达到 80%~90%，并在连续反应挤出机中脱单挤出。挤出的熔融物与另一台 5- 包层挤出机挤出的包层材料在 6- 共挤模具中汇合，共挤出形成圆截面的聚合物。聚合物从双层共挤模具出来后，通过一个温度控制 7- 热扩散成型区，双层聚合物的外径逐步从大变小，同时折射率由内至外逐步随温度扩散，最后通过 8- 牵引收线机牵引卷绕上盘，完成生产。热扩散成型区的温度控制在 160~200℃，停留时间 10~20min，以保证掺杂剂扩散所需要的时间。由于挤出物中心惰性掺杂剂浓度最高，根据热扩散的原理，高折射率的掺杂剂小分子从高浓度区向低浓度区扩散，直至光纤冷却，扩散过程停止。通过扩散，掺杂剂浓度形成梯度型分布，如采用 6% 溴苯，可得到中心折射率 n 最大为 1.50 的聚合物，随着掺杂剂在挤出物中沿同心圆截面的径向由内到外的扩散，使原先单一的包层材料聚甲基丙烯酸甲酯 PMMA（折射率 1.49）出现溴苯浓度沿径向从 6% 减为 0，而对应的折射率由 1.50 减为 1.49，并形成均匀的梯度型分布，接近二次抛物线分布。另外，可以把光纤放入大于 80℃ 的烘箱中恒温加热一定时间，进一步加强掺杂剂的扩散、优化折射率梯度分布，使其更接近二次抛物线分布，使带宽更大，达到 1GHz·100m。连续反应共挤热扩散法的整个生产过程采用密闭管路系统，最大程度地减少了杂质的进入，提高了聚合物的透光率；而通过对转化率、掺杂剂的扩散率、扩散区的温度和长度等因素的调整，能够改变最后得到的掺杂剂浓度梯度，从而获得理想的折射率梯度分布曲线，利于提高光纤的带宽；通过连续稳定的生产，可生产出损耗小于 0.2dB/m、带宽高于 1GHz·100m 的 GI-POF。

2.2 亚太赫兹聚合物光纤

最近 10 年，适用于近距离高速链路的亚太赫兹波聚合物波导引起了越来越多的学者和机构的重视。与光传输相比，PWF 有线通信的一个重要优点是聚合物纤维与天线或耦合器之间的机械对准要求放宽[3]。此外，它具有相对较大的带宽和较低的衰减，是一种更经济、更节能的亚太赫兹波数据传输方法。

基于 PWF 的新型互联解决方案最早由日本索尼公司的 Satoshi Fukuda 等于 2011 年提出[4]。他们利用聚苯乙烯（PS）的长条矩形实芯波导作为传输介质，演示了一个基于亚太赫兹波信号传输的 12.5+12.5 Gbps 全双工聚合物波导互连解决方案，总数据速率为 25 Gbps，这开启了学者们研究 PWF 链路的大门。2013 年 Yanghyo Kim 等人提出了另一种新型的基于 PTFE 的空芯聚合物波导[5]，并且通过使用空心聚合物波导和 CMOS 收发器进行短距离（8 m）数字通信，形成了 multi-Gbps（6 Gbps）和高能效（1 pJ/bit/m）数据链路。2014 年，比利时鲁汶天主教大学（简称 KUL）的 Patrick Reynaert 教授因提出并验证了用 PWF 传输微波信号的思路，获得了贝尔实验室二等奖[6]。众所周知，该奖项申请的先决条件之一是项目的"10X"潜力。

随后的近 10 年时间里，世界各研究机构针对基于 PWF 的亚太赫兹通信系统展开了深入研究，但对系统中聚合物波导的针对性研究较少，重点集中在收发器、解调器拓扑结构等的设计上，且主要集中于国外。目前已经报道的用于链路中数据传输的通道大致可分为 E-TUBE[7]、长条矩形波导[4,8]、空心聚合物波导[5,9,10]、泡沫包覆波导[11]、圆实芯波导[12-15] 这几类（如图 1）。目前所报道的用于亚太赫兹波通信的 PWF 按纤芯外部有无包覆可分为（1）电介质芯直接裸露：包括前期探索性提出的长条矩形 PWF 与近几年提到的 3D 商用 PP 打印丝，由于其外部无包覆，电介质芯直接裸露，外部存在不可避免的强倏逝场，传输性能易受环境干扰，外物接触或通道弯曲会引起严重的衰减或辐射泄漏。（2）电介质芯外包覆材料：对于包覆泡沫的 PWF，由于其尺寸较大，不易于集成，并且泡沫材料对所传输的亚太赫兹波仍存在一定的吸收，因此会引起 PWF 的材料吸收损耗增加；对看似有保护壳的一种圆实芯 PWF，因受制于结构设计，对波束的限制能力较差，能量无法被很好地限制在纤芯内，依旧有很大一部分能量泄露到波导外，图 3 插图中的模场分布可显著反映该问题。此外，对于亚太赫兹频段的聚合物光纤，主要仍为全实光纤与实芯微结构光纤。这是因为：亚太赫兹频段对应波长相对较长，若使用基于光子带隙/抗共振机理的空芯微结构光纤[8]，则对应孔洞应在波长量级，会造成光纤直径过大，不能保证柔性。2022 年加拿大蒙特利尔工学院设计并制备了一种具有三条支撑臂的悬浮三角实芯 PWF，光纤传输损耗 5.76 dB/

m@140 GHz，实现了对亚太赫兹波的较强束缚，但该光纤仍存在直径较粗、柔性低的问题[15]。

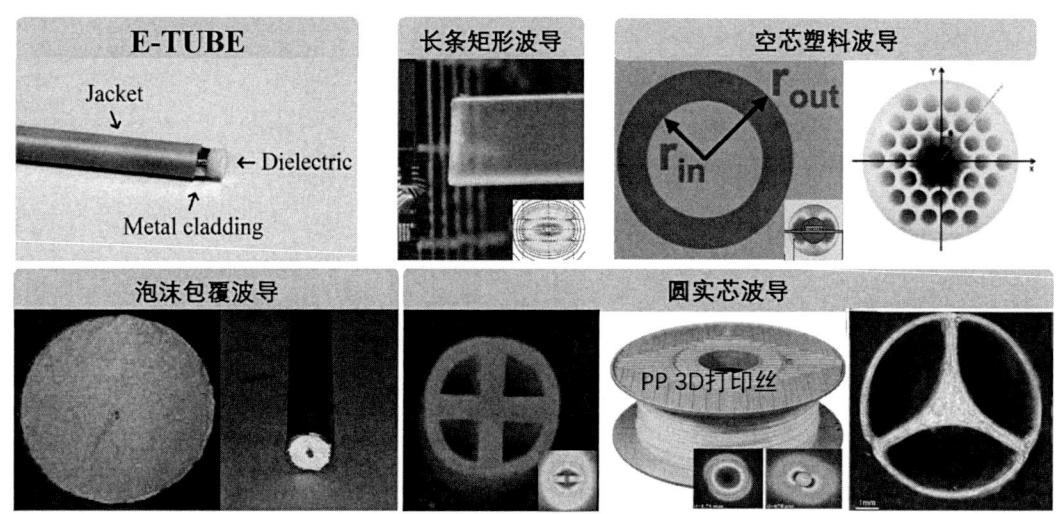

图3 报道的用做亚太赫兹通信链路中数据传输通道的 PWF（插图为模场分布图）

综上，虽然太赫兹聚合物光纤已经过了多年发展，但针对未来太赫兹通信系统集成与落地需求，提出并制备新的太赫兹聚合物光纤，从而实现太赫兹波的强束缚、低损耗、低色散、高柔性传输，仍然是亚太赫兹波有线通信发展的重点、难点所在。

2.3 POF 光收发器的研究

POF 光收发器是塑料光纤通信链路的重要组成部分，根据应用领域和传输速率划分，可分为低速工控收发器和高速网络通信收发器。

低速工控收发器传输速率为 1~50MBd，650nm 光收发器是市场用量最大的光收发器，传输距离要求在 100m 以内，主要生产厂商有四川汇源、AVAGO、TOSHIBA、INFINEON、FIRECOMMS 等公司。

近年来，随着智能电力抄表系统的应用需求，日本滨松、爱尔兰 Firecomms、中国四川汇源等公司相继开发了 520nm 的绿光收发模块，解决了 100m 以上、300m 以内塑料光纤传输距离的要求。

在低速工控收发器方面，5M、10M 国产 POF 光收发器在接收灵敏度和传输距离方面均已达到国际同类产品的先进水平，打破了国外长期垄断的局面。四川汇源研发的收发器与低损耗的塑料光纤光缆配合使用，10MBd 650nm 传输距离可达 150m，10MBd 520nm 传输距离可达 300m；10MBd 650nm 和 520nm 光收发器与 PCF 光缆配合使用，链路传输距离可达到 1000m。

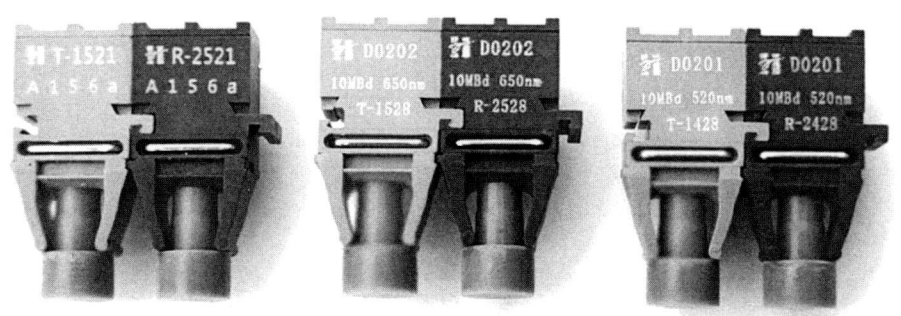

图 4 四川汇源公司生产的 HY-1521/2521、HY-1528/2528、HY-1428/2428 光收发器

高速网络通信收发器传输速率为 125Mbps~1.25Gbps，主要生产厂商有 TOSHIBA、AVAGO、FIRECOMMS、东莞一普。由于高速塑料光纤收发器在局域网通信中的应用量小，并且在芯片设计开发过程中需要投入大量资金，短期内难以产生良好的经济效益，因此国内设计开发高速塑料光纤收发器的企业相对后劲不足。

随着 5G 通信技术、车载网络、工业物联网技术、智能家居的应用发展需求，光收发器将向小型化、低成本、低功耗、高速率、高可靠性与高稳定性的方向发展。国产化或国产替代的机遇给我们打造生态营造了一个好的氛围，同时我们也要通过技术突破和应用创新来把握新兴市场的机遇。

3. 塑料光纤通信链路在工业智能化中的应用
3.1 电力信息智能抄表系统

目前电力信息智能抄表的主要方式有低压电力载波、RS485 总线通讯、微功率无线通讯技术等，但这些抄表方式的实时性和可靠性不理想。塑料光纤是一种可用于通信线路的新型线缆，具有实时性好、可靠性高、耦合效率高、容量大、重量轻、不受电磁干扰、防雷电、柔韧性好、无需熔接等优异性能，其实时抄表的及时率和准确率可达到 100%[16]。

塑料光纤在电力信息智能抄表系统的应用一般采用全光通信方案，其主回路为双芯塑料光纤闭环，次回路为单芯塑料光纤串联。该方案结构如图 5 所示，需要新增 POF 采集器、更换集中器三相模块为塑料光纤集中器模块、更换电表模块为塑料光纤单相模块，这些仪器模块内置 POF 光收发器，以双芯闭环塑料光纤连接集中器和采集器，以单芯塑料光纤连接采集器和连接表箱所有电表。采集器、表模块具有自动中继功能，支持两级塑料光纤的故障定位、电表档案自动生成纠错，主回路光纤支持单点失效保护（任意一点光纤失效，不影响抄表功能），次回路支持任意两点光纤连接的故障指示。

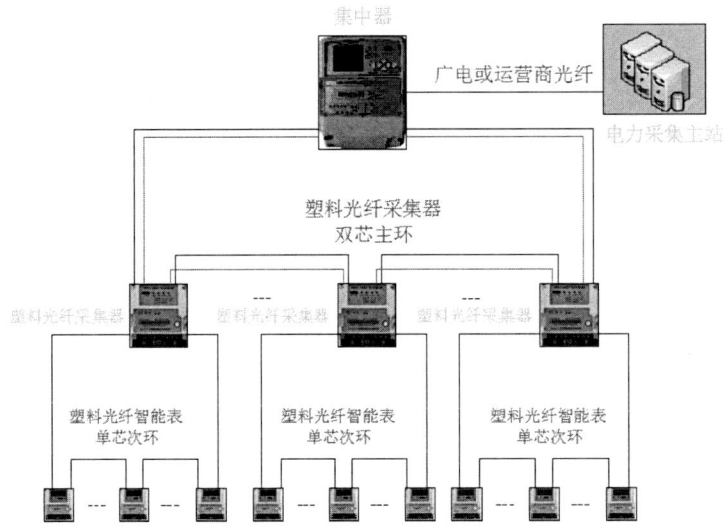

图5　塑料光纤在电力信息智能抄表系统的全光通信方案图

自2012年以来，中国电力科学研究院用电与能效研究所在北京、广东、四川、重庆、广西、陕西等省进行基于塑料光纤的电力信息智能抄表试点应用，经过试用，进一步验证了塑料光纤电力抄表系统的优势：（1）抄表周期短（评价每户抄表周期为0.5~1s），实时性强；（2）传输速率2400~9600bps，可满足5年以上通信发展的需要；（3）不受电池干扰影响，不对外产生电场辐射，正确率100%；（4）现场运维工作量极少，可快速定位故障点。而贵阳供电局的试点工程[17]以最高0.6s/次的采集频率进行了100万次不间断通讯测试，100%获得成功，如此高的采集频次及通讯成功率是低压电力载波、RS485总线通讯、微功率无线通讯技术所不能比的。

任务名称	电表编号	通信参数	测试次数	成功次数	失败次数	执行进度	成功比率	任务状态	↓|↑
读取正向有功总电能	⊟ 000000000015								
读取正向有功总电能	000000000001	0 DEFAULT	1000000	1000000	0	100%	100%	执行完毕	0|0
读取正向有功总电能	000000000002	0 DEFAULT	1000000	1000000	0	100%	100%	执行完毕	0|0
读取正向有功总电能	000000000003	0 DEFAULT	1000000	1000000	0	100%	100%	执行完毕	0|0
读取正向有功总电能	000000000004	0 DEFAULT	1000000	1000000	0	100%	100%	执行完毕	0|0
读取正向有功总电能	000000000005	0 DEFAULT	1000000	1000000	0	100%	100%	执行完毕	0|0
读取正向有功总电能	000000000006	0 DEFAULT	1000000	1000000	0	100%	100%	执行完毕	0|0
读取正向有功总电能	000000000007	0 DEFAULT	1000000	1000000	0	100%	100%	执行完毕	0|0
读取正向有功总电能	000000000008	0 DEFAULT	1000000	1000000	0	100%	100%	执行完毕	0|0
读取正向有功总电能	000000000009	0 DEFAULT	1000000	1000000	0	100%	100%	执行完毕	0|0
读取正向有功总电能	000000000010	0 DEFAULT	1000000	1000000	0	100%	100%	执行完毕	0|0
读取正向有功总电能	000000000011	0 DEFAULT	1000000	1000000	0	100%	100%	执行完毕	0|0
读取正向有功总电能	000000000012	0 DEFAULT	1000000	1000000	0	100%	100%	执行完毕	0|0
读取正向有功总电能	000000000013	0 DEFAULT	1000000	1000000	0	100%	100%	执行完毕	0|0
读取正向有功总电能	000000000014	0 DEFAULT	1000000	1000000	0	100%	100%	执行完毕	0|0
读取正向有功总电能	000000000015	0 DEFAULT	1000000	1000000	0	100%	100%	执行完毕	0|0

图6　电力信息智能抄表测试情况

塑料光纤应用于电力信息抄表系统是具有创新性的示范项目，适应国家“低碳、节能、环保”的产业发展方向。

3.2 高压电力电子设备中的应用

塑料光纤连接的发射器与接收器之间没有直接的电连接，这有助于减轻地环路噪声问题，并且可隔离各种电压，以防止相互干扰。塑料光纤的另一特点是不产生附加辐射，对电磁干扰（EMI）不敏感，有助于防止光纤干扰临近的导线，并防止临近导线的感应或耦合噪声干扰。因此 POF 通信链路相对于铜线，应用于工业控制系统中具有明显的优势，尤其在高压变频器、高压 SVG 等高压电力电子设备中中应用较多。

如图 7 是典型高压变频器系统[18]，其两个主要部分是控制系统和主电路。控制系统包括主控系统、AD 采样系统、保护系统和监控系统等，其中主控系统是整个系统的核心；主电路主要由集成门极换流晶闸管（IGCT）的逆变单元构成。光纤通信系统是各子系统之间的纽带，它同保护系统和 AD 采样系统一样跨越强、弱电区域。在变频器中，PC 上位机是人机交互的主要平台，它可以通过光纤通信系统实现对整个变频器系统的控制；监控系统主要用于对系统的实时监视、显示数据，保证系统的正常工作；主控系统采用多 DSP 结构，是整个系统的控制核心；内部接口系统主要负责接收并处理 AD 采样系统传送过来的数字信号，以及根据主控系统中 DSP 的计算结果，结合自身处理结果，发出 PWM 光脉冲控制主电路的 IGCT；用户 I/O 系统收集并传送各种保护信号，监视驱动电源和直流母线上的短路情况，控制主回路电源的开合等；AD 采样系统负责数据采集并转换成模拟信号，把相关的数字信号经过光纤通信系统发送到内部接口系统；保护系统通过测量故障点获得数据，在发生故障时将故障数据通过光纤通信系统发送至用户 I/O 系统处理，及时采取保护措施。因此，在该变频器中，光纤通信系统是其中很重要的组成部分，系统中的信号——包括子系统之间的通讯、IGCT 的驱动以及各种保护信号都通过光纤通信系统进行传输，这样不仅保证 IGCT 驱动信号和各种保护信号传输的快速准确，而且有效抑制各子系统之间由于强电磁环境造成的通讯干扰。

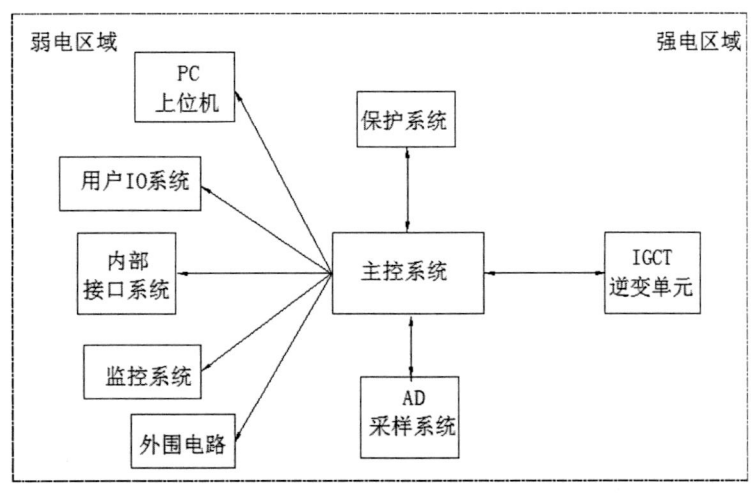

图 7 典型高压变频器系统

高压电力电子设备的控制开关除 IGCT 外，另一种常用控制开关是绝缘栅双极晶体管（IGBT）。在以 IGBT 为控制开关的案例中，塑料光纤通信链路——POF 跳线和 POF 光收发器在控制高电压和电流开关设备方面，提供了可靠的控制和信号反馈。

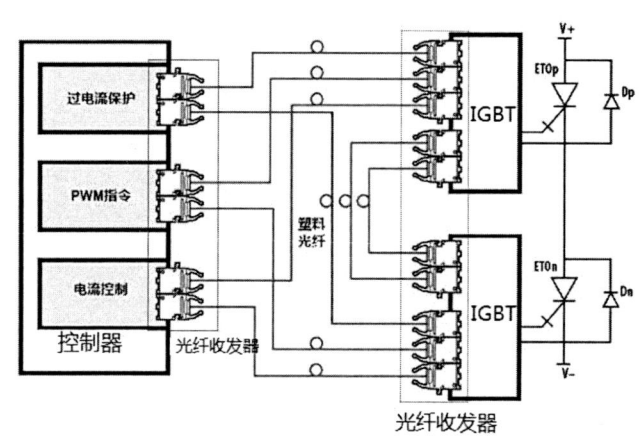

图 8　POF 通信链路在 IGBT 中的应用

3.3 汽车多媒体系统中的应用

早在 1998 年，由 BMW、Daimler Chrysler、Harman/Becker 和 OASIS Silicon Systems 建立了 MOST（媒体定向系统传输）标准。MOST 标准针对塑料光纤传输介质而优化，基于光纤的网络能够支持 24.8Mbps 的数据速率，与以前的铜缆相比具有减轻重量和减小电磁干扰（EMI）的优势，专门用于满足要求严格的车载环境。MOST 标准采用环形拓扑结构，各个控制单元之间通过塑料光纤相互连接而形成一个封闭环路，因此每个控制单元拥有两根塑料光纤，一根用于发射器，一根用于接收器，音频、视频信息在环形总线上循环，并由每个节点（控制单元）读取和转发，其应用如图 9 所示。

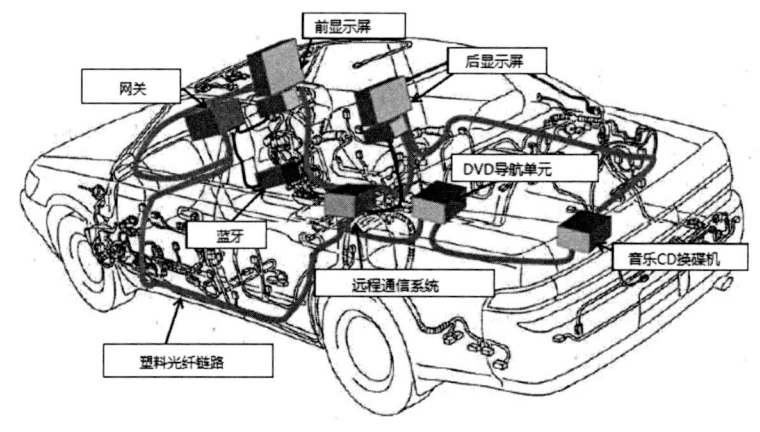

图 9　基于塑料光纤的 MOST 标准拓扑结构图

汽车用塑料光纤通信链路由 MOST 专用塑料光缆配以符合 MOST 标准的插针、壳体、壳体盖、防尘帽、波纹管等组成。常用汽车用塑料光纤连接线型号规格如图 10 所示。

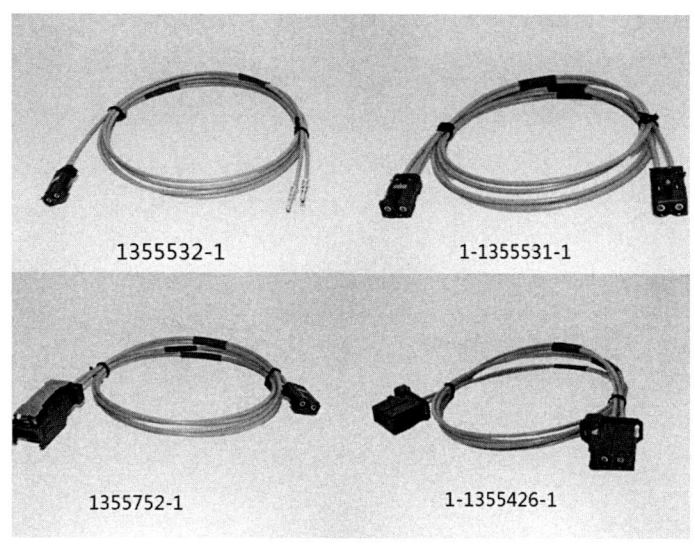

图 10　常用汽车用塑料光纤连接线及器件

2017 年，IEEE 发布 IEEE 803.3bv《以太网补充标准：1000Mbps POF 光纤的物理层规范和管理参数》，为塑料光纤在千兆领域的应用奠定了基础。塑料光纤在汽车、工业以及家庭网络连接等短距离应用领域被认为有广泛的市场前景。IEEE 指出，塑料光纤在汽车等领域的市场应用近年来不断增长，在一些对电磁环境要求严格的场合诸如工业自动化等领域，塑料光纤也有广阔的应用前景。

在 2020 年 2 月慕尼黑汽车以太网大会期间，西班牙塑料光纤通信芯片和模块开发商 KDPOF 展示了其 25Gbps POF 汽车用塑料光纤网络连接方案。该公司指出，未来这一方案有望写入 IEEE 802.3 的多 G 比特汽车用光 PHY 标准。凭借其 EMC 特性，塑料光纤将是最好的车内网络传输媒介，包括车内的控制模块互联、自动驾驶架构、驾驶员辅助系统、ADAS 传感器互联等。2021 年 3 月，KDPOF 宣布推出新型集成光纤收发器（FOT）KD9351，可进一步降低千兆（1Gb/s）车载光学网络的成本。KD9351 是一款将发射和接受光电子器件整合至一个组件、尺寸小、可支持 100Mb/s 甚至 1Gb/s 的光纤收发器。

基于塑料光纤通信链路的总线系统在汽车应用中有许多优点：POF 光缆重量轻，以低成本获得高数据传输速率，抗电磁干扰且传输安全性强，无光纤间串扰，完全电绝缘，无接地回路，操作/连接容易，系统成本低。随着信息娱乐网路和 ADAS 系统日益增长的需求，塑料光纤以其通信链路的优势及技术进步，为人们提供了一个可以满足汽车网络不断变化需求的高扩展性和灵活性解决方案。

4. 结束语

基于 POF 轻质、柔软、易耦合、抗干扰、可靠性和保密性强等特点，作为光纤通讯及光纤广泛用途中的特定补充，塑料光纤也将迎来新的机遇：在工业控制、消费电子和传感器、汽车工业、装饰照明等领域，随着研究的深入和技术的进步，新的应用和产品不断涌现，POF 将发挥更加重要和独特的作用，也将具有更广阔的市场应用前景。

参考文献

[1] 郭毅，李庆春，信春玲. 梯度折射率分布聚合物光纤制备工艺的进展 [J]. 中国塑料，2005（5）：17~22.

[2] 储九荣，等. 连续反应共挤热扩散法制备梯度型塑料光纤的方法 [P]. 中国专利，200910059259.2, 2009-09-30.

[3] Wit M D, Ooms S, Philippe B, et. al. Polymer Microwave Fibers: A New Approach That Blends Wireline, Optical, and Wireless Communication[J]. IEEE Microwave Magazine, 2020, 21(1): 51–66.

[4] Fukuda S, Hino Y, Ohashi S, et al. A 12.5+12.5 Gb/s Full-Duplex Plastic Waveguide Interconnect[J]. IEEE Journal of Solid State Circuits, 2011, 46(12): 3113–3125.

[5] Kim Y, Nan L, Cong J, et. al. High-Speed mm-Wave Data-Link Based on Hollow Plastic Cable and CMOS Transceiver[J]. IEEE Microwave and Wireless Components Letters, 2013, 23(12): 674~676.

[6] https://www.esat.kuleuven.be/news/2014/prof-patrick-reynaert-receives-the-second-prize-of-the-2014-bell-labs-prize

[7] Song H I, Jin H, Bae H M. Plastic straw: future of high-speed signaling[J]. Scientific Reports, 2015, 5(1): 16062.

[8] Tytgat M, Van T N, Reynaert P. A 90-GHz receiver in 40-nm CMOS for plastic waveguide links[J]. Analog Integr Circ Sig Process, 2015, 83(1): 55–64.

[9] Thienen N V, Zhang Y, Wit M D, et. al. An 18Gbps polymer microwave fiber (PMF) communication link in 40nm CMOS[C]// ESSCIRC Conference 2016: 42nd European Solid-State Circuits Conference. IEEE, 2016: 483–486.

[10] Jing Yang, Jiayu Zhao, Cheng Gong, Haolin Tian, Lu Sun, Ping Chen, Lie Lin, Weiwei Liu. 3D printed low-loss THz waveguide based on Kagome photonic crystal structure[J]. Opt. Express, 2016, 24(20): 22454-22460.

[11] Ooms S, Reynaert P. A Flexible Low-Latency DC-to-4 Gbit/s Link Operating from −40 to +200 °C in 28 nm CMOS for Galvanically Isolated Applications[C]// RFIC: Radio Frequency Integrated Circuits Symposium. IEEE, 2018: 100–103.

[12] KATHIRVEL, Nallappan Y, Cao G, et al. Dispersion-limited versus power-limited terahertz communication links using solid core subwavelength dielectric fibers[J]. Photonics Research, 2020, 8(11): 158-176.

[13] Voineau F, Dehos C, Martineau B, et al. A 12 Gb/s 64QAM and OFDM compatible millimeter-

wave communication link using a novel plastic waveguide design[C]// RWS: Radio and Wireless Symposium. IEEE, 2018: 250–252.

[14] Nallappan K, Guerboukha H, Cao Y, et. al. Experimental Demonstration of 5 Gbps Data Transmission Using Long Subwavelength Fiber at 140 GHz[C]// RWS: Radio and Wireless Symposium. IEEE, 2019: 1–4.

[15] Xu, G., Nallappan, K., Cao, Y. et al. Infinity additive manufacturing of continuous microstructured fiber links for THz communications[J]. Scientific Reports, 2022, 12(1): 1–13.

[16] 郝为民，加强塑料光纤技术宣传开拓电力信息传输应用 [J]. 电气应用，2015 年增刊：2~3.

[17] 陈波，基于塑料光纤的集抄方案研究 [J]. 工业控制计算机，2019,32（03）:159-160.

[18] 崔志良，赵争鸣，等 . 高压大容量变频器中光纤通信系统研究 [J]，电工电能新技术，2005, 24（4）：72~76.

作者简介

储九荣：博士后，正高级工程师，塑料光纤制备与应用国家地方联合工程实验室主任，四川汇源塑料光纤有限公司总经理。从事塑料光纤及器件研究20余年，成功研发的低损耗塑料光纤、650nm工控级光收发器件填补了国内空白，替代了进口。承担制定了"通信用塑料光纤"国家通信行业标准，申请发明专利10余项、实用新型专利30余项。先后荣获四川省青年科技奖和中国科协、国家科技部、国家发改委联合评定的"技术标兵"，以及成都市"优秀共产党员""五一劳动奖章""人才培养计划""第十批有突出贡献的优秀专家"等荣誉称号。

孔德鹏

孔德鹏：博士，副研究员，硕士研究生导师。先后任中国科学院西安光学精密机械研究所瞬态光学与光子技术国家重点实验室信息光子学研究室副主任（主持工作）、光子功能材料与器件研究室副主任，特种聚合物光纤方向学科带头人。为中国生物物理学会太赫兹生物物理分会委员及集体会员负责人、美国光学学会（OSA）会员、中国光学学会高级会员、中国科学院青年创新促进会会员。长期致力于特种聚合物光纤和光纤器件方面的研究，主要包含聚合物太赫兹波导纤维、聚合物传像光纤、聚合物光纤面板、聚合物闪烁材料等。在Optics Letters、Journal of Lightwave Technology、Applied Materials Today、ACS Applied Nano Materials 等 SCI 期刊发表学术论文30余篇。主持"H863"计划项目、国家自然科学基金等国家项目，并为多项国家任务提供关键技术支撑。

张海龙

张海龙：高级工程师，四川汇源塑料光纤有限公司技术研发部经理、副总经理。长期从事低损耗塑料光纤理论、材料与生产技术及应用的开发研究，有4项科研项目通过四川省科技厅鉴定，其中"可具色条标识的耐热塑料光纤光缆研制"项目获得成都市科学技术进步奖二等奖和崇州市科学技术进步奖一等奖。累计申请发明专利（实用新型）30项，发表论文10余篇。2020年获"成都市劳动模范"和崇州市"优秀人才"等荣誉称号。

袁 苑

袁苑：女，2015年获得西北大学理学学士学位，目前就读于中国科学院大学，在中国科学院西安光学精密机械研究所攻读博士学位。主要从事轨道角动量光纤通信与太赫兹波导方面的研究。

张用志

张用志：工程师，四川汇源塑料光纤有限公司光模块事业部经理。主要研究方向为塑料光纤光收发器的应用开发和质量控制。

李乐民

李乐民：中国工程院院士，电子科技大学宽带光纤传输与通信系统技术国家重点实验室教授。为中国通信学会理事、学术工作委员会委员，四川省科学技术顾问团成员，国家教委科技委信息部成员，《通信学报》编辑委员会委员，第六、第七、第八届全国人大代表。1980年4月被评为四川省劳动模范，1989年被评为全国先进工作者，1997年11月当选为中国工程院院士。共发表论文160余篇，出版专著1部，完成10余项重大科研任务，获国家级、省部级奖16项。

刘中一

刘中一：硕士，高级工程师，四川汇源塑料光纤有限公司董事长。为光纤光缆行业知名技术专家与企业家，研发的"SZ绞型光纤带光缆"曾获"国家新产品奖"及国家知识产权局与世界知识产权局联合颁发的"中国专利金奖"。所领导的企业获得国家科技部认定的高新技术企业、四川省"小巨人计划"企业、四川省企业技术中心、成都市46家工业重点优势企业、成都市工业50强、四川名牌产品称号、四川省及成都市科技进步奖等多项荣誉。所研发的通信光缆、电力光缆、带状光缆等产品累计实现销售额50亿元以上。

高性能全芳香族聚酰胺纤维在光电缆中的应用
Application of high-performance all aromatic polyamide fibers in optical cables

宋数宾

宋数宾　曹煜彤　朱俊强　马国栋
（中化高性能纤维材料有限公司）

> **摘　要**：随着5G时代光通信的全面发展，光缆的应用是其中重要的一环，如何选择使用增强材料是保证光缆制造和使用过程中安全性和可靠性的重要环节，也是光缆设计的关键要素。本文阐述了多种高性能全芳香族聚酰胺纤维的性能特征，以及在多种光缆中的应用场景；同时介绍了现有光缆中广泛应用的对位芳纶纤维增强件面对的机遇与挑战，以及未来更高性能非金属增强件的发展方向，以期能够为未来我国光缆增强材料的研发与应用提供一定的参考与借鉴。
>
> **关键词**：全芳香族聚酰胺纤维　对位芳纶　性能特征　光缆　高性能　非金属增强件

1. 引言

随着5G时代的来临，万物互联不断发展，而5G整个网络结构的建设都离不开光通信。光通信作为支撑信息通信业务发展和经济社会数字化转型的基础，必将顺应业务需求的新变革而获得发展新动能。光纤光缆是光通信中最重要的一环，如何保证光纤传输的可靠性，是光缆设计的关键要素。

光缆中的加强件主要分为金属加强件和非金属加强件，金属加强件以钢丝为主，其在应用中存在一定的局限性，如金属易腐蚀，并会产生有害气体损伤光纤；金属加强件对雷电较敏感，在多雷电地区容易遭雷电击穿造成通信故障；同时在与电源线或电源设备靠近时会感应电流干扰，进而影响通信效果；另外金属加强件密度较大，易造成光缆重量的增加等。因此，需开发具有优良的抗腐蚀、抗雷击、抗干扰、高强度、高模量的新型非金属光缆加强件，以克服金属加强件的缺陷。

非金属加强件以玻璃纤维和全芳香族聚酰胺纤维为主，其中全芳香族聚酰胺纤维较玻璃纤维性能更加突出，其具有以下优点：较高的抗拉强度和拉伸弹性模量；较小的弯曲半径；低线膨胀系数，温度特性与光纤相近；与光缆护套料、填充料等有较好的相容性；具有耐腐蚀、抗老化、热稳定性等。

全芳香族聚酰胺纤维指其聚合物结构中至少含有85%的酰胺键和两个芳香环相连接的长链合成聚酰胺，1974年美国贸易联合会将其命名为"aramid fibers"[1]。全芳香族聚酰胺类化合物以苯环与酰胺键共轭形成了刚性分子链，分子链间以氢键连接，这一独特的分子结构使芳香族聚酰胺纤维具有高强度、高模量、高尺寸稳定性和耐高温性能，同时还具有良好的介电性和化学稳定性，耐有机溶剂、有机酸及低浓度的强酸、强碱等特性。

全芳香族聚酰胺纤维由于分子主链上酰胺键和亚酰胺键位置的不同有着不同的命名，主要有聚对苯二甲酰对苯二胺纤维（PPTA 纤维）、聚对苯甲酰胺纤维（PBA 纤维）；在间位芳香族聚酰胺纤维中，主要有聚间苯二甲酰间苯二胺纤维（MPIA 纤维）、聚己二酰间苯撑二甲胺纤维（又称 MX-D6 纤维）。除此之外，芳香族聚酰胺纤维中还包括含芳香族杂环类的共聚芳酰胺纤维，杂环芳酰胺是指含有氮、氧、硫等杂质元素的二胺和二酰氯缩聚而成的芳香族聚酰胺，其主链是由芳香环和杂环组成的，如聚噁二唑纤维、聚噁三唑纤维、聚噻二唑纤维、聚喹唑二酮纤维等。因为在芳香族聚酰胺主链上杂环单元的引入，使杂环芳酰胺纤维力学性能和热性能都优于对位和间位芳香族聚酰胺纤维。

2. 对位芳纶（PPTA）纤维

目前，对位芳纶纤维是在光缆行业中应用最广泛、最优异的非金属加强件，其具有（1）高强度：强度≥ 20 cN/dtex，是相同重量钢丝强度的 5 倍。使用芳纶加强件可大幅度降低光缆自重，单根 1610 dtex 芳纶纤维可为光缆提供超 300 N 的抗拉强力。（2）高尺寸稳定性，高模量，低蠕变：弹性模量≥ 115 Gpa，理论上 100 年的蠕变只有 0.2%，远低于其他高性能纤维，可保证大跨距 ADSS 光缆在 30 年使用寿命期间光纤传输不发生衰减。（3）优秀的化学稳定性：除强酸强碱环境外，均可长时间使用，确保其在高盐雾地区长时间使用而力学性能不发生衰减。（4）低热膨胀效应：热膨胀系数为负值（$-3.5×10^{-6}$），光缆加工温度范围广，适合于各种光缆护套料加工工艺。（5）可回收：对位芳纶纤维在光缆中使用完成后可实现回收再利用，重新制备纤维；应用于其他领域当中，可降低其使用成本，并有助于实现"双碳"目标。

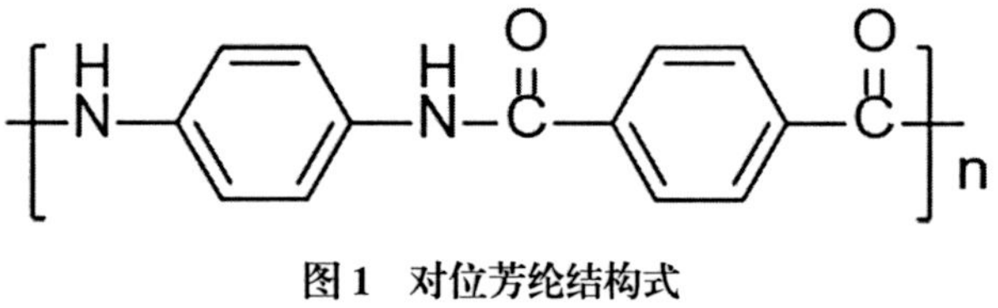

图1　对位芳纶结构式

表 1　中化高纤高模型对位芳纶力学性能表

线密度 Linear density	根数 Filaments	断裂强度 Breaking tenacity		断裂强力 Breaking strength		断裂伸长率 Elongation	定伸长拉力 FASE				杨氏模量 Young's Modulus	弦模量 Chord Modulus
名义 Nominal							0.5%		1.0%			
[dtex]	[ea]	[g/d]	[MPa]	[cN/tex]	[kgf]	[N]	[%]	[kgf]	[N]	[kgf]	[N]	[GPa]	[GPa]
1610	1000	23.0	2920	203	32.9	323	2.6	7.5	74	14.0	137	122	108
3220	2000	22.5	2860	199	64.4	631	2.7	14.5	142	27.0	265	116	106
6440	4000	22.0	2800	194	126	1234	2.5	26.0	255	48.0	471	118	108
8050	5000	22.0	2800	194	157	1543	2.6	31.0	304	58.0	569	115	107
9660	6000	21.5	2730	190	184	1809	2.8	36.0	353	67.0	657	112	106
ASTM D1907					ASTM D7269								

3. 对位芳纶应用场景：ADSS 光缆、室内光缆、海洋光缆等

ADSS（全介质自承式）光缆是一种全部由介质材料组成、自身包含必要的支撑系统、可直接悬挂于电力杆塔上的非金属光缆。

ADSS 光缆从结构上可分为层绞式和中心束管式两类，其中层绞式光缆内有 FRP 加强件，重量略重于中心管式。中心管式结构相对简单，直径小，纤芯容纳量较小，由于此结构的光纤余长完全依赖于管内余长，光纤的无应变窗口不易做大，主要应用于气象环境条件较好和跨距较小的场合。对于大跨距的悬挂铺设，ADSS 光缆的特点之一是其拉伸应变远大于其他光缆，通常拉伸应变可达 0.6%~0.8%。因此，通常 ADSS 光缆结构形式以松管层绞式光缆为宜，因为在层绞式光缆中，光纤束管以螺旋形式绞合在骨架上，因而在束管中的光纤有一个自然拉伸窗口。ADSS 光缆的结构形式选定后，就可根据铺设的受力条件，计算出抗张元件的各种参数。在高张力铺设状态下的 ADSS 光缆，其抗张元件的蠕变性能引人关注，因为它会造成 ADSS 光缆在长期工作下的光缆伸长，影响光缆性能的稳定。测试显示[2]：取 20 mm 光缆样品进行蠕变实验，样品受力为断裂负载的 25%，持续 1000 小时，被测光缆的蠕变伸长数据外推到 10 年，光缆蠕变从 1 小时到 1 年，计算值为 $0.785×10^{-3}$；光缆蠕变从 1 小时到 10 年，计算值为 $1.28×10^{-3}$。由于该试验负载高于实际光缆受力程度，因而芳纶纱的蠕变值在 ADSS 光缆的实际运行条件下，通常可以忽略不计。

3.1. 室内光缆

室内光缆的结构通常相对简单，铺设在室内使用，用于主干网、局域网、FTTX 等，不存在长距离悬挂受力的现象，因此对使用的加强件模量的要求相对较低，通常采用线密度较小、模量中等的对位芳纶纤维作为加强件。

3.2. 海洋光缆

近年来，随着对海洋资源的不断开发和利用，海底光缆、水声系统用光缆以及系留、拖曳用光缆等应运而生。

海底光缆又称海底通讯电缆，是用绝缘材料包裹的导线，铺设在海底，用以建立国家之间的电信传输[3]。海底光缆以其通信容量大、保密性好、可靠性高、通信质量好、传输频带宽、抗毁和抗干扰能力强等诸多优点成为当今世界洲际通信的主力。海底光缆系统主要用于连接光缆和 Internet，它分为岸上设备和水下设备两大部分，海底光缆即水下设备是其中最重要也是最脆弱的部分。

3.3. 水声系统应用光缆

水声系统应用光缆是从海面船只或陆地到海底装置之间的链路，这方面的应用包括声纳浮标监测、鱼雷制导、潜水通信、到潜水器或遥控水下运载工具的数据传输、水底调查的遥测链路、联系钻井平台和水下井口或管道、声纳系统和船舶或直升飞机之间的通信等[4]。

3.4. 系留、拖曳用光缆

系留、拖曳用光缆用于连接无人海洋探查机（海洋机器人、深潜器）进行海洋资源调查、海底电缆及其路由的探查以及海底油井等水下建筑物的维护和调查等。无人海洋探查机与操作母船之间，除了需供给电力之外，还必须传送关于海洋探查机行走控制、位置标定、水中电视摄像机的图像等各种信息。

综上所述，海洋光缆对加强件的要求较为苛刻。目前，海底光缆加强件以钢丝为主，但钢丝本身密度较大，且耐腐蚀性能较差，有出现氢脆的风险，不是最为理想的海底光缆加强件。而对位芳纶拥有更高的比强度和尺寸稳定性，同时密度更低、耐疲劳性更好、弯曲性能更优，并且对位芳纶纤维可以进行多次合股加捻，使单股对位芳纶纤维的断裂强力超过 17000 kN，可大幅提升海洋光缆多次使用的安全稳定性。

4. 杂环芳纶（芳纶Ⅲ）

杂环芳纶又称芳纶Ⅲ，是在聚对苯二甲酰对苯二胺（PPTA）的分子主链上引入杂环结构（含苯并咪唑结构的第三单体）进行共聚，制得一种新型的对位芳杂环共聚酰胺纤维；得益于较对位芳纶更加优异的分子结构设计，使其在力学性能上较芳纶Ⅱ提高 30% 左右，具有高强高模、阻燃耐热、耐化学腐蚀等优异性能；同时杂环结构的引入还改善了纤维的界面性能，更有利于复合[5]。

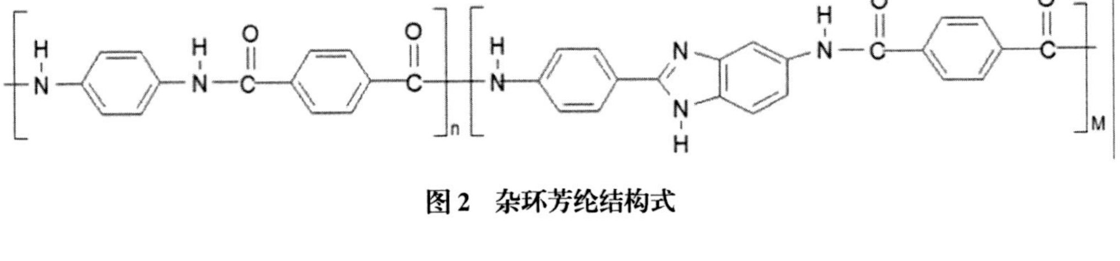

图 2　杂环芳纶结构式

表2 杂环芳纶 STARAMID F-3 芳纶Ⅲ 基本物性、力学性能和热学性能

特征	单位	STARAMID® F-358	STARAMID® F-368	STARAMID® F-398
基本物性				
密度	g/cm³	1.44	1.44	1.44
单丝直径	μm	15-16	14-18	14-16
含水率		≤3.5%	≤3.5%	≤3.5%
上油量		≤3.0%	≤3.0%	≤3.0%
力学性能				
拉伸强度	g/d（干纱）	≥31.0	≥32.0	≥31.0
	cN/dtex（干纱）	≥28.0	≥29.0	≥28.0
	MPa（浸胶法）	≥4400	≥4800	≥4400
弹性模量	g/d（干纱）	1070-1360	850-1070	850-1070
	cN/dtex（干纱）	900-1200	750-900	500-750
	GPa（浸胶法）	≥145	≥125	≥100
HASR*		≥92%	≥92%	≥92%
断裂伸长率		≥2.6%	≥3.2%	≥4.0%
热学性能				
LOI	%	38-42	38-42	38-42
分解温度（空气）	℃	530	530	530
比热	J/g·K			
25℃		0.944	0.944	0.944
100℃		1.951	1.951	1.951
180℃		1.154	1.154	1.154
传热系数	W/(m·K)	0.04	0.04	0.04
空气中热收缩(19min,177℃)	%	<0.1	<0.1	<0.1
热膨胀系数(25-150℃)	10⁻⁶/℃	-4.0	-4.0	-4.0

备注：1. 力学性能测试标准：Q/91510132587572760X 015-2022
2. 因产品规格型号及测试方法不同，表中数据仅供参考。
3. *HASR是指纤维在240℃的空气中经3小时后的强度保持率。

从上表中可以发现，杂环芳纶在基本物性、力学性能和热学性能上均优于对位芳纶，模量超170 Gpa，较高模型对位芳纶高40%，强度超29 cN/dtex，较高强型对位芳纶高30%。但杂环芳纶由于第三单体成本高、生产工艺复杂、产量小等原因，其市场价格较对位芳纶高5倍以上。因此，目前杂环芳纶仅用于部分性能要求较高的特种光缆及海洋光缆中，由于价格和产能等原因，尚未在光缆制造行业大规模推广使用。

5. 聚对苯撑苯并双噁唑（PBO）纤维

PBO在结构上是一个独特共轭的刚性棒状分子，分子结构高度对称，因而赋予PBO纤维优异的力学性能及热学性能，拉伸强度达到38 cN/dtex，弹性模量超220 GPa，热分解温度650 ℃，极限氧指数大于68%，是名副其实的纤维之王[6]。

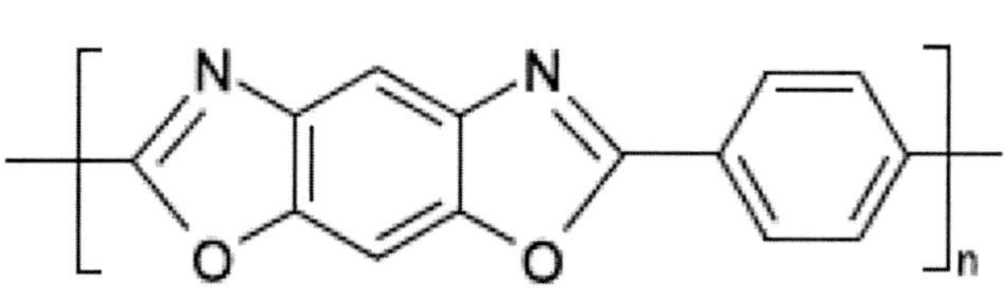

图3 PBO 结构式

表3 STARAMID CG-PBO 基本理化特性及力学性能

特征	单位	牌号			
		CG-HM	CG-AS-1	CG-AS-2	CG-NR
密度	g/cm³	1.56±0.01	1.54±0.01	1.54±0.01	1.54±0.01
单纤直径	μm	11~14	11~14	11~14	11~18
拉伸强度(干纱)	cN/dt	27.5~35	33~38	30~33	<30
拉伸强度(浸胶丝)	GPa	≥5.5	≥5.8	≥5.0	—
拉伸模量(干纱)	cN/dt	1200~1500	850~1100	750~1000	—
拉伸模量(浸胶丝)	GPa	210~280	155~180	140~180	—
断裂伸长率	%	2.0~3.0	3.0~5.0	3.0~5.0	—
回潮率	%	0.6	2	2	2
分解温度(N₂)	℃	650	650	650	650
LOI(极限氧指数)	%	68	68	68	68

PBO 纤维较对位芳纶纤维强度模量高一倍，较杂环芳纶高 30%，因此同等受力情况下，PBO 纤维用量最少，但其价格也较杂环芳纶更为昂贵，适用于超高端、对重量、性能要求更极限的特种光缆中。

6. 总结

高性能全芳香族聚酰胺纤维以其优异的性能被广泛用作光缆加强件，可适用于包括 ADSS 光缆、FTTH 光缆、气吹微缆、光电复合缆、海洋光缆等几乎所有非金属光缆应用场景。其中，对位芳纶是应用最广、用量最多、性价比最高的光缆用非金属加强件，其不仅性能优异、供应稳定，同时具备可回收条件，可彻底解决旧缆使用完后处理困难的问题，降低对位芳纶使用成本，实现"双碳"目标。杂环芳纶和 PBO 纤维性能优势较对位芳纶纤维更为明显，但受限于价格昂贵、产量较低等问题，目前仅少量应用于部分要求严苛的特种光缆和海洋光缆中，如未来性价比和产能有明显提升，将被广泛应用于光缆加强件。

参考文献

[1] 王祖明，袁宝庆.芳香族聚酰胺纤维生产技术与应用 [J].化工新型材料，2004(11):1-5.
[2] 陈炳炎,光纤光缆的设计和制造（第 3 版）.浙江大学出版社，2016.
[3] 刘红亮，王红霞，林开泉.层绞式海底光缆的结构优势 [J].光纤与电缆及其应用技术，2011(03):27-30.DOI:10.19467/j.cnki.1006-1908.2011.03.008.
[4] 秦大甲.海洋用光缆的发展概况 [J].光纤与电缆及其应用技术，1989(05):26-33.DOI:10.19467/j.cnki.1006-1908.1989.05.013.
[5] 罗磊，张晓莲，梁书恒等.国内外杂环芳纶的结构及性能分析 [J].合成纤维工业，2021,44(05):91-95.
[6] 冉茂强，范新年，赵亮等.PBO 纤维抗紫外老化研究进展 [J].科技创新与应用，2022,12(32):93-95+99.DOI:10.19981/j.CN23-1581/G3.2022.32.024.

作者简介

宋数宾：研究员级高级工程师，中化高性能纤维材料有限公司董事长，中国中化中央研究院高性能纤维材料研究中心主任。长期从事基础化工材料、光纤光缆应用以及高性能材料研发、生产、应用研究工作。作为项目总负责人承接"十四五"规划-国家重点研发计划1项、省科技计划项目4项、市科技计划项目2项。授权发明专利6项，授权实用新型专利5项，发表期刊论文4篇。主持开发的10多个新产品被认定为"江苏省高新技术产品"。多项专有技术创造了较大经济效益和社会效益，2019年荣获纺织工业联合会科技进步一等奖。

主持5000吨/年对位芳纶工业化项目研发及工程设计实施工作。项目采用高纯度原料制备技术、高黏度聚合体生产技术、高效溶剂回收技术、高强高模对位芳纶纺丝技术、废水/废渣资源化利用等拥有自主知识产权的关键技术，这些关键技术达国际先进水平。依靠项目建设的绿色生产线，生产的高强高模对位芳纶，实现了产品品种多元化，产品质量位居全球第一梯队，产品产量居世界前三，填补了国内产品的空白。主导的高性能材料研发技术项目，引领和带动纤维特色产业共同固链、强链、延链、补链，形成创新链共享、供应链协同、数据链联动、产业链协作的融通发展模式，为我国光纤光缆、通信工程的稳步发展提供了有力保障。

2022年起担任《中国光纤通信年鉴》编委会高级顾问。

曹煜彤

曹煜彤：博士，中化高性能纤维材料有限公司副总经理、技术总监。长期从事高性能纤维的研究及产业化工作，紧盯科技前沿开展技术创新，获得多项科技荣誉。在开展研发工作期间共发表论文28篇，其中国外SCI原刊论文5篇，国内核心期刊论文21篇。申请发明专利21项，实用新型专利8项，其中第一发明人授权专利9项。作为子项目负责人承担科技部重点研发计划项目1项；作为技术负责人，完成了国资委重大科技攻关专项任务（1025专项）。为国家科技部高性能材料专家库专家，江苏省第六期"333高层次人才培养工程"培养对象，东华大学兼职教授、企业家导师。荣获纺织工业联合会科技进步一等奖1项、2022年度上海市科学技术奖一等奖1项。

朱俊强

朱俊强：在读博士，中化高性能纤维材料有限公司高级技术经理，负责对位芳纶纤维工艺研究及下游应用技术开发。参与国家科技部"十四五"重点研发计划项目1项，荣获2022年度上海市科学技术奖一等奖1项，发表论文3篇，获专利授权5项。

马国栋

马国栋：毕业于华东理工大学化学院，获硕士学位。现为中化高性能纤维材料有限公司销售总监，负责制订芳纶纤维及下游衍生产品的营销策略和市场调研工作。

分层共挤技术在新型微结构塑料光纤生产中的应用
Application of Layered Co-extrusion Technology in the Production of New Microstructure Plastic Optical Fiber

胡卫明

胡卫明　许泽楷　陈　明　林国通　陈鹏达

（深圳市圣诺光电技术有限公司）

摘　要： 塑料光纤又称聚合物光纤，具有大芯径、抗震动、抗电磁干扰、柔韧性好等优良特性。从未来的应用方向看，高带宽、大算力应用场景将无处不在。塑料光纤在保持大芯径、柔韧性的性能条件下，将向高带宽、低衰减发展。现有阶跃式塑料光纤（SI-POF）的通信带宽和损耗已满足不了智能化时代的新要求，而渐变式聚合物光纤（GI-POF）制作成本高，工艺复杂，产业化难度较高。本文提出利用分层共挤技术试制新型微结构塑料光纤，可在降低产业化成本和难度的前提下，提高塑料光纤通信带宽，降低塑料光纤的光损耗，达到产业化目的。

关键词： 分层共挤技术　高带宽应用　塑料光纤　周期性变化结构

1. 现有塑料光纤产品现状

现有塑料光纤产品可分为阶跃式聚合物光纤（SI-POF）和渐变式聚合物光纤（GI-POF）。其中，SI-POF主要应用在抗震动、抗电磁干扰要求高、短距离通信的特殊应用环境。GI-POF相比于SI-POF，拥有更高的带宽和更小的光衰减，但是其材料成本高、工艺复杂，导致产业化难度很大，一直很难普及应用。

由于材料的原因，SI-POF的衰减和带宽一直限制了塑料光纤的应用开发。目前SI-POF的产业化产品，光衰减≤180dB/km（650nm），带宽可达百米百兆。

随着大数据时代的到来，这种百米百兆塑料光纤已不能适应高带宽、大算力场景需求，且在实际应用中，对塑料光纤要求能具有更良好的柔韧性和更小的弯曲半径及更优秀的物理性能。

如何改进现有的SI-POF塑料光纤的性能、同时又保持塑料光纤大芯径（光纤1mm

外径）的特点，使其容易与光器件耦合对接、与光器件连接时拥有更优秀的抗震动性能？答案是只有通过改变现有的 SI-POF 塑料光纤结构，提高其现有性能，才有可能达到上述应用场景对塑料光纤的性能新需求，因此开发新一代的塑料光纤，提高通信带宽，降低光衰减，并实现产业化生产，成为塑料光纤发展的新方向。

2. 新型生产工艺：分层共挤技术

为了改变现有的 SI-POF 塑料光纤通信性能，我们参考光子晶体、布拉格光纤以及各方面技术，认为必须要创新塑料光纤的结构，才能改变它的性能。我们提出的分层共挤工艺主要应用于具有周期性变化结构的新型塑料光纤的产业化生产，基本原理是以光纤中心为参考点、向外扩散形式的微结构、按模具设计的不同结构形式、利用分层次的共挤出技术同时进行多层共挤工艺，生产出不同微结构类型的塑料光纤。这种生产方法，既可以用在生产多芯光纤的工艺中，也可以用在生产微结构空芯光纤的工艺中。

3. 分层共挤工艺应用于多芯光纤生产

将分层共挤技术应用在生产多芯结构塑料光纤的工艺中，流程如图 1 所示。采用这种工艺的模具结构较常规 SI-POF 光纤模具复杂很多。

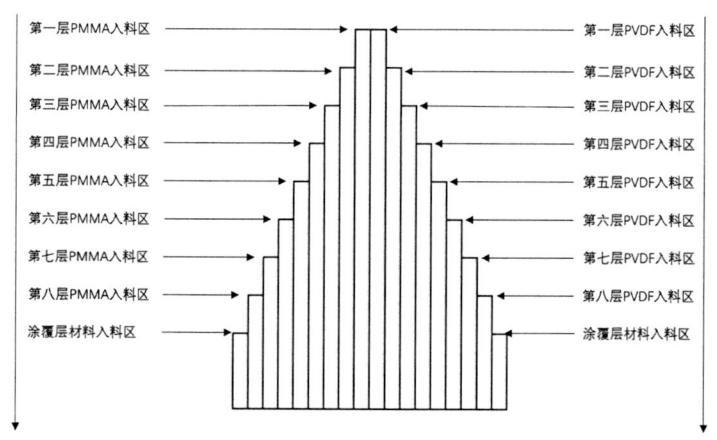
图 1　多芯结构塑料光纤分层共挤流程示意图

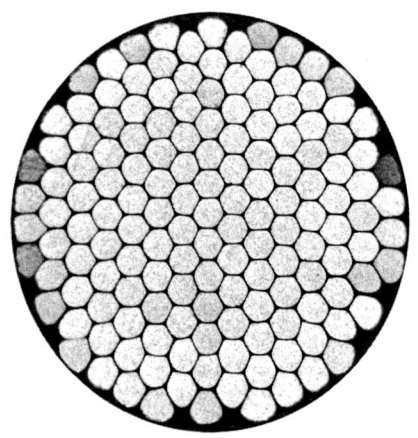
图 2　多芯塑料光纤产品实物图

3.1. 多芯挤出过程

亚克力及氟塑料作为每一层结构中的聚合物材料，通过相应层的精密计量泵进入模具挤出，形成由里至外的每层亚克力光纤芯及氟塑料环状包层。第一层的熔体在模具中前进一段距离，尺寸形状保持稳定后，第二层叠堆结构中的聚合物材料通过模具，挤出后覆盖在第一层的熔体上。此时第二层入料中的亚克力按照模具的方向形成多芯光纤环，而氟塑料会顺着模具中的轴向光纤芯柱之间的缝隙流入，形成微结构包层，与第一层的聚合物圆环相连，使得两层聚合物圆环之间紧密熔融相连，同时向下一层前进，并依次覆盖堆叠，直至形成包层中所有叠堆结构。最后涂覆上高韧性聚合物以增加光纤韧性，随后挤出模具进行拉丝。拉丝过程与 SI 塑料光纤生产方式基本相同。

3.2. 分层共挤工艺生产的多芯塑料光纤产业化产品

采用上述分层共挤工艺实现多芯聚合物光纤的产业化生产。

图 2 为多芯塑料光纤拉细至直径为 1mm 时的实物图。从图中可以看出，光纤拉细至 1mm 时，纤芯通道轮廓接近六边形，纤芯呈六边形排列；由于每个独立光纤芯直径只有 73 微米左右，使得光纤拥有更小的弯曲半径；纤芯材料膨胀，使纤芯在光纤横截面中的占比增大，基本符合仿真结果。在生产过程中，分层共挤技术用于控制每一层结构的两种聚合物材料进料速度，保证入料匀速均匀，避免造成光纤拉细阶段发生结构变形。目前，采用分层共挤技术已实现多芯聚合物光纤的产业化生产。

3.2.1. 光纤衰减

图 3 为采用截断法测试多芯塑料光纤光损耗。在 $\lambda=650nm$，LED 光源满注入条件下的光衰减≤250dB/km，而在 $\lambda=520nm$，LED 光源满注入条件下，光衰减≤300dB/km。

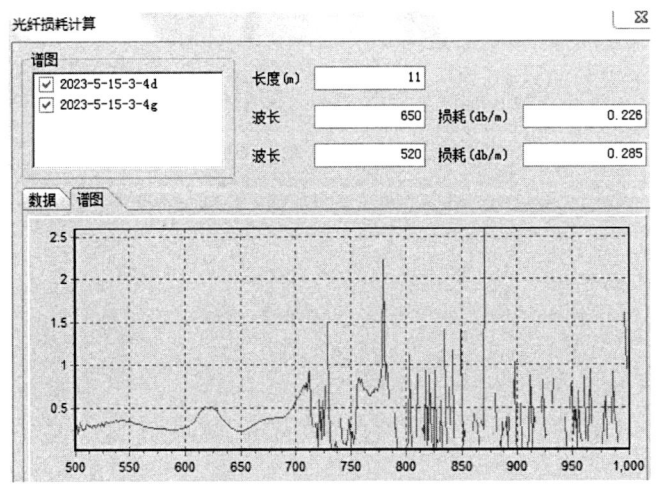

图 3　计算光纤在不同波长下的光衰减值

3.2.2. 光纤带宽

在 LD 光源（NA=0.1），$\lambda=660nm$ 条件下测试多芯聚合物光纤的频谱带宽，如图 4 所示。当光纤长度 L=10m 时，频谱带宽为 3.5GHz；当光纤长度 L=30m 时，频谱带宽为 3.3GHz。

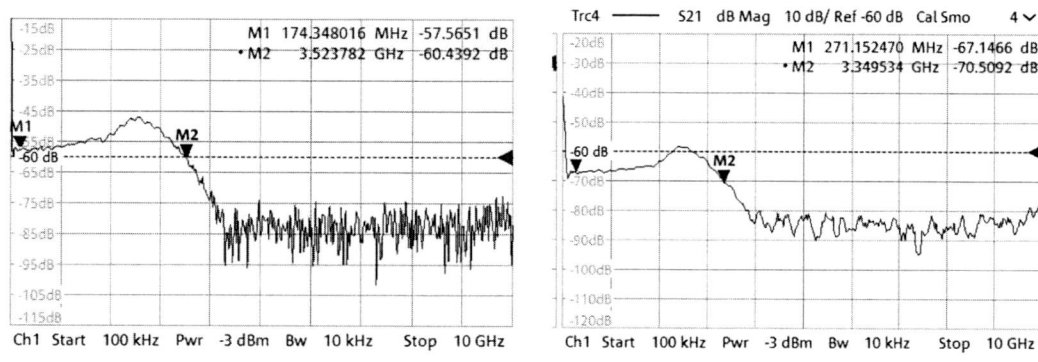

图 4　光纤长度为 10m、30m 时的频谱带宽

3.2.3. 产业化与应用

这种多芯塑料光纤过去只有日本可生产，在国内尚为首次生产，是填补空白的产品。这种多芯塑料光纤光缆大量应用在工业自动化控制、智能制造及智能设备中。这些应用场景多半空间有限、区域狭小，需要对线缆进行小半径折弯。由于多芯塑料光纤拥有更小的弯曲半径（2～3mm），光纤弯曲损耗较小，对光信号传输影响小。随着各行业智能化方案的普及，需求这种光纤的应用场景越来越多。

除工业自动化控制及智能传感器外，未来也可应用在一些要求高带宽、大算力的短距离信息传输应用场景。

4. 分层共挤工艺应用于微结构空芯光纤试制

采用分层共挤工艺试生产具有微结构的空芯塑料光纤。通过对模具的设计，即可将分层共挤工艺应用于具有周期性变化结构的新型聚合物光纤的试生产。这种空芯光纤可以用 PMMA 作为原料，适配挤出工艺，形成光纤包层。包层为周期性排列的多层叠堆结构，以布拉格衍射原理使光线在缺陷区域传播。纤芯为空心结构，避免了 PMMA 材料带来的吸收损耗和材料色散。

图 5 给出三种微结构聚合物光纤的结构示意图。从结构图来看，光纤包层中的叠堆结构为同心环状，每层叠堆结构中的矩形空腔或圆形空腔在同心环上周期性排列。

图 5　三种微结构塑料光纤结构示意图

由于光纤芯及微结构中具有大量空芯部分,所以模具前端需要设置可调节压力空气装置。

4.1. 空芯挤出过程

每一层叠堆结构拥有独立的进料通道,不同颜色代表每一层叠堆结构的进料位置。空白处即为空腔结构,由模具中的中空柱形成

分层共挤试生产微结构空芯塑料光纤流程如图6所示:

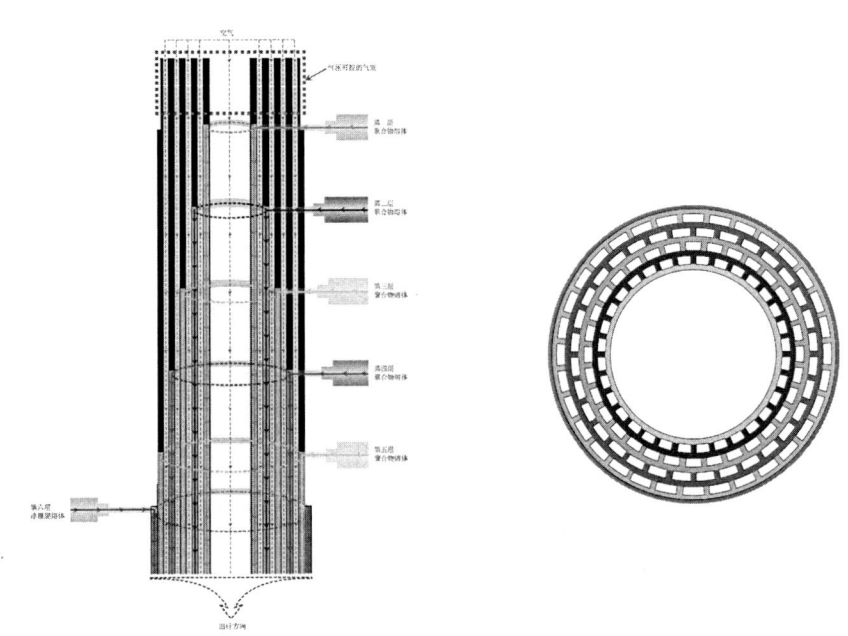

图6 微结构空芯塑料光纤分层共挤流程示意图

包层中的第一层叠堆结构中的聚合物材料进入模具挤出,形成最里层的聚合物圆环。与多芯光纤挤出工艺类似,每一层的熔体依次覆盖堆叠,直至形成包层中所有叠堆结构。最后涂覆高韧性聚合物以增加光纤韧性,随后挤出模具进行拉丝。

光纤中心的空气层以及各层叠堆结构中的空腔,均由模具中的轴向中空柱定型,形成空腔结构。

4.2. 在拉丝过程中

拉丝过程是在模具外进行,需要对空腔提供内压强以支撑空腔的结构。在挤出模具的前端设置一个气压可控的气室,控制气体压强。利用压强差提供一定的内压强,抵消材料径向应力,保证空腔结构不发生改变。考虑到每层叠堆结构的不同,每一层叠堆结构应当对应单独控制压强的气室。

4.3. 微结构空芯塑料光纤试制

在拉丝过程中,加热没有达到稳定态时,空气孔结构容易膨胀;加热达到稳定态

时，空气孔结构在受外应力作用下，容易收缩变形。为了保证结构的完整性，我们考虑从加压、控温两方面对叠堆结构中的空气孔进行结构形态保护。

我们对分层共挤工艺进行了工艺验证（图7a），将光纤挤出体拉制到直径为45mm时，从光纤体截面可以看出，最里层的空气孔结构基本保持原来设计的结构，随着层数的增加，叠堆结构中的空气孔膨胀变形越严重。随着光纤体继续拉细至20mm时（图7b），最里层空气孔开始出现闭合，其他层的空气孔出现不规则变化。将光纤体拉制至1mm时，空气孔结构几乎完全变形。根据工艺流程分析，我们认为在拉丝过程中，随着光纤体逐渐拉细，叠堆结构中的PMMA层逐渐变细，无法承受叠堆结构收缩过程的变形应力，因此在拉细过程中会发生结构收缩以至于变形。

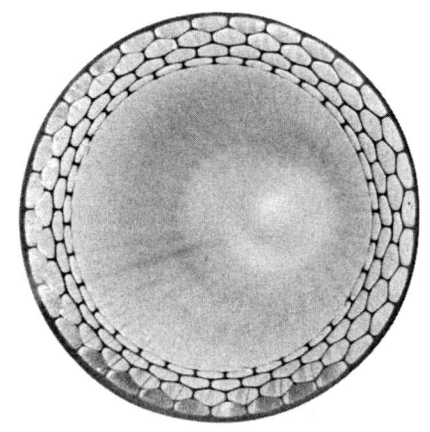
图7a 光纤直径45mm

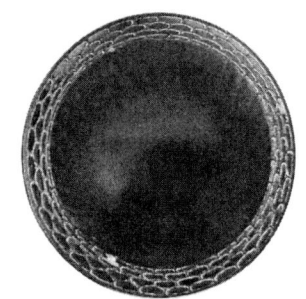
图7b 光纤直径20mm

从工艺可行性验证上看，光纤体在挤出模具口时的结构仍旧是完整的。整个拉细过程中，层间温度探测和控制成为难点；而空气孔的内压也需要根据PMMA层直径的变细不断调整，这成为整体工艺的关键之处。目前我们仍在试验中。

5．结束语

分层共挤技术以聚合物光纤共挤法为基础，可以用于产业化生产具有周期性变化的新型结构聚合物光纤。

在多芯塑料光纤的生产中我们验证了分层共挤技术的可行性，产品性能也有相应的保障，达到了产业化生产的目的。

在微结构空芯聚合物光纤的生产中，从前期的工艺验证来看，分层共挤技术具有一定的可行性。在拉丝过程中，如何实现多元素控制？根据已有的经验分析，在拉丝过程中，随着光纤的逐步变细，对于光纤的温度、内压、拉丝速度应当分段控制。

我们相信，新型结构聚合物光纤将是聚合物光纤领域的热门发展方向，分层共挤技术将是符合新型结构的聚合物光纤产业化生产新工艺之一。

参考文献

[1] E. Yablonovitch. Inhibited spontaneous emission in solid-state physics and electronics[J]. Phys. Rev. Lett., 1987, 58(20): 2059~2062.

[2] S. John. Strong localization of photons in certain disordered dielectric superlattics[J]. Phys. Rev. Lett., 1987, 58(23): 2486~2489.

[3] 桂厚义，胡佳妮. 光子晶体光纤在光纤通信中的应用[J]. 光通信研究，2005(1): 43-46.

[4] 李锦豪，姜海明，谢康. 光子晶体光纤制备工艺的发展与现状[J]. 科技创新与应用，2021, 11(26): 105-110+114.

[5] 王维彪，陈明，夏玉学，梁静秋，徐迈，甄珍，刘新厚. 聚合物光子晶体光纤[C]//中国光学学会. 大珩先生九十华诞文集暨中国光学学会2004年学术大会论文集. 中国光学学会，2004: 1689-1692.

[6] 娄淑琴，李曙光. 微结构光纤设计、制备及应用[M]. 北京：科学出版社，2019.

[7] 杨华军，胡渝，刘静娴，李成红，谢康，荣健. 布拉格光纤光传输特性研究[J]. 光电子·激光，2007(12): 1410-1413.

[8] 石立超，张巍，邢文鑫，李志广，王文涛，黄翊东，彭江得. 外径波动下空心布拉格光纤的模式传输特性[J]. 中国激光，2010, 37(10): 2559-2564.

[9] 于荣金，张冰. 新一代塑料光纤及其功能开发[J]. 中国科学（E辑：技术科学），2008(5): 807-816.

[10] 金杰，张巍，石立超，黄翊东，彭江得. 用于CO_2激光传输的10.6μm波段空心布拉格光纤[J]. 中国激光，2012, 39(8): 109-113.

[11] 张冰. 蜘蛛网包层结构空芯光纤的功能开发[D]. 燕山大学，2007.

[12] De M, Gangopadhyay T K, Singh V K. Prospects of photonic crystal fiber for analyte sensing applications: an overview [J]. Measurement science &technology, 2020(4): 42001.

[13] 刘小璐，田翠萍，汪滢莹. 空芯光子晶体光纤的纤芯设计及特性研究[J]. 北京工业大学学报，2015, 41(12): 1861-1866.

作者简介

胡卫明：深圳市圣诺光电技术有限公司副总经理，高级工程师。在通信、交通、金融、工业控制、国防、电力应用及教育等不同应用领域内参与过多个塑料光纤应用项目，先后获得过省、部、市级科技进步奖。在国防工程、光纤通信信息、电信科学、电力应用与聚合物及塑料光纤等国内刊物发表过相关文章。参与了GB/T 31990《塑料光纤电力信息传输系统技术规范》等国家系列标准的编撰工作。在塑料光纤及光电行业获得9项发明专利、12项实用新型专利授权。

许泽楷

许泽楷：深圳市圣诺光电技术有限公司技术部工程师。毕业于深圳大学光电工程学院光电信息科学与工程专业。从事塑料光纤的相关工作5年，参与新型塑料光纤的研发与应用开发，主要致力于新型塑料光纤的仿真及模拟工作，提出新型光纤的实验数据及试制参数。已获发明专利1项、实用新型专利授权1项。

陈　明

陈明：深圳市圣诺光电技术有限公司总裁，高级技师，深圳市宝安区高级人才公司技术及项目开发带头人。从事塑料光纤研发、生产30年，先后获得省、市科技进步一等奖。带领团队研制成功我国第一套通信用塑料光纤生产线，生产出衰减参数小于180dB/km的通信塑料光纤光缆，从而打破了国外企业在通信用塑料光纤研发生产的垄断，填补了国内空白；在国内首次产业化生产151芯、217芯特种塑料光纤，解决了进口替代问题。在塑料光纤及光电行业已获9项发明专利、14项实用新型专利授权。

林国通

林国通：深圳市圣诺光电技术有限公司技术开发部总监，工程师。参与了我国第一套通信塑料光纤生产线的研发和试制工作；参与研发151芯、217芯塑料光纤，完成了多芯塑料光纤及空心塑料光纤的分层共挤技术的工艺设计与试制。已获3项发明专利、5项实用新型专利授权。

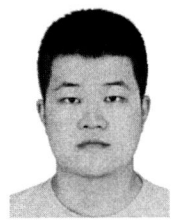

陈鹏达

陈鹏达：深圳市圣诺光电技术有限公司总裁助理。从事塑料光纤光缆制造3年，参与了多芯光纤及空芯光纤的试制过程，提出相关的新型工艺方法。已获发明专利1项、实用新型专利授权1项。

PLC型多模无源光分路器的研究和应用进展
Research and Application Progress of PLC Multimode Passive Optical Splitters

郑伟伟

郑伟伟

（常州光芯集成光学有限公司，江苏常州）

> **摘　要**：随着光纤网络的快速发展，多模光纤的应用范围也在不断扩大，与多模光纤配套的多模无源光分路器的应用场景也越来越多。本文主要介绍了各种多模光纤链路的应用场景中，多模无源光分路器的功能和应用进展。
>
> **关键词**：多模光纤　光分路器　离子交换技术　PLC　光通信

1. 引言

在2km内的光纤系统中，多模光纤系统因其传输能量大、架设成本低、抗干扰能力强以及后期维护成本低等特点，具有其独特的优势[1]。目前，全球多模光纤市值约20亿美元，其中，多模无源光分路器市场需求约1亿美元；随着光纤相关产业的快速发展，多模无源光分路器的市场还具有进一步增长的潜力[2]。

PLC（Planar Lightwave Circuit）型的多模无源光分路器因其结构紧凑、波长不敏感、工作温度范围大、稳定性优良等特点，在多模光纤系统中已有许多应用案例，目前已广泛应用于数据通信、生物医疗、工业传感以及电力等领域。

2. PLC型多模无源光分路器的制备技术

相较于熔融拉锥技术，PLC芯片制备技术在生产多模无源光分路器上具有重复性好、生产效率高、适合批量生产以及适合大分路器件制作等优势。在单模光纤系统中，PLC型无源光分路器已经逐步推广并替代了大部分熔融拉锥器件。

从多模光纤的匹配的光波导尺寸范围来考虑，芯片制备的工艺范围从芯层直径5~8μm增大到50μm及以上，光波导的数值孔径由0.12增大至0.20及以上，常见的两种PLC芯片制备技术分析如下：

PECVD（plasma enhanced chemical vapor deposition，等离子体增强化学气相沉积）技术通过薄膜生长、退火、刻蚀来制作光波导，一次生长成膜的尺寸约1μm，制作多模光波导需要数十次成膜和退火来实现与多模光纤芯层的匹配，工艺难度较大、成本较高，难以与熔融拉锥技术竞争；

玻璃基离子交换技术通过玻璃网格中的碱性金属离子与周围熔盐环境的阳离子互相扩散和迁移来实现光波导的制作，需要调整源离子的浓度、工艺温度、电压、电流、扩散时间等工艺参数以及工艺组合，这些调整不会显著增加玻璃基离子交换工艺的难度和成本。

综合以上对比，在PLC型多模无源光分路器的制备上，玻璃基离子交换技术具有显著的优势。

相对于制备单模光波导的玻璃基离子交换技术，制备多模光波导的玻璃基离子交换技术还需要解决以下问题：

（1）光波导的折射率增大，银离子聚集增多，易导致银纳米颗粒析出而产生额外损耗；

（2）光波导长时间的扩散会引起玻璃衬底应力增加，导致光波导损耗以及玻璃衬底的翘曲形变。

针对以上技术问题，如图1所示，我们改进了玻璃基离子交换工艺流程：首先降低了一次热离子交换工艺温度并适当延长了工艺时长，以获得足够的初始银离子，同时，低温的长时间交换能显著降低一次热离子交换后银离子还原以及玻璃材料内部的应力，对交换后的玻璃衬底降温过程也进行了线性控制，以减小玻璃衬底的形变；其次，二次电场辅助离子交换也采用低电流长时间的工艺，进一步控制玻璃内生应力；第三，在二次电场辅助离子交换后增加了退火控制，以进一步降低离子交换后玻璃衬底的形变，同时有利于光波导的进一步扩散，降低传输损耗。

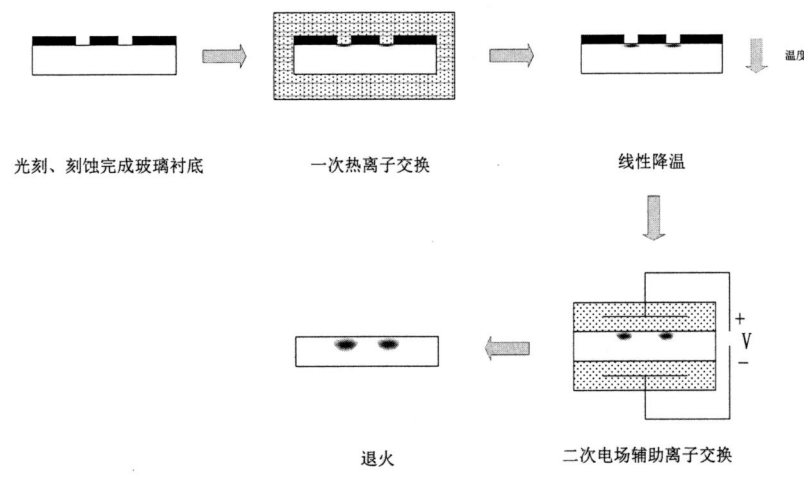

（A）初始的玻璃基离子交换工艺

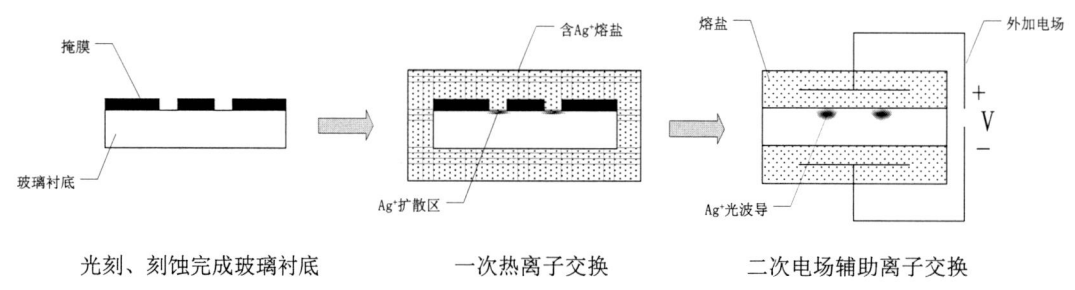

（B）改进的玻璃基离子交换工艺

图1　玻璃基离子交换工艺过程对比

工艺改进前后制得的芯径50μm的多模光波导损耗对比如表1所示。离子交换工艺改进后，玻璃衬底形变得到改善，光波导的耦合损耗和传输损耗都有明显的改进，与常规单模光波导的损耗指标相当，奠定了玻璃基离子交换多模无源光分路器的工艺基础。

表1　玻璃基离子交换工艺改进前后对比

技术指标	初始的离子交换工艺	改进的离子交换工艺
晶圆厚度变化（形变量）(mm)	~0.2	~0.03
光波导耦合损耗（dB）	~0.60	~0.25
光波导传输损耗（dB/cm）	~0.32	~0.08

3. PLC型多模无源光分路器的应用

随着多模光纤系统的应用拓展，PLC型多模无源光器件目前已成功应用于数据中心、医疗设备、光纤传感和智能电网等领域。

3.1 数据中心的应用

数据中心的监控网络需要大量多模非均分器件进行监控链路的布置，通常以4~12个1×2非均分器件作为一个模块构成TAP（Test Access Port，测试接入端口）模块，如图2（A）所示。

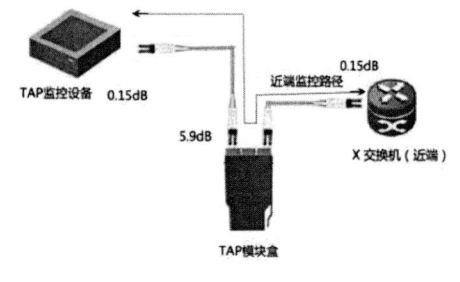

（A）TAP模块的应用场景

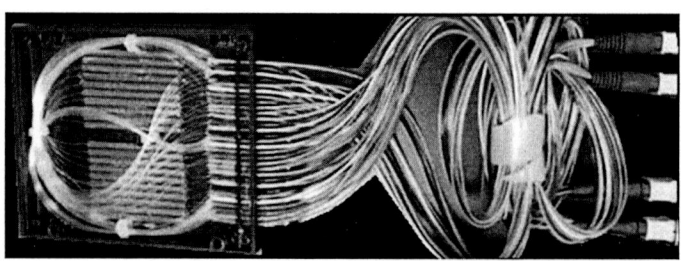

（B）TAP模块的内部结构

图2　数据中心的TAP模块

以往采用熔融拉锥型光分路器制作模块，需要在模块内布置多个器件，再采用人工排纤的方法扇出并对应到每一个连接口或 MPO/MTP 的每一个插芯端，工作量大且容易出错，后续问题排查困难；另一方面，该模块体积庞大，需要占用较多机房空间，如图 2（B）所示。采用 PLC 型的多模 1×2 非均分芯片结合多色并带光纤可以实现光器件的一一对应——耦合后输入光纤与输出光纤的每一种颜色一一对应；同时，紧凑小巧的光芯片结构，可以让封装模块的主体尺寸缩小至 1/100，有效节省了机房的宝贵空间，如图 3 所示。

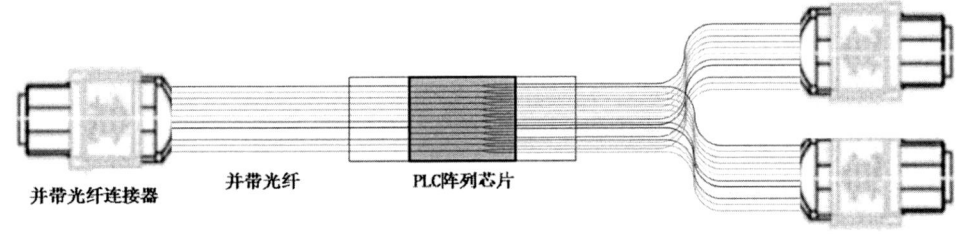

（A）PLC TAP 模块的封装示意图

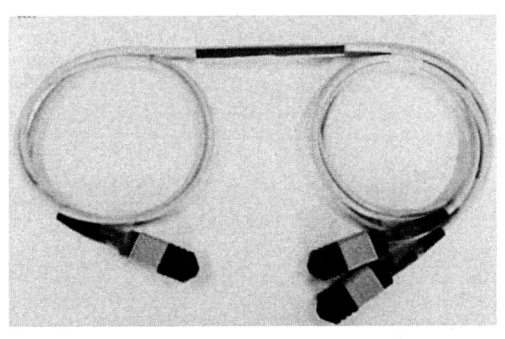

（B）PLC TAP 模块的照片

图 3　PLC 型 TAP 模块

3.2 医疗设备的应用

大型医疗设备采用的光源一般为可见光至近红外短波段，如 400—600nm、795nm、808nm、980nm 波长等[3,4]，单台光源价格较为昂贵；对于探测点数量有要求的场景，如果采用多个光源，系统成本将大幅上升。对此，采用多模无源光分路器对光源进行扩展是一个有效降低成本的方案。这种光源分束一般要求器件具有良好的均匀性，以多模 1×8 光分路器为例，达到实用的器件要求输出 8 个端口光强均匀性 ≤ ±10%，即均匀性 ≤ 0.97dB；同时，要求插入损耗 ≤ 11.0dB，这对于人工制作的熔融拉锥型器件要求较高，制作较为困难。我们采用光波导设计优化实现的 PLC 型多模 1×8 光分路器，测试的插入损耗 ≤ 10.5dB，均匀性 ≤ 0.78dB。经过客户实际测试，器件的分光均匀性 ≤ ±8.1%，满足实际使用需求。

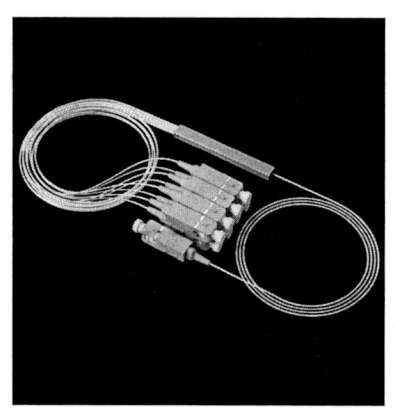 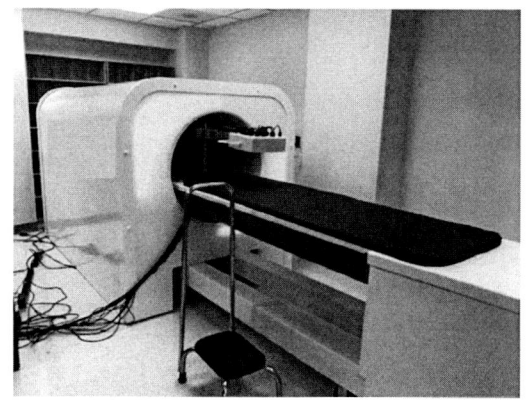

（A）多模1×8光分路器照片　　　　　　（B）多模1×8光分路器应用场景

图4　应用于医疗设备的PLC型多模1×8光分路器

3.3 光纤传感的应用

光纤传感中的光谱共焦传感系统采用了400~800nm的可见光宽带光源，整个光路结构中有光分合链路的需求。光谱共焦传感系统的雏形是1940年发明的医用裂隙灯，成型于1943年[5]，传统的光谱共焦系统光路由半透半反镜片和透镜组的空间光路构成，设计时需要考虑不同波长的色差和像差，系统结构庞大、组装较为复杂、抗尘抗震性较差且成本较高，如图5所示。

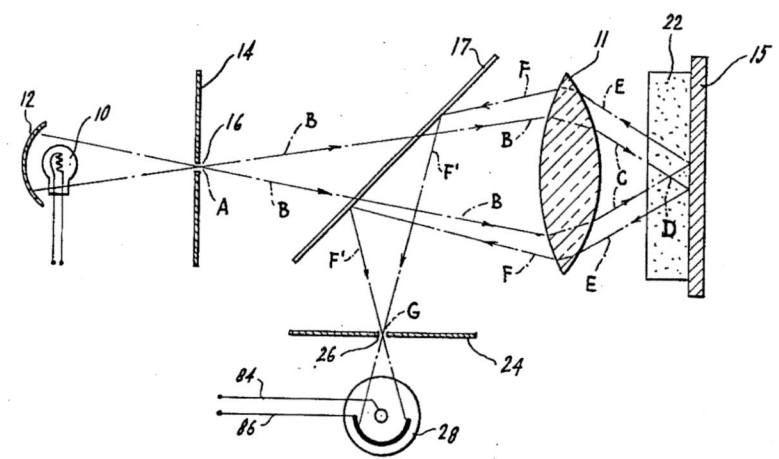

图5　光谱共焦传感系统的空间光路结构[6]

直到1993年，法国STIL公司首次应用光纤系统代替了传统光路结构，实现了光谱共焦传感系统的工业化应用[6]，其中，光纤系统中的光分合链路就是采用多模1×2光分路器的结构来实现的。与通信用多模1×2光分路器不同，光谱共焦1×2光分合链路要求两个分支端间具有良好的方向性，在光纤端面为8°角对空气时，方向性＞50dB。在多模1×2光分合链路的制作上，法国STIL采用三支拉锥斜切光纤以一定倾角对准并固定在一个石英基板上的空间光路实现,并拥有技术专利,如图6(A)所示;国产产品则采用熔融拉锥的方案制作:通过剪除2×2其中一支分支端并进行石英熔球工艺制作,制作的产能有限,且因球体不好控制,方向性控制较为随机,良率不高,如图5(B)所示;我们采用1×2倾斜Y分支的PLC芯片设计,芯片内部消除了反射端,可以实现良好的方向性,如图6(C)所示。经过设计优化,目前制作获得的多模1×2光分合链路的方向性实测≥55dB,产品和组装后的系统如图7所示。

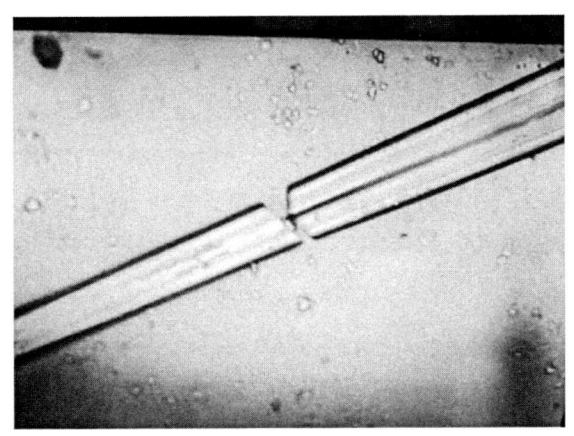

(A)法国STIL公司的设计示意图

(B)熔融拉锥的设计示意图　　　　　　　　(C)PLC芯片的设计示意图

图6　1×2光分合链路设计结构示意图

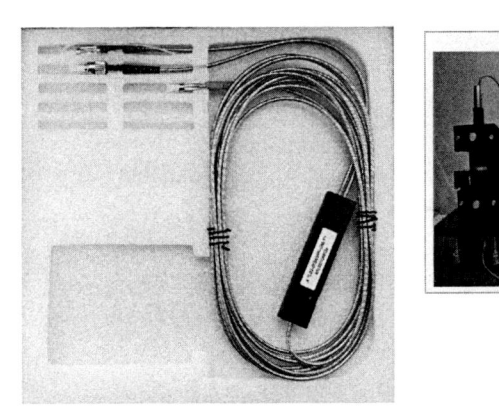
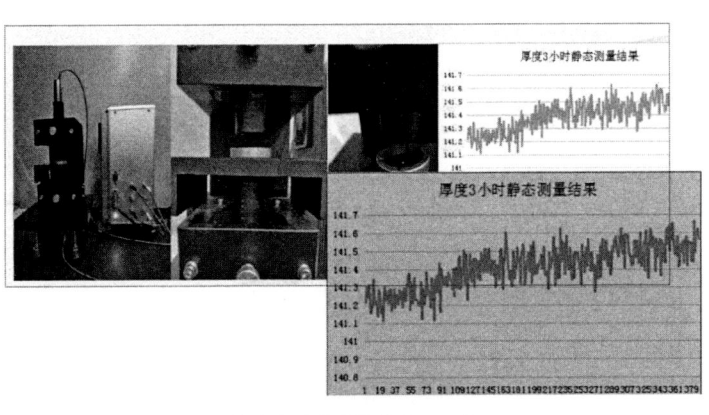

(A)PLC型1×2光分合链路器件照片　　　　(B)光谱共焦传感系统照片

图7　1×2光分合链路在光谱共焦传感系统上的应用

3.4 智能电网的应用

智能电网中特高压直流变电站采用的光纤传感监测系统主要采用了德国西门子提供的系统方案。随着国际形式的变化，我国智能电网的全链路国产化替代也被提上了日程。在该光纤传感系统中，多模5×16光分路器是光链路的核心器件之一，且技术门槛较高，前几年国内一直未能实现突破，成为该系统全国产化的"卡脖子"技术之一。影响该器件性能的主要指标为插入损耗和均匀性，其中均匀性是国产熔融拉锥器件一直难以突破的指标。我们采用星形耦合器结构设计了一体成型的5×16光路，对比级联Y分支的方案，能显著缩短器件尺寸、改善器件各端口的均匀性、降低器件的插入损耗，如图8所示。

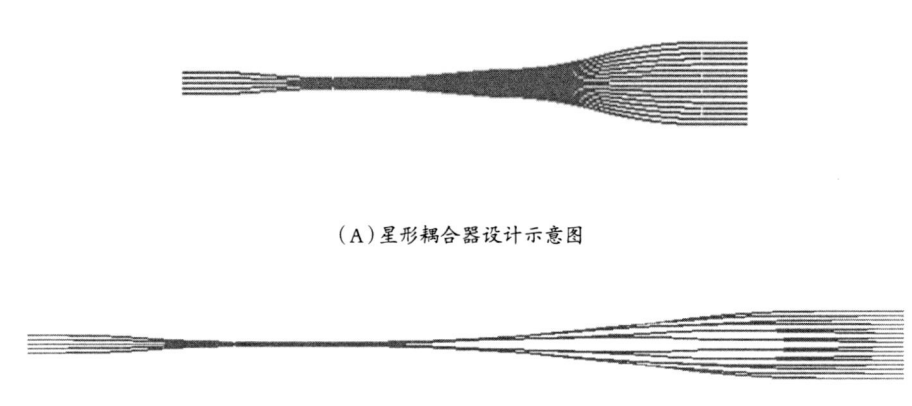

(A)星形耦合器设计示意图

(B)Y分支级联设计示意图

图8 多模5×16光分路器的两种设计对比

经过后续优化设计后，器件的性能指标已经与西门子多模5×16光分路器相当（如表2对比所示），成功实现了国产技术的弯道超车。

表2 多模5×16光分路器的主要技术指标对比

分路器 类别/品牌	插入损耗 (dB)	均匀性 (dB)	回波损耗 (dB)	方向性 (dB)
PLC型 中国常州光芯	≤15.5	≤2.0	≥50	≥50
熔融拉锥型 德国西门子	≤16.0	≤2.3	≥40	≥40
行业标准	≤16.0	≤2.5	≥40	≥40

3.5 未来的应用空间

未来,多模光纤系统的应用场景还将不断发展壮大,目前的家用光纤链路、交通工具的光纤系统等新场景也在积极寻求多模光纤系统的解决方案,同时,特种多模光纤的使用场景也越来越广泛。其中,只要涉及多模光纤链路的分合,PLC 型多模光分路器都能发挥相应的作用。同时,PLC 型多模光分路器更多规格的开发研制,也在为多模光纤系统的应用发展不断赋能。

4. 结论

本文从分析多模光纤系统适配的 PLC 型多模无源光器件的制备技术出发,简要介绍了适用于 PLC 型多模无源光器件制备的玻璃基离子交换技术,以及 PLC 型多模无源光分路器的应用场景和其潜在的应用价值。未来,PLC 型多模无源光分路器将在光纤通信网、生物医疗、工业传感、电力、交通以及家用等领域拥有广泛的应用前景。

参考文献

[1] 张艳敏,张万春. 通信用石英系多模光纤的技术发展 [J]. 光纤与电缆及其应用技术, 2012(3): 1-7+14.DOI:10.19467/j.cnki.1006-1908.2012.03.001.

[2] Research And Markets. Global Multimode Optical Fiber Market Analysis 2014-19 and forecast 2020-24.

[3] 田耕,魏粉妮. LED 光源在医疗技术中的应用及发展现状 [J]. 中国高新技术企业,2014(7): 43-44.DOI:10.13535/j.cnki.11-4406/n.2014.07.021.4.

[4] 胡黎明. 近红外大功率半导体激光治疗仪及其应用研究 [D]. 中国科学院研究生院(长春光学精密机械与物理研究所),2012.

[5] [1] 吴雨晴. 光谱共焦位移测量系统的研制 [D]. 北京交通大学,2023.DOI:10.26944/d.cnki.gbfju.2022.003482.

[6] Zakrzewski A, Jurewicz P, Koruba P, Ćwikła M, Reiner J. Characterization of a chromatic confocal displacement sensor integrated with an optical laser head[J]. Applied optics, 2021, 60(11): 3232-3241.

作者简介

郑伟伟:常州光芯集成光学有限公司总经理、总工程师。毕业于浙江大学,获博士学位。攻读博士期间主要从事集成光波导技术、玻璃基集成光学芯片的研究。为西安国际光电子集成技术论坛专家智库成员。主持省科技厅项目 1 项、市创新项目 4 项,参与省、市创新项目 4 项,已有多个项目实现产业化。累计发表学术论文 8 篇,获国家发明专利授权 13 项、实用新型专利 18 项。

面向激光雷达应用的硅基光学相控阵关键技术研究
Research on Key Technologies of Silicon-Based Optical Phased Arrays for LIDAR Applications

杨建义

杨建义　周之琰　王曰海
（浙江大学，浙江杭州310058）

摘　要：近年来自动驾驶、自由空间光通信和全息成像等商业应用场景的快速发展催生了对高精度、高集成度、低成本的三维智能传感器的需求。传统机械式传感器受限于体积大、扫描速度慢、扫描方式固定、成本高等问题难以大规模商用。硅基光学相控阵技术（Optical Phased Array, OPA）以其全固态、体积小、扫描迅速、扫描方式灵活、与CMOS工艺相兼容等特点成为实现高性能、低成本传感器的热门方案之一。本文从光相控阵的发展现状、片上相位校准关键技术、存在的机遇与挑战等三个方面展开介绍。

关键词：硅基光电子集成　激光雷达　全固态扫描器　光相控阵

1. 引言

近年来，随着物联网和人工智能时代的来临，无人驾驶、自由空间光通信、智慧医疗、智能机器人等商业化领域迅速发展。传感器作为智能化移动终端和信息交互过程中必不可少的核心器件，其性能至关重要。智能化设备的爆炸式增长催生了对高精度、小型化、低成本的三维智能传感器的迫切需求。据预测仅无人驾驶领域中的激光雷达这一品类，到2025年市场规模将超过135亿美元，保持65%以上的复合增长率。伴随着卫星通信、城市智慧大脑、地图建模等公共领域的发展，智能传感器的规模有望很快突破千亿。图1-1展示了三维智能扫描器在民用和军用方面的一部分应用场景。

光束成形和扫描是传感器的核心功能。通过在空间中聚焦形成一个具有高度指向性的光束，并控制其在一定范围内重复转向以实现光束扫描。低发散角、高辐射功率、可快速实现大范围任意角度扫描的光束扫描方案是目前研究的热点之一。

高集成度的OPA技术是全固态激光雷达和自由空间光通信等领域中最具有希望

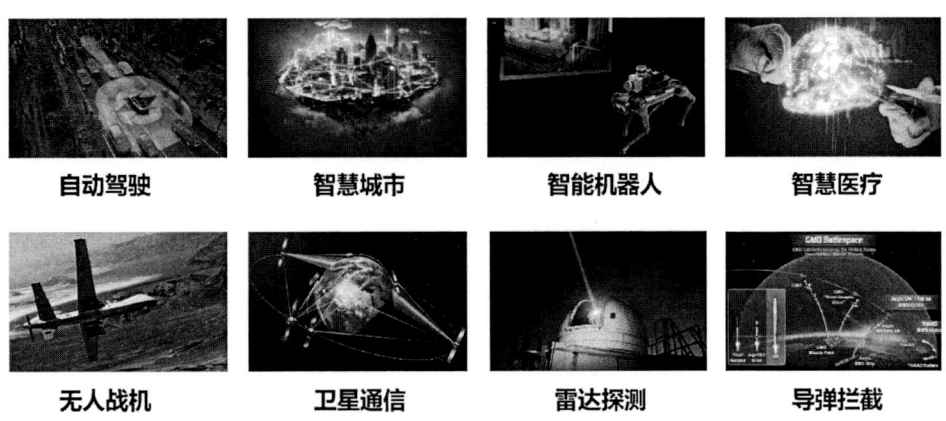

图1-1 智能三维扫描器的应用场景

的方案,可以满足小型化、低成本、高精度的灵活扫描,目前已经在液晶、铌酸锂(LiNbO3)、GaAs/AlGaAs 等不同材料领域报道了 OPA 技术的实现。近年来,随着硅基光子学的发展,基于硅基材料的多种器件和平台技术日渐成熟,在硅基材料上实现 OPA 成为众多科研人员的努力方向。

2. 光学相控阵片上相位校准关键技术

2.1 光相控阵片上相位校准

OPA 必须保证合成波束指向的准确性才能实现可靠目标探测,这要求必须准确控制各个辐射天线阵元之间的相对相位。受工艺加工精度和环境温度变化的影响,相位误差不可避免,并会导致合成波束形状畸变和指向角度不准。因此,要保证波束指向的准确性和可靠性,关键在于对波导阵列中多模场相位和强度特征进行实时表达提取,并且建立反馈控制机制对偏转角进行自适应调整,保证出射角精准指向和系统稳定工作。

我们通过研究和对比相移后的多波束在三维自由空间和片上二维平面上的传播规律,建立片上相位信息与自由空间辐射远场之间的映射机制和器件结构,提出了基于 MMI 和片上光电探测器(Photo-Diode,PD)的相位监控机制,通过观察片上相干的强度分布反映相控阵辐射远场,完成对合成波束出射方向的自适应实时校准。接着基于此架构设计并制备了基于对称 MMI 和片上 PD 的 32 路相位检测 OPA 芯片与基于级联 MMI 和片上单 PD 的 32 路相位检测 OPA 芯片。进一步,对芯片中的单元器件进行性能评估与分析,完成芯片光电封装和整体性能测试,演示了相位检测系统的效果。

2.2 基于对称多模耦合干涉仪和片上探测器的相位检测架构

要对 OPA 在实际使用过程中产生的动态相位误差进行实时在线补偿,需要在 OPA 芯片上引入相位监控机制。目前已有的 OPA 片上相位校准方案能检测的远场光斑数量被片上集成的 PD 所限制,这导致在扫描范围内只能检测确定的有限个辐射角度,无法实现连续的扫描。为实现扫描范围内任意辐射角度校准，提出了如图 2-1 所示的具有片上相位监测功能的 OPA 芯片架构。通过观察片上多波束相位相干的强度分布反映 OPA 辐射远场，完成对合成波束辐射方向自适应实时校准。

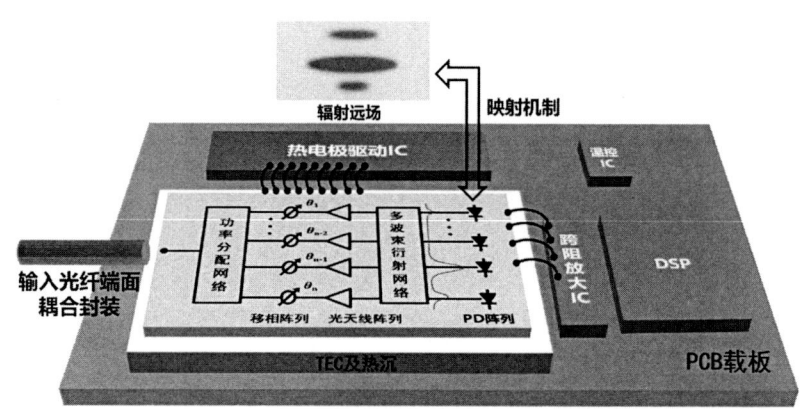

图 2-1　带有片上监测功能的 OPA 芯片结构示意图

光耦合进入芯片后，首先进行光功率分配，然后进入移相器阵列和光天线阵列。为了对各阵元的相对相位进行监控，设计波导光栅天线时控制其长度和对外辐射效率，保证剩余少量能量（~10 %）用于片上相对相位监测。由于光波的相位无法直接检测，只能由干涉强度信息间接反映，因此在光天线阵列之后设置多模场的干涉网络。片上不同传输路径的多个光束在此区域内进行干涉，干涉结果由探测器阵列进行强度探测，根据探测结果即可推断出各阵元之间的相对相位信息。当 OPA 波束指向 0°时，所有波导的初始相位相等，即相位差都等于 0。此时复合路输出光强为两条相邻耦合光路的光强之和，即对应 PD 的输出电流最大值。若忽略移相器热串扰的影响，每个 PD 输出随着两路光相位差的变化呈现出固定的周期性，那么可以根据当前 PD 输出信号偏离最大信号点的相对位置来逆向映射出当前各路光栅天线辐射光的相对相位差。结合相控阵理论和光波导理论，由此可以实时分析 OPA 辐射远场图案与片上 PD 阵列输出之间的映射关系，以 PD 阵列的输出作为反馈控制信号来判断和控制光束指向，实现对波束偏转角的实时自适应调整。

这里使用 MMI 对两束光进行干涉。如图 2-2 所示，干涉网络由两组对称分布的 MMI 组成，设每个光栅辐射后进入干涉单元的光强为 I_{in}，被第一级 MMI 均匀地分成两部分后分别与相邻两路光栅分出的能量在第二级 MMI 中合并。

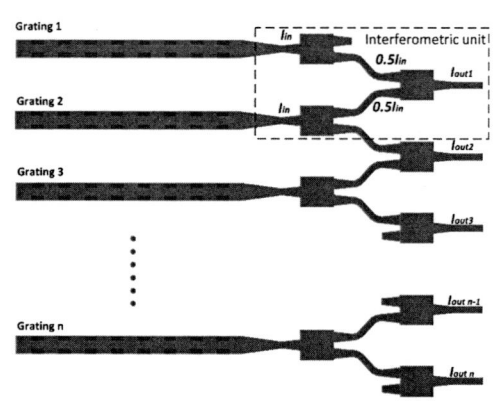

图 2-2　基于多模干涉耦合器的干涉网络原理图

3. 单元器件性能测试

（1）光栅耦合器性能测试

使用 AMF 公司的 TE 模光栅耦合器 PDK 文件，工作波段为 C 波段。我们对双端光栅耦合器进行波长 - 输出功率扫描，测试结果如图 2-4 所示。可以看到，中心波长约为 1559 nm，1 dB 光学带宽大约为 35 nm，双端器件插入损耗最低为 -6.9 dB。

（2）高效热光移相器

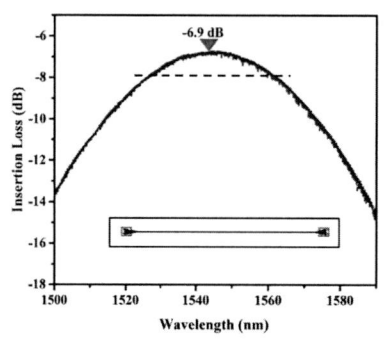

图 2-3　耦合光栅性能测试

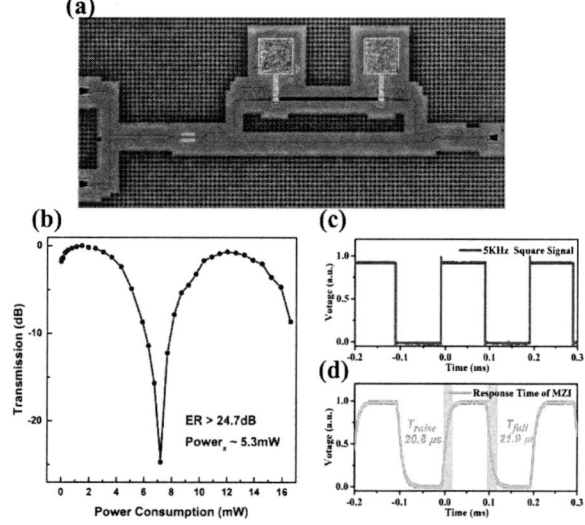

（a）非等臂 MZI 结构显微镜图；（b）测量的 MZI 调制曲线；（c）5KHz 方波驱动信号波形；（d）MZI 响应时间

图 2-4　高效率热光移相器性能测试结果

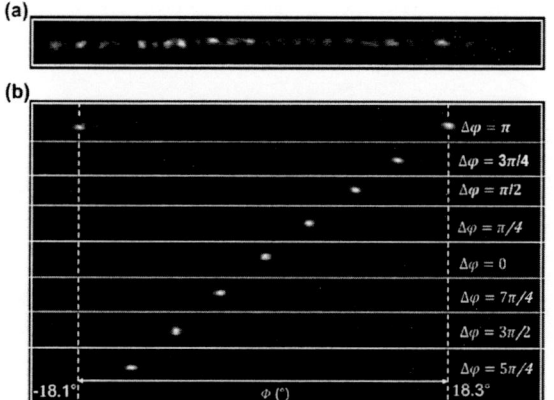
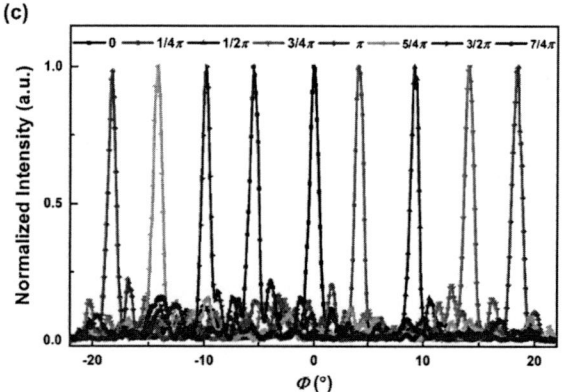

（a）相位未校准时；（b）1550 nm 下通过片上相位校准系统，优化的 Δφ=0、π/4、π/2、3π/4、π、5π/4、3π/2 和 7π/4 时的远场光斑；（c）不同相位差的远场光斑对应的主瓣能量沿 Φ 方向截面图

图 2-5　32 路 OPA 芯片远场光斑

4. 存在的机遇与挑战

目前激光雷达的发展正在由传统机械式走向半固态集成，最后直至全固态芯片化。芯片级扫描器是实现全固态激光雷达最具挑战的光电集成芯片之一，目前光相控阵技术方案依然不成熟，技术路径多样。

支撑光电子芯片开发的基础半导体工艺十分重要，一定程度上决定了器件的性能和潜力上限。

此外，突破先进光电集成封装/测试技术，将激光器、探测器、扫描器以及相关电芯片混合集成，并满足车规级应用，也是重要的挑战之一。

有效地将Ⅲ-Ⅴ族材料、宽禁带半导体材料、Pockels 电光材料等同硅基光子学的混合集成，或将会为面向激光雷达应用的硅基光子器件带来新的可能性。

参考文献

[1] Poulton C V, Russo P, Timurdogan E, et al. High-performance integrated optical phased arrays for chip-scale beam steering and lidar[C]//CLEO: Applications and Technology. Optical Society of America, 2018: ATu3R. 2.

[2] Byrd M J, Poulton C V, Khandaker M, et al. Free-space communication links with transmitting and receiving integrated optical phased arrays[C]//Frontiers in Optics. Optical Society of America, 2018: FTu4E. 1.

[3] Mohanty, A., Li, Q., Tadayon, M.A. et al. Reconfigurable nanophotonic silicon probes for sub-millisecond deep-brain optical stimulation[J]. Nature Biomedical Engineering, 2020, 4(2): 223–231.

[4] Phang R Y, Lee W K, N Matsuhira, et al. Enhanced Mobile Robot Localization with Lidar and IMU Sensor[C]//IEEE International Meeting for Future of Electron Devices. 2019: 71-72.

[5] J. He, T. Dong and Y. Xu. Review of Photonic Integrated Optical Phased Arrays for Space Optical Communication[J]. IEEE Access, 2020(8): 188284-188298.

[6] Li J, Wang Y.J. Smart Cities, Smart Transport, Smart Vehicles(SCSTSV) in China-Development Strategies, System Architecture and Market Application[J]. Automotive Digest(Chinese), 2021(3): 1-7.

[7] K. Zhao, et al. 3D Vehicle Detection Using Multi-Level Fusion From Point Clouds and Images[J]. IEEE Transactions on Intelligent Transportation Systems, 2022, 23(9): 15146-15154.

[8] 刘成岳，陈美霞．激光雷达在军事及民用中的应用 [J]．现代物理知识，2006, 18(3):2.

[9] 赵建川．激光相干探测在国防及军事应用中的表现 [J]．光电技术应用，2019, (1):6.

[10] 张腾飞，张合新，等．激光制导武器发展及应用概述 [J]．电光与控制，2015, 22(10).

作者简介

杨建义：浙江大学二级教授、博士生导师。现任浙江大学杭州国际科创中心主任，兼浙江大学微纳电子学院常务副院长。为科技部国家重点研发计划信息光子技术实施方案专家组专家。长期从事集成光电子芯片及其应用研究，包括基本理论、基本功能与器件结构和制作工艺等；利用集成光学材料的特性，探索各种光电功能结构及其平面集成。承担多项国家自然科学基金、863、973项目以及国家重点研发项目等。发表SCI收录论文上百篇，发明专利50余项。与北京大学合作，将微小型偏振控制器件用于遥感检测，于2015年获得国家技术发明二等奖。

周之琰

周之琰：博士，师从杨建义教授，专业为电子科学与技术。攻读博士期间主要从事硅基集成光电子、硅基光学相控阵研究。

王曰海

王曰海：浙江大学副研究员，浙江大学绍兴研究院信创分中心副主任。主要从事硅基调制器研究，承担或参与国家重点研发计划、国家自然基金、企业横向等各类项目20多项。在Optics Letters、IEEE Photonic Letters、CLEO、OFC等期刊和会议上发表有关硅基光子方向的研究成果计30余篇；获授权发明专利10余项。

超宽带光纤通信系统关键技术
Key Technologies of Ultra-Wideband Optical Communication Systems

诸葛群碧

诸葛群碧　胡卫生

（上海交通大学电子工程系，上海200240）

> **摘　要**：随着第五代移动通信、云计算、高清视频和人工智能等新兴技术的快速发展，对通信网络容量的需求持续高速增长。目前，基于C波段的光纤通信系统容量逐渐逼近极限，开发新的光纤通信波段成为进一步提升网络容量的主要路径之一。本文详细探讨了基于多波段传输的超宽带光纤通信系统所需的关键技术，包括系统建模、系统优化以及系统部署等。
>
> **关键词**：超宽带光纤通信系统　光纤非线性建模　多波段光放大器　多波段系统优化

1. 引言

光纤通信系统已经成为现代社会不可或缺的通信基础设施，其高带宽、大容量和高速率的特性为信息传输提供了强有力的支持。事实上，全球超过90%的通信流量都是通过光纤网络进行传输的。在光纤通信系统最初投入使用时，C波段因其较低的信号损耗成为主要的传输窗口；然而，随着第五代移动通信、云计算、高清视频和人工智能等新兴技术的快速发展，对通信网络容量的需求迅速增长，基于C波段的光纤通信系统已无法满足要求。

在目前的光纤铺设基础上，如何进一步提升网络容量和性能，成为通信领域亟需解决的问题。为了应对这一挑战，开发新的光纤通信波段成为提高网络容量的关键途径（如图1所示）。然而，从现有的C波段光纤通信系统向多波段系统的升级面临着诸多挑战。本文详细探讨了多波段光纤通信系统所需的关键技术，包括系统建模、系统优化以及系统部署等多个方面。

四　光纤通信科学技术发展

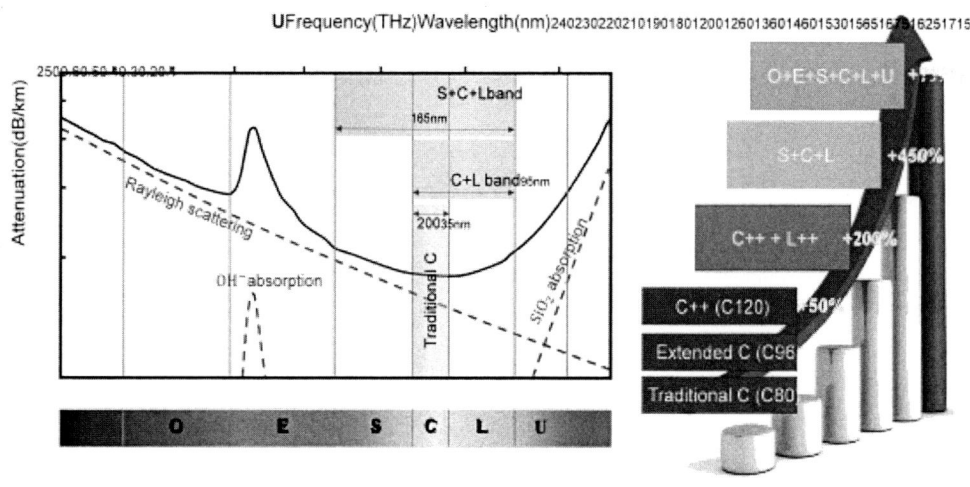

图1　光通信传输波段与演化路径

2．多波段系统的传输性能

C 波段作为光纤通信主窗口，是最常用的通信波段之一。由于 C 波段的波长范围为 1530—1565nm，多波段扩展首先考虑的是与 C 波段相邻的波长范围为 1565—1625nm 的 L 波段。当光纤通信系统由 C 波段扩展到 C+L 波段传输时，一个重要的问题是信道内受激拉曼散射（Inter stimulated Raman scattering, ISRS）造成的性能劣化，ISRS 效应会导致信号功率从高频区域转移到低频区域。具体而言，在 C+L 波段传输过程中，C 波段信号的功率会转移到 L 波段信号上，进而导致传输性能劣化，影响通信质量。

此外，需要根据多波段系统的波段范围来选择合适的放大器类型。如图 2 所示，不同类型光放大器在工作波长范围上有所差异[1]。常见的稀土掺杂光纤放大器（Rare-earth doped fiber amplifiers, X-DFAs）、半导体光放大器（Semiconductor optical amplifier, SOA）、光参量放大器（Optical parametric amplifier, OPA）通常只能在特定的波长范围内工作，且 X-DFAs 和 SOA 的噪声系数较大，这意味着它们会产生更多的自发辐射噪声，从而影响传输性能。相比之下，拉曼放大器可以在不同的波长范围

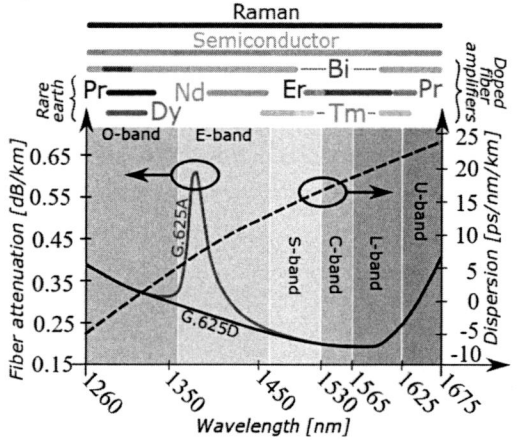

图2　不同类型光放大器的工作波长范围

内实现信号放大，且具有较低的噪声系数，这使得它能够同时支持多波段系统中的多个不同波长信号，为多波段通信系统提供了更好的放大器选择。

3. 多波段系统的建模问题

3.1 光纤非线性建模

光纤链路中的非线性效应包括自相位调制（Self-phase modulation, SPM）、交叉相位调制（Cross-phase modulation, XPM）、四波混频（Four-wave mixing, FWM）、受激拉曼散射（Stimulated Raman scattering, SRS）以及受激布里渊散射（Stimulated Brillouin scattering, SBS）等。其中，SPM、XPM、FWM 这三种非线性效应合称为克尔非线性效应，它们带来了主要的非线性干扰。在多波段系统中，由于频谱范围较宽，SRS 效应也对传输性能产生较大影响。光纤传输的非线性效应可以由非线性薛定谔方程（Nonlinear Schrodinger equation, NLSE）来描述，但由于非线性薛定谔方程不存在解析解，这使得精确的光纤建模十分困难。因此，只能基于一定的假设，求解非线性薛定谔方程的数值解或近似解。

对于工作在 C 波段的光纤通信系统，常用的分析工具包括分步傅里叶模型（Split-step Fourier method, SSFM）和高斯噪声模型（Gaussian noise model, GN model）。然而，多波段系统的超大带宽对这两种方法的应用造成一定阻碍。在分步傅里叶模型中，光纤被离散化，并且假设每个小段中的线性效应与非线性效应相互独立，从而在时域和频域分别考虑色散和非线性效应的作用。当步长选取足够小时，分步傅里叶方法的解逼近于非线性薛定谔方程的解。但该方法需要时域-频域之间的大量切换，在超宽带情况下，这会导致计算复杂度大大增加，难以实现。在高斯噪声模型中，传输信号被假设为在统计上是高斯平稳的，而非线性噪声被视为加性高斯噪声，且非线性噪声的功率相较于信号功率非常微弱。基于以上基本假设，高斯噪声模型可以提供解析表达式，用于粗略估计非线性噪声的大小。然而，在超宽带的多波段传输系统中，完整的解析表达式的计算复杂度非常高。此外，由于拉曼放大器的应用，信号功率沿光纤的传播特性会发生变化，这导致闭式解的推导更加复杂。

为了更准确地对多波段系统中的非线性干扰进行建模，在研究工作[2]中，进一步考虑了交叉相位调制的修正，提出了增强高斯噪声模型（Enhanced Gaussian noise model, EGN model）。此外在研究工作[3,4]中，进一步考虑分布式拉曼放大，在高斯噪声模型的基础上进行扩展。然而，要实现一个综合考虑拉曼放大、异构光纤、自相位调制修正等多种因素的闭式解表达式，仍然需要进一步的探索与研究。

3.2 光放大器建模

对光放大器的精确建模是多波段光纤通信系统建模的重要组成部分。从放大方式的角度来看，光纤通信系统采用了集总式放大、分布式放大和混合式放大这三种方式。集总式放大通过在特定位置引入放大器来补偿信号传输中的衰减。主要放大器类型为掺铒光纤放大器（Erbium-doped fiber amplifier, EDFA），但其增益曲线带宽有限，仅适用于 C 或 L 波段。分布式放大通过在光纤链路中引入分布式放大器，利用拉曼增益效应来实现信号增强。拉曼放大器具有宽增益曲线和多个拉曼泵浦，可以灵活地应用于不同光谱窗口中，且具有更低的噪声系数。然而，相较于集总式放大，拉曼放大器可能引起更严重的光纤非线性效应。这是因为光信号在传输过程中光功率更大，导致非线性效应进一步加强。为此，混合式放大将 EDFA 和拉曼放大器相结合，在实现信号放大的同时减少非线性干扰。

从建模对象的角度来看，对光放大器的建模可以分为两种主要方式：单独的器件建模与整体的端到端建模。器件建模关注每个独立的放大器器件，如 C 波段 EDFA、L 波段 EDFA 以及拉曼放大器等。端到端建模关注整个光纤链路中光放大器带来的增益效应。

从建模方法的角度来看，传统的理论模型基于一定的假设，存在准确度受限且计算复杂的缺点。而机器学习模型表现出高准确度和高速度的优势，但在确保模型泛化性方面需要大量的数据支持。因此，提升光放大器建模的准确度和泛化性成为重要研究方向。在研究工作[5]中，采用了以贝叶斯理论为基础的主动学习方法，实现了 EDFA 的建模。该方法通过收集最具描述性和有效性的数据，在减少数据量的同时可以提升模型性能。在研究工作[6]中，通过提取拉曼放大器增益曲线形状相似的物理特征，将传统模型与机器学习模型相结合，实现高精度高泛化性的灰盒建模。

4. 多波段系统的优化问题
4.1 光功率优化

光功率是光纤通信系统中的重要参数，一直受到学术界的广泛关注。在 C 波段光功率优化问题中，研究工作[7]将光功率优化问题抽象为最优化数学模型，并成功证明了针对"最大化信道总容量"和"最大化最小信道余量"这两种优化目标的问题均为凸问题。然而，在多波段通信系统中，由于考虑到 ISRS 效应的影响，广义信噪比（General signal-noise ratio, GSNR）的优化问题变为了非凸问题。在研究工作[8]中，通过固定受激拉曼散射带来的增益，将原始的非凸问题转化为凸问题，并使用梯度下降的优化算法寻找局部最优解，然后通过放松这个假设，在局部最优解的邻域中寻找可能的全局最优解。

4.2 放大器优化

光放大器的增益曲线和噪声特性影响光纤通信系统的传输带宽和整体性能，因此在多波段传输系统中，光放大器的参数优化至关重要。

在高斯噪声模型中，当 ASE 噪声功率为非线性噪声功率的两倍时，系统的性能达到最佳。研究工作[9]基于这一理论，提出了基于登山法的启发式算法，实现 EDFA 增益和增益斜率参数的最优化配置。

研究工作[10]训练了两个神经网络模型，分别是正向预测模型和反向设计模型。其中，正向模型实现泵浦电流到增益的映射，反向模型实现增益到泵浦电流的映射。基于梯度下降算法，该工作实现了拉曼增益谱线的优化配置。

如图3所示，研究工作[11]提出了一种以C+L波段传输系统GSNR最大化为优化目标的拉曼泵浦配置优化框架。该工作利用人工神经网络对拉曼放大后的GSNR进行建模，并采用梯度下降算法搜索最佳的拉曼泵浦配置；结果表明，利用神经网络进行GSNR预测的误差小于0.16dB，而通过优化框架获得的平均GSNR增益达到0.54 dB。

5. 多波段系统的升级问题

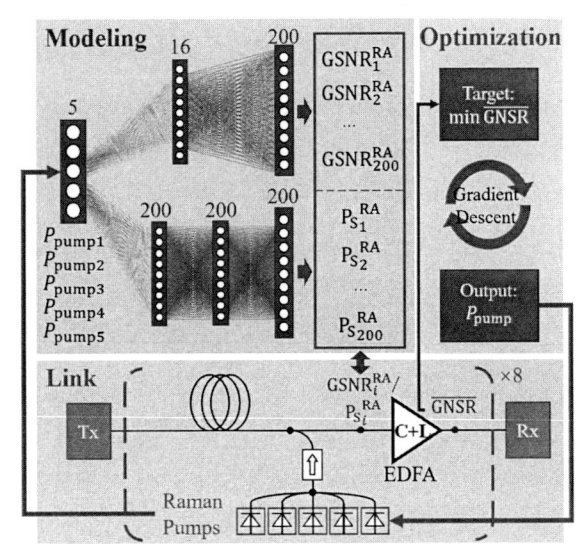

图3 拉曼泵浦配置优化框架

将现有的光纤通信系统升级至多波段光纤通信系统，面临着一系列复杂而关键的工程问题。一是频谱资源的分配问题。随着网络容量的提升，如何有效地分配频谱资源成为一个关键问题。研究工作[12]关注了C波段到C+L波段网络链路升级过程中的资源有效配置问题，结果表明，重新配置较短的光路是最具成本效益的升级策略。二是波段选择问题。研究工作[13]从C+L波段系统出发，分析了基于S波段和E波段的网络升级，结果表明升级到E波段不仅可以提供流量增长，还减少了C+L波段信道的重新配置需求。研究工作[14]分析了多个波段的最佳利用策略，结果表明使用U波段来代替S波段的后半段能够增加网络容量并降低成本。三是系统升级问题。在研究工作[15]中，采用了基于多目标进化算法的优化方法，以最差网络性能和升级放大站点数量为目标，提出系统升级方案；经过仿真实验，该算法实现了最差网络性能的提升，并节省了79.1%的成本开支。

6. 总结

随着新兴信息技术的高速发展，光纤通信网络容量的需求迅速增长。然而传统的C波段光纤传输系统已逐渐接近其容量上限，难以满足日益增长的通信需求。为了应对这一挑战，探索新的光纤通信波段成为提升网络容量的至关重要的路径。本文深入探讨了多波段超宽带光纤通信系统面临的关键挑战，涵盖了传输性能、系统建模、系统优化以及系统升级等多个方面。

参考文献

[1] Lutz Rapp and Michael Eiselt. Optical Amplifiers for Multi–Band Optical Transmission Systems[J]. J. Lightwave Technol., 2022(40): 1579−1589.

[2] P. Poggiolini and Y. Jiang. Recent Advances in the Modeling of the Impact of Nonlinear Fiber Propagation Effects on Uncompensated Coherent Transmission Systems[J]. J. Lightwave Technol., 2017, 35(3): 458-480.

[3] Daniel Semrau, Gabriel Saavedra, Domaniç Lavery, Robert I. Killey, Polina Bayvel. A Closed-Form Expression to Evaluate Nonlinear Interference in Raman-Amplified Links[J]. J. Lightwave Technol., 2017, 35(19): 4316-4328.

[4] H. Buglia, M. Jarmolovičius, A. Vasylchenkova, E. Sillekens, L. Galdino, R. I. Killey, P. Bayvel. A Closed-Form Expression for the Gaussian Noise Model in the Presence of Inter-Channel Stimulated Raman Scattering Extended for Arbitrary Loss and Fibre Length[J]. J. Lightwave Technol., 2023, 41(11): 3577-3586.

[5] Liu X, Chen Y, Zhang Y, et al. Physics-informed EDFA Gain Model Based on Active Learning[J]. arXiv preprint arXiv, 2022: 2206.06077.

[6] Zhang Y, Liu X, Liu Y, et al. A Grey-box Launch-profile Aware Model for C+ L Band Raman Amplification[J]. arXiv preprint arXiv, 2022: 2206.12416.

[7] Ian Roberts, Joseph M. Kahn, David Boertjes. Convex Channel Power Optimization in Nonlinear WDM Systems Using Gaussian Noise Model[J]. J. Lightwave Technol., 2016, 34(13): 3212-3222.

[8] Ian Roberts, Joseph M. Kahn, James Harley, David W. Boertjes. Channel Power Optimization of WDM Systems Following Gaussian Noise Nonlinearity Model in Presence of Stimulated Raman Scattering[J]. J. Lightwave Technol., 2017, 35(23): 5237-5249.

[9] S. E. Landero, I. F. de Jauregui Ruiz, A. Ferrari, D. Le Gac, Y. Frignac, G. Charlet. Link Power Optimization for S+C+L Multi-band WDM Coherent Transmission Systems[C]// in Optical Fiber Communication Conference (OFC). 2022: paper W4I.5.

[10] F. Da Ros, U. C. de Moura, R. S. Luis, G. Rademacher, B. J. Puttnam, A. M. Rosa Brusin, A. Carena, Y. Awaji, H. Furukawa, D. Zibar. Optimization of a Hybrid EDFA-Raman C+L Band Amplifier through Neural-Network Models[C]// Optical Fiber Communication Conference (OFC). 2021: paper Tu1E.5.

[11] Yihao Zhang, Xiaomin Liu, Ruoxuan Gao, Lilin Yi, Weisheng Hu, Qunbi Zhuge. Raman Pump Optimization for Maximizing Capacity of C+L Optical Transmission Systems[J]. J. Lightwave Technol., 2022, 40(99): 7814-7825.

[12] T. Ahmed, S. Rahman, A. Pradhan, A. Mitra, M. Tornatore, A. Lord, B. Mukherjee. C to C+L Bands Upgrade with Resource Re-provisioning in Optical Backbone Networks[C]// Optical Fiber Communication Conference (OFC). 2021: paper W1F.7.

[13] N. Sambo, B. Correia, A. Napoli, J. Pedro, P. Castoldi, V. Curri. Transport Network Upgrade exploiting Multi-Band Systems: S- versus E-band[C]// Optical Fiber Communication Conference (OFC). 2022: paper W3F.8.

[14] R. Sadeghi, B. Correia, E. Virgillito, A. Napoli, N. Costa, J. Pedro, V. Curri. Optimal Spectral Usage and Energy Efficient S-to-U Multiband Optical Networking[C]// Optical Fiber Communication Conference (OFC). 2022: paper W3F.7.

[15] R. Gao, Y. Zhang, X. Liu, M. Chen, F. Li, L. Yi, W. Hu, Q. Zhuge. C-band to Multi-band Network Upgrade by a Multi-objective Evolutionary Algorithm-based Optimization Framework[C]// European

Conference on Optical Communication (ECOC). 2022: paper We5.57.

作者简介

诸葛群碧：博士，上海交通大学电子工程系副教授，博士生导师。2009年获浙江大学光电系学士学位，2012年和2015年先后获加拿大麦吉尔大学硕士和博士学位。2018年入职上海交通大学，主要研究方向为核心骨干网光通信、数据中心光互联和光无线融合等。在国际一流期刊和会议上发表论文170余篇，主持和参与多项科技部重点研发计划和自然科学基金项目。入选2020年《麻省理工科技评论》中国区"35岁以下科技创新35人"，指导学生获得2020年OFC康宁杰出学生论文奖等。

胡卫生：上海交通大学特聘教授，鹏城实验室双聘教授。历任区域光纤通信网与新型光通信系统国家重点实验室主任，国家863计划"中国高速信息示范网"和"高性能宽带信息网"总体组专家，国家自然科学基金委信息学科评审组专家，教育部电子信息类教学指导委员会委员，*Optics Express*、*Lightwave Technology*、*Chinese Optics Letters*、*China Communications* 等期刊编委，OFC等国际会议TPC委员等。荣获国务院政府特殊津贴、国家杰出青年科学基金，为"百千万"人才工程国家级人选、全国优秀博士学位论文指导教师、教育部创新团队负责人等。发表论文约500篇，参研成果获国家科学技术进步二等奖2项、上海市科学技术进步一等奖1项。

突破海缆关键技术，助力国际通信发展
Research submarine cable key technologies and contribute to international networks deployment

贺永涛

贺永涛
（中讯邮电咨询设计院有限公司，北京）

摘　要： 长距离越洋海底光缆是光通信皇冠上的明珠，长期以来我国通信业在海缆关键技术领域与世界一流水平之间存在较大的差距。近年来，随着国际局势的变化以及我国科技研发实力的不断增强，在先进海用光纤、海洋工程技术和装备、高性能水下部件、海缆通信系统设备等领域深入布局，取得了技术领域的长足进步，开创了一些标志性的工程业绩，促进了我国通信产业链的能力提升，有助于当前的全球海缆市场格局下我国国际通信网络的健康发展，有助于构建"数字中国"和"网络强国"。

关键词： 海底光缆　国际通信　市场格局

1. 引言

国际海缆在构筑世界范围内的信息通信网络方面起到至关重要的作用，是各沿海国家乃至内陆地区连接全球其他地区的大容量通道、因此成为现代数字经济发展和社会运行的重要基础设施。

在网络布局方面，全球目前已形成了以跨太平洋（日本—美国）、跨大西洋（北美 - 西欧）、亚太区域互联为 3 个主要方向的骨干网络架构，加之巨型互联网公司的数据中心布局选择，美国、西欧、日本和新加坡等热点区域成为主流的世界网络枢纽。当前国际海缆线路主要是这些枢纽之间的连接，或者其他国家（含我国）和地区接入这些枢纽的连接，由此确定了全球海缆网络的主要走向。

在海缆产业方面，因其要求具备超低损耗、超高可靠性、超长传输距离的技术特点，当前只有个别发达国家可掌握全产业链。同时，国际海缆的商业模式已较为固化，通常采用交钥匙总包工程建设，国外少数头部公司的合计市场份额已超过 70%，居于垄断地位。

以上情况导致发展中国家发展跨国通信、进入国际海缆行业的门槛极高。近年来，新兴市场高度重视国际海缆对于加强国际互通、促进本地发展的作用，如东南亚、中东、北欧和南美不少国家均希望吸引国际海缆在其境内登陆，但网络结构和核心技术尚是较大的制约因素。

2. 当前海缆技术的发展

国际越洋海缆是光通信领域皇冠上的明珠，也是行业关注的热点之一，发达国家的头部企业在此方面进行了大量的技术研发投入，并取得了丰硕的成果，主要体现在以下方面：

先进海底光纤继续发展。每公里衰减低至 0.150dB 及以下的光纤普遍应用，典型衰减系数可达 0.142dB 并仍在降低，同时有效面积已形成 110μm²~150μm² 的系列化产品以适应不同场景，在光纤强度、弯曲性能、成缆适应和熔接特性等方面不断改进以满足工程运用的要求。

空分复用（SDM）技术受到广泛的重视。SDM 相对传统光缆具有较大的容量提升，可在一定程度上降低通信运营成本，除了多芯技术，目前已经得到实际验证的海用 200μm 小直径光纤也可以作为 SDM 的一种形态。当前多芯光纤的最低衰减系数已可达到每公里 0.144dB，初步具备了海缆应用的能力，但尚未实现产品的归一化和标准化。

传统海底光缆的制式可能进一步演进。常规的远洋海底光缆通常采用 15kV 供电电压等级，目前先进企业正在向 18kV 乃至 24kV 方向探索，试图突破原有成熟框架，以带来更强通信能力。同时，高电压、低阻抗新制式带来的光缆直径增大、弯曲性能下降等问题，可能会引发海缆施工装备和敷设工艺方面的较大变化。

无中继海缆的传输距离和容量不断创新。目前实验室已可在超过 600km 光纤上开通 8 波 100Gbps 的 WDM 系统，单段衰减超过 92dB，4 波 800Gbps 系统无中继传输可超过 500km，实际应用中 ICE6 海缆已实现 250km 距离上单根光纤 25Tbps 的传输容量，在局部地区可替代一部分有中继海缆的应用。

系统容量快速增加。例如 2023 年 9 月开通的 Amitie 海缆连接美、英、法三国，由法国 ASN 公司承建，在跨北大西洋的 6000km 级链路上采用 16 对光纤可提供 300Tbps-400Tbps 超大容量，以先进技术和单位比特低成本对原有市场格局带来若干影响。

海缆传输系统向智能化、定制化方向演进。针对具体应用场景，选择先进的 FEC 技术、人工智能技术、适用的码率进行专项优化，以最大限度提高系统效率和降低造价，以 C+L 波段扩展、open cable 和 WSS ROADM 技术实现子波长、频谱的灵活管理和运营的便利。

3. 我国海缆通信产业的竞争力不断加强

在面临发达国家垄断的市场环境下，我国海缆技术虽然起步较晚，但相关海缆企业和科研院所依托完备的通信领域全产业链积极参与全球竞争，逐步追赶国际先进水平；经过长期努力，目前初步具备了承建越洋洲际海缆的能力，并在非洲、东南亚等区域取得了部分业绩，占据全球海缆市场份额的10%左右。例如我国承建的第一条越洋海缆SAIL项目，跨越南大西洋连接巴西和喀麦隆，长度约5800km；我国第一条超长距离洲际海缆PEACE项目连接亚非欧，实现了万公里级的技术突破，达到了世界先进水平。

近年来，我国高度重视海缆系统的设计、制造、建设、维护和运营，在技术和工程领域不断取得进展，为我国国际通信的健康发展提供了可靠的依托。我国海缆工程和技术领域的进步，取得了如下成就：

对国际海缆进行科学性研究和统筹性布局。以先进工具和人工智能算法，对海缆工程地质、路径规划、路由保护、登陆站分布、成本优化模型、故障失效分析等前瞻性课题进行了深入探索，提高了海陆缆网络的安全可靠性，实现了国际通信的便利化和高效化。

以多纤对（HFC）技术提高海缆系统容量。通过降低水下设备压降、降低导体电阻、提高供电电压和水下设备耐压水平，自行研发了PFE设备优化海缆系统的供电能力，从而实现了跨大西洋7000km级32纤对、跨太平洋15000km级16纤对的系统能力。

可提供先进可靠的Open cable解决方案。以频谱管理和WSS ROADM技术，支持多厂家传输设备接入、多业主交互管理，将系统带宽按照不同颗粒度灵活分配，以满足不同客户的需求、提高了市场竞争能力，并得到实际海缆项目的验证。

全面掌握远洋海底光缆的制备技术。针对大有效面积和/或小直径、低衰减系数的G.654海用光纤，研发试验大容量、大长度光单元的连续生产及不锈钢管激光焊、铜带氩弧焊、内外钢丝铠装等关键工艺，实现了技术突破，在机械性能、光学性能、电气性能和物理性能等方面满足远洋海缆使用要求，打破了国外厂商垄断。

增强海缆系统的维护能力。研发海底设备信息交互技术，实现了海缆中继器、光分支器的性能上报和主动控制；攻关开发和持续优化了海缆链路管理设备（SLM），掌握了COTDR相干监测技术；依托国内海工产业，采用中国产品、技术和装备，完善了海缆工程船舶和水下施工机具的配备；探讨维护领域的协同合作和乙方统一代维，加强巡检和监测，达到资源和技术共享。

针对复杂运行环境提高海缆工程技术标准。考虑到中国海域的捕捞和航运强度是世界之最，在分析海床底质的基础上提出不同的埋设需求、提升海缆建设标准，所取得的成功经验可逐步推广至其他海洋开发活动较多的国家。

上述成就的取得显著增强了我国在世界海缆领域的竞争力。与此同时，我国的海缆产业链方面还存在显著短板，目前仍不能独立制造先进G.654超低损耗海用光纤、先进海底激光器模块，且海缆用部分高可靠性原材料仍需进口。若判断有关国家可能限制先进海缆光纤、设备、器件对华出口，则需要以专项科技攻关突破海缆"卡脖子"技术短板，提升数字经济产业链和供应链的韧性。

为此，科研院所、通信设备与器件行业、光纤光缆行业应凝聚共识，发挥研发、生产和集成等方面的优势，攻克有关技术短板，将我国越洋海缆专用光纤光缆和通信系统产品提升到世界一流水平。

4. 结语

我国"十四五规划"提出打造全球覆盖、高效运行的通信基础设施体系，工信部"信息通信发展规划"要求构建通达全球的信息基础设施、加强信息通信领域国际合作，以及推进信息通信服务高水平"走出去"。本文介绍了世界海缆技术的发展和我国当前的情况，建议继续加强对先进技术的研发力度，力求突破海底专业光纤等关键技术，促进我国国际通信网络的发展。

作者简介

贺永涛：中讯邮电咨询设计院有限公司国际网络首席总师。长期耕耘于国内外光纤通信工程实践和理论研究一线，参加了多项技术标准规范和政策性文件的编制工作。

高速可见光通信进展与应用
Advances and Applications of Visible Light Communications

沈 超

沈超 迟楠

（复旦大学，上海200438）

> **摘 要**：未来6G无线网络需要为大量新兴应用提供更高的容量，并满足空、天、地、海一体化覆盖的需求。可见光通信（VLC）是一种近年来快速发展的高速无线光通信技术，有望在未来成为无线通信技术的有机组成部分。本文回顾了VLC在高速传输方面的进展，重点介绍了新器件技术、高级调制技术、基于人工智能的信号处理技术等，同时介绍了VLC的应用系统发展，展望在未来万物互联的智能时代，VLC的应用探索与广阔前景。
>
> **关键词**：可见光通信 6G 无线光通信 自由空间光通信 水下无线光通信

1. 引言
1.1 可见光通信概念与历史

可见光通信（Visible light communication，VLC）作为一种新兴的无线通信技术，以380nm—780nm可见光波段内的光波作为传输媒介，通过调制光信号来传递数据信息。其基本原理是利用发光二极管（Light Emitting Diode，LED）、激光二极管（Laser Diode，LD）等产生光信号，通过调制光强来编码二进制数据传输到接收端，再经过解调恢复。相较于传统的光纤通信，其摆脱了对光纤的依赖，成为一种新的通信范式。

1880年，亚历山大·贝尔发明了光电话，利用光线传输声音[1]，可被视为可见光通信的一种雏形。1999年，香港大学的Grantham Pang等人提出了可见光通信的概念，通过可见光传输音频信号[2]；2000年，日本研究者Yuichi Tanaka等人利用白光LED对室内可见光通信系统进行了仿真模拟和实验验证，使可见光通信步入了人们的视野并迅速发展[3]。

随着技术的进步和成本的降低，可见光通信逐渐从实验室走向实际应用领域，在车间、水下、医院、显示等方面都有许多应用空间[4]，有望在通信领域发挥越来越重要的作用。

1.2 可见光通信主要特点与优势

可见光通信具有一系列独特的优点，在特定场景和领域内表现出巨大的潜力。

绿色、节能、高效：使用 LED 等光源，不产生电磁辐射；另外，照明光源的使用实现了资源的双重利用，可减少能源消耗。

高速数据传输：光信号的频率较高，调制速度快，数据传输速率高。

抗干扰能力强：不涉及无线电频谱，不易受到其他无线设备的电磁干扰。

安全无害：可见光传输过程中不产生电磁波，减少了电磁辐射；同时，高频的光强调制，这种闪烁在人眼中不会被明显感知，不易造成人眼疲劳。

保密性强：光信号是有向传播的，更容易定向和聚焦，且其通常只在可见光线范围内传播，减少了信号被窃听的风险。

拓展频谱资源：可见光通信利用 380THz-790Thz 这一无需授权即可使用的空白频段，为通信系统增加了更多的通信通道，提升了通信的并发性和效率。

1.3 可见光通信应用场景

随着技术的不断突破和应用拓展，可见光通信技术在不同领域的交叉融合下呈现出丰富多彩的应用，为人们的生活和工作带来创新的可能性。

1.3.1 可见光通信的室内应用

定位导航：通过测量从不同光源发射出的信号到达接收器的时间差，可以计算出距离各个光源的距离，精度通常可以达到数厘米甚至更精确的水平。

信息推送：可见光通信可以提升室内无线网络的容量和覆盖范围，在特定场景中，为用户提供更智能、更便利的通信体验。

智能家居：将可见光通信嵌入智能家居系统中，可实现对家中各种设备的控制和交互，解决了智能家居接入设备多、数据流量大的问题。

1.3.2 可见光通信的室外应用

车灯通信：车辆间可相互交换位置、速度、行驶意图等信息，实现车辆间的数据传输，从而达到自动驾驶系统的协同控制和规避碰撞。

智慧城市：在街道和广场上利用原有路灯部署可见光通信系统，可实现宽带通信的覆盖。行人可以通过手机等接收灯光传输的信息，了解附近的景点、商店、交通状况等；车辆也可以接受交通信息，实现城市道路驾驶控制。

1.3.3 可见光通信的水下应用

水下勘测：在浅水区域或清澈的海域，相比电磁波，可见光仍然能够传播一定的距离，且拥有足够的数据通信容量以传输图像、视频数据，在水下探测和观测有望发挥重要作用。

水下通信：通过灯光信号传递指令和数据，实现水下任务的协调和导航，可用于水下机器人、潜水员等之间的通信。

1.4 本文组织结构

本文主要从可见光通信器件与系统的关键技术方面，介绍了高速可见光通信的进展与应用。

第一章为引言。首先介绍了可见光通信的概念与发展历程，而后阐述了其特点及优势，并针对其在不同场景中可实现的应用功能展开，说明了研究的重要意义。

第二章为可见光通信的关键技术，从器件、系统和人工智能三个方面展开介绍。

第三章为可见光通信系统应用。针对多发多收、广角和水下这三种应用方式展开介绍。

第四章为结论与展望，对本文进行总结，并提出进一步的工作展望与规划。

2. 可见光通信关键技术
2.1. 器件技术发展方向
2.1.1 光发射器件

光发射器件是影响可见光通信速率的关键器件之一。随着波分复用（WDM）技术的应用，基于高速 LD 的 VLC 可进一步提高速度。胡俊辉等人制作了一个基于紧凑型三色激光发射机（Triser-Tx）的高速 WDM VLC 系统[5]，如图 1 所示。其中红、绿、蓝三波长的 -20db 带宽最高可达 4.06/3.11/3.43 GHz，最大数据速率为 17.168/14.652/14.590 Gbps，相应的误码率（BER）为 3.68×10^{-3}、3.72×10^{-3} 和 3.46×10^{-3} 整体数据速率高达 46.41 Gbps，是已知基于 R/G/B-LD 的自由空间 VLC 系统的最高速率，为未来远程、高速激光 VLC 传输链路铺平了道路。

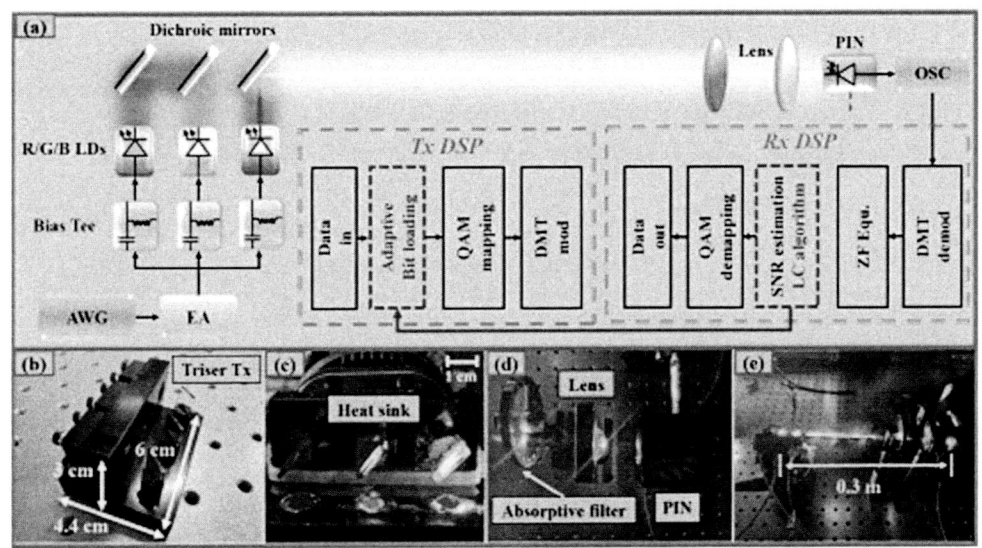

图 1 基于 WDM 技术的三色 R/G/B 高速激光器 VLC 系统[5]

多量子阱的高 In 组分"绿隙"问题一直阻碍着高性能绿光 Micro-LED 的实现。利用 c-GaN 研制的新型 Micro-LED，通过限制 ITO 层的面积，将电流限制在特定区域内，实现高电流密度，并可实现集成固态照明（SSL）、微显示和双工 VLC 功能[6]。如图 2 所示，对 80 /100 /150 μm 器件进行测试，结合位加载 DMT 调制和数字预均衡技术，采用性能最佳的 100 μm 微型 led 作为发射器件，实现了 3.59 Gbit 速率，证明了多功能微型 led 的通信潜力。为了实现具有高光功率的高速绿光发射器，王军飞等人利用 C- 平面 LED 外延片设计制作了一个直径 50 μm 的绿色 Micro-LED[7]。采用基于 Levin-Campello（LC）算法的自适应比特加载离散多音（DMT）调制，成功实现了 3.77 Gbps 以上的高数据速率，为构建大范围、高数据速率 UWOC 系统铺平了道路。

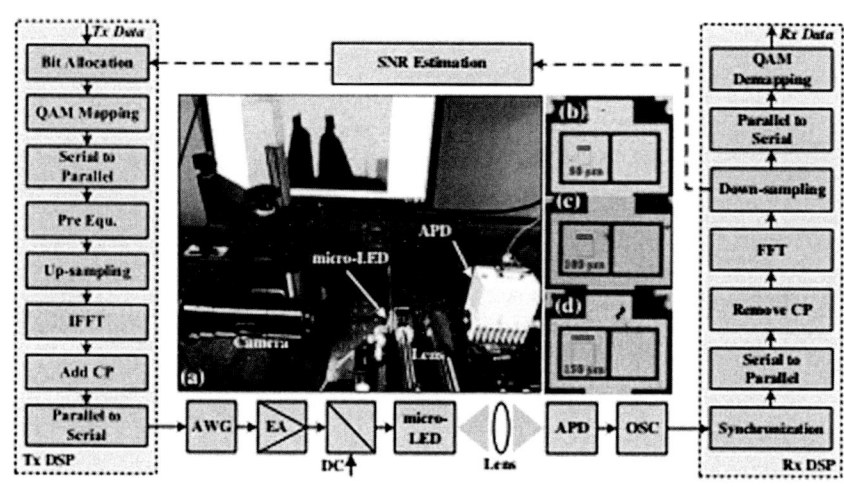

图 2　基于微型 LED 的 VLC 系统的实验装置[6]

超辐射发光二极管（SLD）是一种宽光谱、弱时间相干性、大功率、高效率的半导体器件。栗东等人利用聚焦离子束（FIB）铣削技术成功制作了一款超辐射发光二极管，结构如图 3 所示[8]。为了提高输出功率，在后端面涂上了反射率超 90% 的高反射镜，可实现传输速率为 4.57 Gbps。

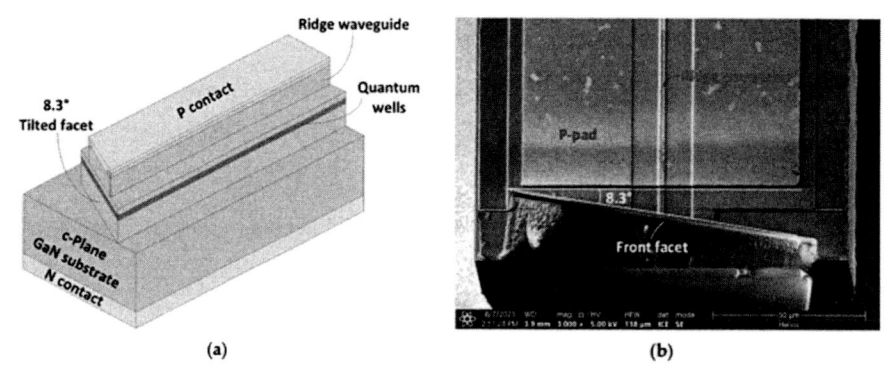

图 3　蓝光高速超辐射发光二极管的结构设计与扫描电子显微镜照片[8]

近年来关于照明安全和光对健康影响的研究引起了广泛关注,金黄光作为一种对人眼更加友好的波段走进照明市场。牛文清等设计了一种以 2×2 硅基金黄光 LED 阵列芯片作为发射端、自行设计的 2×2 PIN 阵列作为接收端的高速 2×4 MIMO CAP-16 QAM VLC 系统[9]。为了消除 ISI 和 ICI 的组合,设计了一种基于 THP 结构的新型联合 MIMO 预编码器——联合 MIMO-THP,与传统的纯联合 MIMO 后前馈均衡器和联合 MIMO 后判决反馈均衡器相比,q 因子提高了 6dB 和 2.8dB,1.5 m 自由空间传输速率达到了 5.4 Gbps。

2.1.2 光探测器件

施剑阳等人提出了一个基于 InGaN/GaN 多量子阱的垂直结构微型光电探测器(μPD)[10],研究三种不同尺寸(10、50 和 100μm)的 μPD 的光电性能。在低电流密度下,其发射峰值波长分别为 626、596 和 600nm,通带 FWHM 分别为 87 nm(375—462 nm)、72 nm(382–454 nm)和 78 nm(382—460 nm)。利用自行设计的 4×4 μPD 阵列,通过比特和功率负载 DMT 调制和数字预均衡器算法,实现 10.14Gbps 的可见光通信,如图 4 所示。

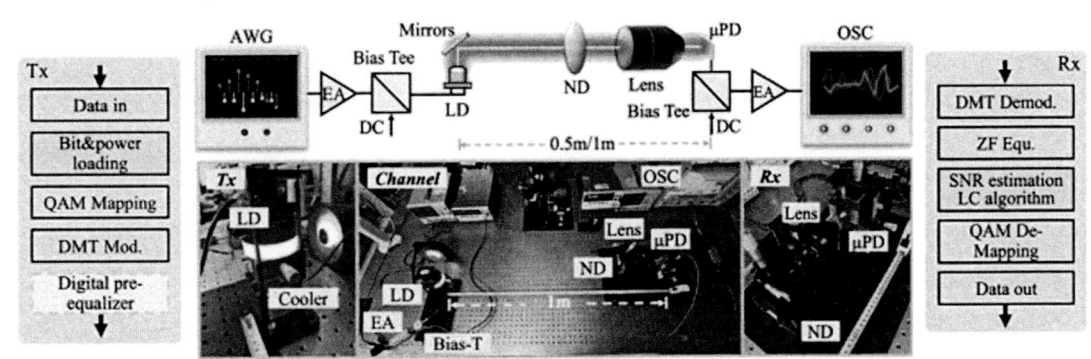

图 4 利用基于微型 LED 的光电探测器的 VLC 系统的实验装置

2.2. 系统技术发展方向

2.2.1 黄光可见光通信

为了实现高速传输,研究者基于波分复用(WDM)方法进行了大量努力。如今,基于 8 波长 WDM 的 LED 能够实现 24.25Gbps 的传输速率,然而,对基于黄光的可见光通信系统的研究仍较少。科研人员研究了高速硅衬底黄色 LED 器件,并且在具有比特功率加载 DMT 调制的基础上搭载基于数字 Zobel 网络和部分非线性预均衡器(DZNPN)的级联预均衡器网络,以进一步提高系统传输速率[11]。实验证明与未预处理的信号相比,速率从 2.818Gbps 提高到 3.764Gbps,实现了基于单个 LED 的黄光 VLC 系统有史以来报告的最高数据速率。

2.2.2 调制技术

无载波幅度和相位调制（Carrierless amplitude and phase, CAP）是一种用于信号调制的高光谱效率调制方案。对于 N 维 CAP，N 个脉冲整形滤波器（PSF）需要满足零符号间干扰（ISI）和零信道间干扰（ICI）条件。在实际的可见光通信系统中，需要采用直流平衡（DC-balanced）CAP PSF 来避免严重的低频失真。针对这一问题，科研人员讨论了基于零 ISI 和零 ICI 条件设计完美的直流平衡 N 维 PSF 的可能性[12]。研究人员设计了一组完美的直流平衡 4 维 PSF，通过基于带通可见光通信信道的仿真设置，比较奇、偶维度 PSF 的误比特率性能。实验结果表明，偶数维度（2 维或 4 维）的 CAP 的 BER 性能优于奇数维度（3 维），且新型的 4 维 CAP 与经典的 2 维 CAP 具有几乎相同的 BER 性能，可成为带通系统良好多用户调制方案的候选。

2.2.3 智能信号处理

在 MISO-VLC 系统中常会出现由高瞬时功率引起的非线性效应，可通过非线性编码技术加以解决。其中，基于非均匀叠加（nonuniform superposition, NCNS）的 36-QAM 超位置调制技术被提出并证实具有较好的效果[13]。该系统发射机包括两个 LED 独立发送信号，光探测器接收叠加的 QAM 信号，得到了不均匀概率形状的星座图。实验结果表明，与经典的 PAM-4 相比，采用 NCNS 的可见光通信系统显示出对非线性更好的鲁棒性。实验中可利用的最大峰-峰值电压（Vp-P）提升了约 16%，动态范围面积扩大了约 33%，这一结果表明该技术可通过简单有效的手段解决与信号功率相关的带宽限制，未来有望应用于水下无线光通信等大功率系统。

不仅如此，近年来，基于深度学习（DL）的调制格式识别取得了巨大成功，它解决了计算成本和模型复杂性的障碍。基于经典调制分类（CMC）的算法的互补折叠算法（CFA）被提出，它将输入神经网络（NN）的特征进行折叠和拼接，使这些特征具有大尺度和小尺度双分支感受野。在基于水下可见光通信（Underwater Wireless Optical Communication, UWOC）的实验中，CFA 在相同的网络结构和数据量下，正确率和收敛速度都有显著提高[14]。

2.2.4 紫外无线光通信

紫外光通信是指利用紫外光源进行通信的无线光通信技术，具有可支持非视距通信的独特优势；非视距（NLOS）数据链由于其独特的日盲和强散射特性，成为一种短距离的、保密的通信方案。然而，在光调制带宽、光输出功率（LOP）、光系统功耗和光利用效率等的权衡方面，没有明确哪种 LED 尺寸最佳。研究人员通过制备不同尺寸的 UVC LED，研究了器件尺寸效应[15]，取得最高 2.6 Gbps 的数据速率，器件调制带宽达 400MHz，信噪比（SNR）超过 14.5 dB。

2.3. 人工智能技术在可见光通信中应用

面对可见光通信系统中电光和光电转换引入的非线性等挑战，人工智能为可见光通信带来了创新的解决方案[16]。人工智能技术驱动着各类应用，如优化编码方案、信道仿真、MIMO、信道均衡技术等；这些技术并能实现优化决策，进一步提升了 VLC 系统性能。

2.3.1 智能光信号探测

在智能光信号探测方面，研究人员设计了一种基于非正交多频带无载波幅度和相位调制（NM-CAP）的稀疏数据到符号神经网络（SDSNN）接收器，用于带宽受限的水下可见光通信。与传统方法不同，SDSNN 接收器直接将带有 ISI 和 IBI 的数据转换为每个子带的正交幅度调制符号，用于替代后均衡、匹配滤波和 SCE-ICA[17]。实验利用了带有 3 个子带的 NM-CAP16 的基于蓝光 LED 进行，结果显示，光谱效率相对于正交多频带 CAP 情况、带有 LMS 均衡器的 NM-CAP 情况、带有联合 LMS 均衡器和 SCE-ICA 的 NM-CAP 情况，分别提高了 43%、20% 和 6%，并可实现 98% 的计算复杂度降低。

2.3.2 智能均衡

神经网络（NN）作为均衡器，在 VLC 物理层研究中逐渐占据越来越重要的地位[18]。研究人员提出三类神经网络均衡器：输入数据重构神经网络、网络重构神经网络和损失函数重构神经网络，它们能够更好地解释通信系统并反映通信模型的特性。此外，损失函数重构的神经网络仍有很大的研究空间，预期多个类别结合的神经网络将具有更好的性能。

2.3.3 深度学习

强低频噪声（LFN）对 LED 可见光通信系统中的信号质量会产生严重影响，阻碍在真实 LED-VLC 系统中实施数据驱动的端到端（E2E）深度学习方法。为了应对这一挑战，在训练 E2E 框架的信道模型时绕过了 LFN 和其他低信噪比数据的影响。深度学习的自编码器将可微分的信道模型嵌入其中，并学习对抗大部分信道失真[19]。实验中，研究人员实现了 1.875 Gbps 的速率，比基准线快 0.325 Gbps。E2E 框架对信号偏置和幅度变化具有鲁棒性，意味着在室内环境中支持调光功能。

3. 可见光通信应用系统
3.1. 从点对点（P2P）到多发多收（MIMO）

由于移动通信的实际应用要求，点对点（P2P）的通信方式已无法满足实时传输海量数据的实际需求。与 P2P 通信方式相对比，MISO 系统可使通信容量成倍增加。但 LED 和接收器的信号叠加使系统进入了非线性区域，致使误码率上升。据此，研究人员提出了可以应用非线性网格降码预编码（NL-TCP）算法来产生原始 PAM-4 的频谱和星座图[20]，较少地使用高功率电平信号以避免非线性问题的出现。实验证明，经 NL-TCP 算法从 PAM-4 转换而来的 PAM-6 信号可达到 1.1 Gb/s 速率，较好地缓解了负面影响。

MIMO 系统具有数据吞吐量大的显著优势，近年来在室内通信领域逐渐成为一项热门技术。然而，发射端总是使用简单的强度调制和直接检测（IM/DD）技术，来自不同空间的数据流混叠导致信道相关性增加。叠加码调制（SCM）技术可以有效降低信道间的相关性以增加分集编码增益，但传统的 SCM 技术多基于脉冲幅度调制（PAM），无法应用于奇数阶信号。为了克服这一缺陷，赵一衡等人提出了一种新型 SCM 方法——标量 SCM（S-SCM）[21]，并在研究中讨论了基于概率星座整形（PCS）PAM 和均匀正交幅度调制（QAM）的两种新型 S-SCM 方案。实验表明，S-SCM 的工作功率比范围是 2D-SCM 的 2.88 倍，实现了 2.385Gbps 的速率，这是目前已知的多输入单输出可见光通信系统内的最高速率。

高速 VLC 系统面临的另一挑战，是如何在 LED 有限的调制带宽下提高数据传输速率。研究人员提出了一种适用于 MIMO-VLC 系统的翻转叠加星座方案[22]，通过叠加 4QAM 和处理过的 2n-2 阶 QAM 信号来获得 2n 阶 QAM 信号，从而避免接收器中的功率竞争、降低发射器中发光二极管非线性失真的风险。实验结果表明，所提出的方案最大可达到 3 Gb/s 的传输速率，并有效降低了误码率。

3.2 广角可见光通信

基于激光的可见光通信系统数据传输速率高、传输范围广，备受研究者们关注，但由于激光束具有很高的指向性，其对采集和跟踪（PAT）机制的要求很高。研究人员提出了一种广角 VLC 系统[23]，该系统基于激光的白光发射机和以 SiPM 接收机。在利用 DMT 调制技术情况下，系统在 88°的范围内实现了高达 400 Mbps 的数据传输速率；当视场角扩展到 152°时，传输数据率仍然超过 200 Mbps。同时，其可应用于白光照明和光无线通信，为未来部署广角白光激光可见光通信系统铺平了道路。

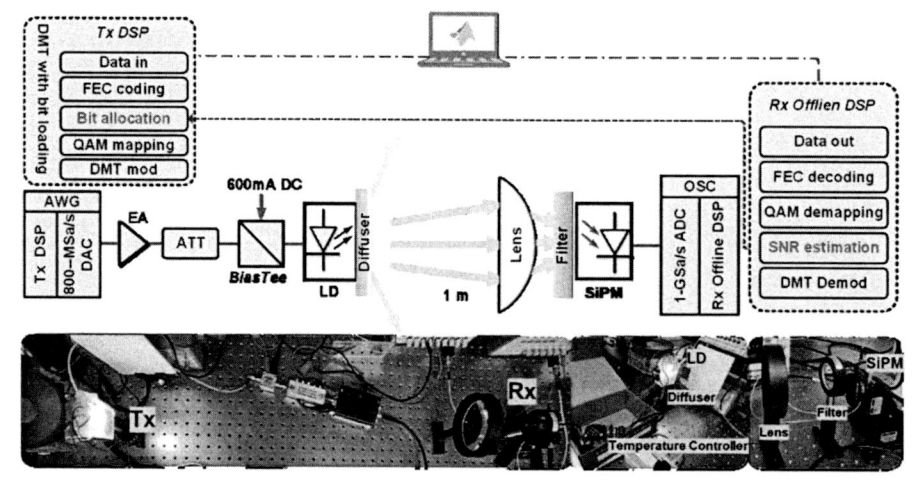

图 5　广角激光可见光通信系统结构示意图和实验照片。[23]

3.3. 水下可见光通信

水下信道往往比自由空间信道更为复杂，特别是水下信道的快速衰减效应和光电元件的非线性响应会严重降低水下可见光通信的性能。神经网络（NN）被证明是缓解非线性失真的一种有效方案，不足之处是其庞大的计算预算会限制其应用场景，尤其是在资源受限的系统中。研究人员提出并演示了一种基于自适应星座划分复值神经网络（PD-PCVNN）的方案[24]。根据接收器的失真程度将星座中的传输符号分成两部分，再通过两个小尺寸神经网络对其分别进行预失真。实验证明，该系统在保持性能的同时，总复杂度降低了 56.3%。

另一种 DPD 算法——查找表（LUT）算法，也可在一定程度上降低模式相关失真，有利于轻量级多用户的应用。然而，在使用具有多模式长度序列的高阶 QAM 调制格式时，LUT 的复杂度呈几何级数增长。研究人员提出了将多模加权策略应用于缩小尺寸的 LUT（MMW-RLUT）的方案[25]。数据表明，对于 64QAM、普通 32QAM、方形几何整形（SGS）-32QAM 和 16QAM 调制系统，此方案仅占全尺寸 LUT 的 17.6%、9.8%、4.9% 和 14%，且性能不受影响，有效验证了在资源受限的水下可见光通信系统中构建紧凑型 LUT 的可行性。

在过去几年中，支持向量机（SVM）技术在正交调幅（QAM）解码过程中的软决策方面显示出良好的性能；然而，之前的研究只考虑了二维独立符号，忽略了连续符号之间的相关性。牛文清等人提出并展示了一种无载波振幅和相位 16-QAM UVLC 系统[26]，通过串联两个连续符号，使用 SVM 对四维星座进行软决策，同时为了应对 SVM 训练阶段不断增加的计算复杂度，采用了基于比特的二进制 SVM 多类策略和基于边缘检测的数据预处理方法。实验结果证明，该方法显著提高了系统的性能：当使用基于 LMS 的线性均衡器进行后均衡时，可用波特率从 400 MBaud 提高到 412.5 MBaud。

4. 结论与展望

可见光通信技术是一种将半导体照明与无线光通信相结合的新兴技术，它可以作为无线接入的一种补充手段，提供更大的传输容量、更多的功能融合以及更广的覆盖范围。未来，可见光通信将在以星间、人造卫星与地面链路等为代表的星基网络，以车联网、室内可见光网络等为代表的陆基网络和以水下载具间联网、跨介质通信等为代表的海基网络中展现广阔的应用前景，为 6G 连接包括空、天、地、海在内多个领域的通信发挥作用。

参考文献

[1] BELL A G. On selenium and the photophone[J]. Electrician, 1880(5): 214-220.

[2] PANG G, HO K-L, KWAN T, YANG E. Visible light communication for audio systems[J]. IEEE Transactions on Consumer Electronics, 1999, 45(4): 1112-1118.

[3] TANAKA Y, HARUYAMA S, NAKAGAWA M. Wireless optical transmissions with white colored LED for wireless home links[C]. 11th IEEE International Symposium on Personal Indoor and Mobile Radio Communications. PIMRC 2000: 1325-1329.

[4] KHAN L U. Visible light communication: Applications, architecture, standardization and research challenges[J]. Digital Communications and Networks, 2017, 3(2): 78-88.

[5] HU, Junhui, et al. 46.4 Gbps visible light communication system utilizing a compact tricolor laser transmitter[J]. Optics Express, 2022, 30(3): 4365-4373.

[6] LI, Guoqiang, et al. Visible light communication system at 3.59 Gbit/s based on c-plane green micro-LED[J]. Chinese Optics Letters, 2022, 20(11): 110602.

[7] WANG, Junfei, et al. Ultrafast and high-power green micro-LED for visible light communications[C]. Conference on Lasers and Electro-Optics/Pacific Rim, 2022: CTuP11E_02.

[8] LI, Dong, et al. High-speed GaN-based superluminescent diode for 4.57 Gbps visible light communication[J]. Crystals, 2022, 12(2): 191.

[9] NIU, Wenqing, et al. Phosphor-free golden light LED array for 5.4-Gbps visible light communication using MIMO Tomlinson-Harashima precoding[J]. Journal of Lightwave Technology, 2022, 40(15): 5031-5040.

[10] QIAN, Zeyuan, et al. Size-Dependent UV-C Communication Performance of AlGaN Micro-LEDs and LEDs[J]. Journal of Lightwave Technology, 2022, 40(22): 7289-7296.

[11] SHI, Jianyang, et al. 3.76-Gbps yellow-light visible light communication system over 1.2 m free space transmission utilizing a Si-substrate LED and a cascaded pre-equalizer network[J]. Optics Express, 2022, 30(18): 33337-33352.

[12] CHEN, Jiang, et al. DC-balanced even-dimensional CAP modulation for visible light communication[J]. Journal of Lightwave Technology, 2022, 40(15): 5041-5051.

[13] XU, Zengyi, et al. Nonlinear coded nonuniform superposition QAM by trellis-coding for MISO system in visible light communication[J]. Chinese Optics Letters, 2022, 20(4): 042501.

[14] XU, Chi, et al. Efficient Modulation Classification Based on Complementary Folding Algorithm in UVLC System[J]. IEEE Photonics Journal, 2022, 14(4): 1-6.

[15] QIAN, Zeyuan, et al. Size-Dependent UV-C Communication Performance of AlGaN Micro-LEDs and LEDs[J]. Journal of Lightwave Technology, 2022, 40(22): 7289-7296.

[16] SHI, Jianyang, et al. AI-enabled intelligent visible light communications: Challenges, progress, and future[J]. Photonics, 2022, 9(8): 529.

[17] CHEN, Jiang, et al. Neural network detection for bandwidth-limited non-orthogonal multiband CAP UVLC system[J]. IEEE Photonics Journal, 2022, 14(2): 1-9.

[18] SHI, Jianyang, et al. Neural network equalizer in visible light communication: State of the art and future trends[J]. Frontiers in Communications and Networks, 2022(3): 824593.

[19] LI, Zhongya, et al. Deep learning based end-to-end visible light communication with an in-band channel modeling strategy[J]. Optics Express, 2022, 30(16): 28905-28921.

[20] ZHAO, Yiheng, et al. Scalar Superposed Coded Modulation in the Multiple-Input-Single-Output Visible Light Communication System[J]. Journal of Lightwave Technology, 2022, 40(9): 2703-2709.

[21] XU, Zengyi; NIU, Wenqing; CHI, Nan. Nonlinear trellis-coded precoding for MISO visible light communication system[C]. 13th International Photonics and OptoElectronics Meetings (POEM 2021). SPIE, 2022: 8-12.

[22] GUO, Xinyue, et al. Flipped superposed constellation design for MIMO visible-light communication systems[J]. Optics Express, 2022, 30(7): 11588−11603.

[23] MA, Chicheng, et al. Development of ultra-wide field-of-view white light laser-based visible light communication system[C]. Proc. SPIE 2022: 153−158.

[24] CHEN, Hui, et al. Computationally efficient pre-distortion based on adaptive partitioning neural network in underwater visible light communication[C]. Optical Fiber Communication Conference, 2022: W3I. 3.

[25] CHEN, Hui, et al. Low-complexity multi-symbol multi-modulus weighted lookup table predistortion in UWOC system[J]. Journal of Lightwave Technology, 2022, 40(13): 4224−4236.

[26] NIU, Wenqing, et al. Support Vector Machine-Based Soft Decision for Consecutive-Symbol-Expanded 4-Dimensional Constellation in Underwater Visible Light Communication System[J]. Photonics, 2022, 2, 9(11): 804.

作者简介

沈超：KAUST 博士，复旦大学信息科学与工程学院青年研究员、博士生导师。IEEE Photonics Journal 副主编，APL Photonics 期刊 ECEAB 委员。主要研究方向为宽带半导体器件设计与工艺、光电子器件与光子集成芯片、半导体激光器、高性能超辐射发光芯片与可见光通信技术。发表论文 80 余篇，出版专著 1 部，授权发明专利 10 项。

迟 楠

迟楠：女，复旦大学信息科学与工程学院院长、教授、博士生导师，美国光学学会会士（OSA Fellow）。主要研究方向为高谱效率多维多阶光调制技术和数字信号处理技术。长期从事高速光通信和高速可见光通信方面的研究。曾荣获教育部自然科学奖二等奖、中国产学研合作创新成果奖一等奖、中国国际工业博览会创新奖等。发表 SCI 检索论文 260 余篇、ESI 高被引论文 4 篇，出版专著 6 部，授权发明专利 18 项，多项技术入选国家标准和 IEEE 标准提案。

空天地海协作通信技术的发展评述
Perspective of Cooperation Communications in the Space-Air-Ground-Ocean Domains

胡卫生

胡卫生
（上海交通大学）

> **摘　要**：论文先从地球和宇宙空间的自然属性出发，从垂直分层和水平分割两个维度上，构建一个简约化的空天地海疆域模型，解析协作通信的功能和场景。再从跨越距离、穿越介质、翻越体制、飞越梦想四个方面，分析空天地海协作通信的关键技术。所跨越的距离从近在咫尺至千万公里的火星，所穿越的介质从大气、海水到深空，所翻越的体制从微波到光波、从国际标准到私有规范、从国家管理到全球体制，所飞越的梦想便是人类对于科学探索和数字地球的孜孜追求。
>
> **关键词**：空天地海　协作通信　空间激光通信　光纤通信　水下通信

1. 疆域模型

星际、大气、地球、海洋是人类活动的四大疆域，分别简称为空域、天域、地域、海域，合称为空天地海（space-air-ground-ocean）。本文的空域（space），指人造卫星组成的近地空间、月球及月球以外的深空，包括太阳系及其行星，以及太阳系以外的宇宙空间。本文的天域（air），主要指大气空间，由5层构成，包括地球表面0至12km的对流层、12至50km的平流层、50至80km的中间层、80至700km热成层，以及700至190000km的散逸层。散逸层大气的最外一层，也是大气层和星际空间的过渡层，无明显的边界线。地域（ground）即指陆地，是人类日常活动的空间。海域（ocean）即指海洋，包括海面和水下空间。

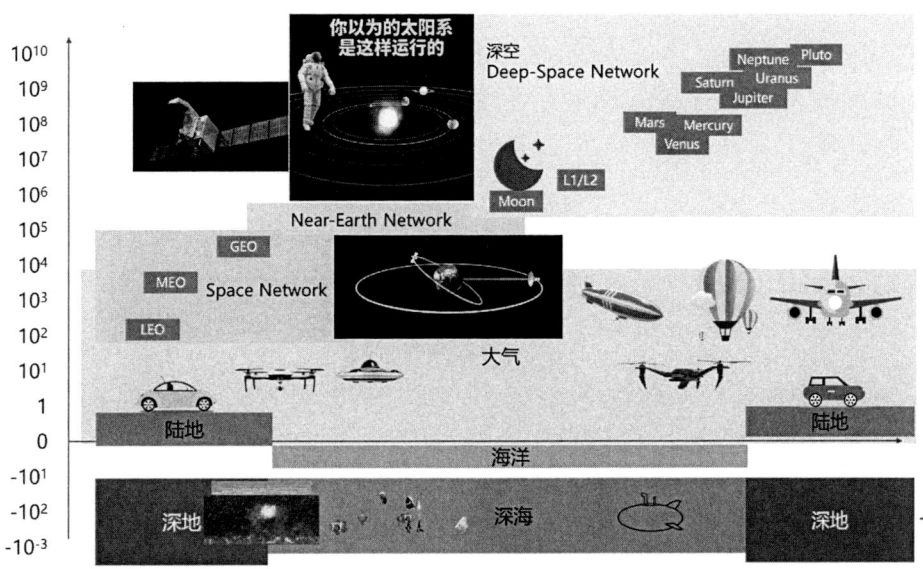

图1 疆域模型。GEO 指高轨卫星，MEO 指中轨卫星，LEO 指低轨卫星。

通信是人类活动的必要基础，是人类拓展疆域的重要手段。空天地海四个疆域表现出不同的通信属性。在空域，面向太空探索的星际空间，距离是首先要克服的自然约束。在天域、地域和海域，分别需要克服大气、山地、海水等介质对于通信的自然障碍。通信还受到各种疆域、各种场景的自然和人为的约束，包括技术、政体、管控、标准、体制等，需要打破和克服这些体制的边界，更好地实现空天地海协作通信。本文将依序介绍疆域模型、跨越距离、穿越介质、翻越体制、飞越梦想的通信。

2. 跨越距离

月球是地球的行星，是人类探索和利用太空的起点；火星是离地球最近的太阳系恒星，曾经的火星可能温暖、潮湿，人类一直没有停止对火星的探索，仍然梦想着有一天能够在火星建立外星基地。地球是太阳系的第三颗行星，以太阳和地球之间的距离为一个天文单位（AU），太阳系中的行星距离如表1所示。

表1 太阳系中的行星距离

行星	距离	天文单位
水星	58 000 000km	0.387AU
金星	108 000 000km	0.723AU
地球	150 000 000km	1.000AU
火星	228 000 000km	1.524AU
木星	778 000 000km	5.205AU

续表

行星	距离	天文单位
土星	1 427 000 000km	9.576AU
天王星	2 870 000 000km	19.18AU
海王星	4 497 000 000km	30.13AU

深空探测是指发射航天器至地月距离以远的宇宙空间、对地外天体或空间进行探测的航天活动。自1958年以来，人类已发射深空探测任务260余次，覆盖了太阳系内包括月球、行星、彗星、太阳等不同类型天体。深空探测已成为各国科技创新的竞技场，美国、俄罗斯、欧洲、日本、印度和以色列等国家和地区均制订了深空探测计划并积极推进实施，人类深空探测已处于新的活跃期。通信是深空探测的前提和瓶颈之一，部分深空探测器通信速率如表2所示。

表2　部分深空探测器飞行距离与通信速率

探测器名称	距离 (AU)	速率 @ 波段
航海家号 Voyager（1977）	6.2	112kbps@X-band
卡西尼号 Cassini（1997）		444GB in 8 years
罗塞塔号 Rosetta（2004）		7.8bps@S-band; 91kbps@X-band
金星快车 Venus Express（2005）	0.0276	28 至 230kbp@X-band
新地平线号或新视野号 New Horizons Probe（2006）	33.3	1 kbps@ X-band
开普勒太空望远镜 Kepler（2009）	1.0	10bps 至 16kbps@X-band; 550kbps@Ka-band
普朗克号太空飞船 Planck（2009）	0.001	1.5Mbps
太阳物理学系统天文台 HSO（2009）	0.001	130kbps
世界空间紫外天文台 WSO/UV（2010）	0.001	2Mbps@ S-band
朱诺号木星探测器 Juno（2011）	4.2	1.6Mbps@X-band
嫦娥二号 Chang'e-2（2011）	0.00026	6Mbps@S-band
GIAI（2013）	0.001	5Mbps
帕克太阳探测器 Parker Solar Probe（2018）	1	167kbps@Ka-band
洞察号火星探测器 InSight（2018）	1.5	8kbps@X-band
鹊桥号中继卫星 Queqiao（2018）	0.00026	2Mbps@S-band; 10Mbps@X-band
詹姆斯·韦布空间望远镜 JWST（2021）	0.001	28Mbps@Ka-band;40kbps@S-band
宇宙学与天体物理空间红外望远镜 SPICA（2027）	0.001	6Mbps

3. 穿越介质

信号是通过载波来传输的，通过调制技术来改变载波的频率、振幅、相位、偏振等参数，从而传输信号，并提高信号的传输质量，通过调制技术可以使信号更加稳定、抗干扰能力更强、传输距离更远等。如图2所示，载波可以是声波、电磁波、光波、射线等各种形式的波，不同类型的载波在不同的通信场景中会有不同的应用。

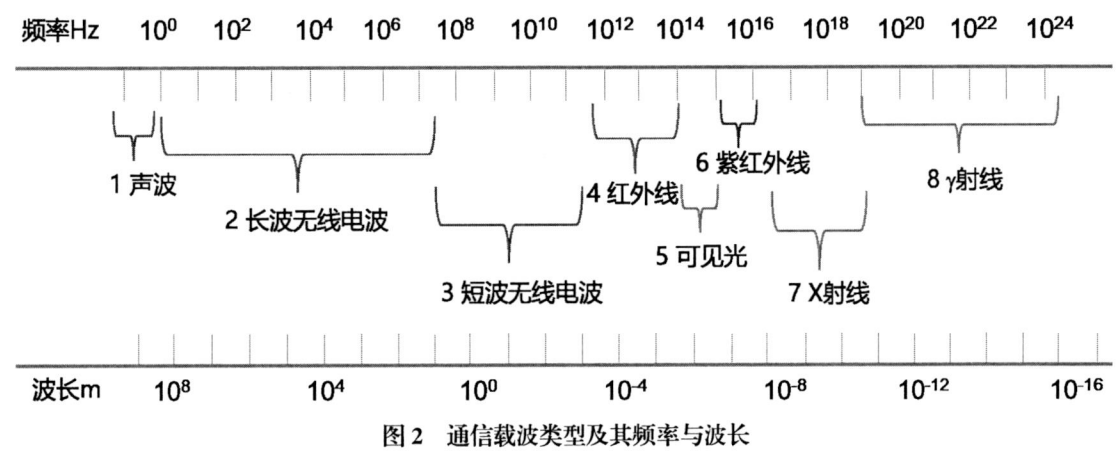

图2 通信载波类型及其频率与波长

在深空通信中，当前以无线电波为主要载波，以X波段（8-12GHz）和S波段（2-4GHz）的微波通信为主，通信速率从1kb/s到28Mb/s，主要是克服载波传输的发散和以此带来的功率衰减，如表2所示。

在大气通信中，当前以无线电波的传播为主。在大气及地表面，电波的传播方式包括表面波传播和天波传播。表面波传播是指电波沿着地球表面传播，地貌、地物等都会影响电波的传播。由于地表面是半导体，因此，一方面使电波发生变化和引起电波的吸收，另一方面由于地球表面是球型，使沿它传播的电波发生绕射。当波长与障碍物高度可以比拟的时候，才能有绕射功能。由此可知，在实际情况中，只有长波、中波以及短波的部分波段能绕过地球表面的大部分障碍到达较远的地方。天波传播是指短波能传至地球上较远的地方。在大气的中间层中存在电离层，分布有60km以上的电离区域，借此电离层的反射作用，电波在地面与电离层之间来回反射传播至较远的地方，因此，天波传播中有一个最低可用频率，低于这个频率，就会因为电离层对电波的吸收作用太大而无法工作。

空间探索和科学的发展对星地数据传输提出了更高要求。与微波相比，激光频谱资源极其丰富，相较于现有的微波通信，卫星激光通信速率高出1至3个量级，即高出10倍甚至近千倍。同时，激光通信设备也能让卫星"瘦身"——由于激光的发散角很小，能量高度集中，这样激光地面系统接收到的功率密度高，所以卫星能够"轻装上阵"，以远小于微波通信载荷的体积、重量和功耗实现超高速率的通信。此外，激光具有很强的抗电磁干扰能力，用激光作为载波进行数据的发射与接收，还能够显著提高星地通信的安全性。然而，星地激光通信需要穿越大气层，容易受到大气吸收和湍流的影响，一般需要采用自适应光学或者双地面站的方式。2023年6月，中国科学院空天信息创新研究院利用自主研制成功的500毫米口径激光通信地面系统，与吉林一号MF02A04星开展了星地激光通信试验，通信速率达到10Gbps，本次试验标志着我国已成功实现星地激光高速通信的工程应用，星地通信速率由Gbps迈入10Gbps时代。因此，在充分利用现有微波地面站的基础上，积极布局国家卫星激光通信地面站网，"激光+微波"组合运行，能够为我国经济社会高质量发展和社会公共需求提供更好的支撑和服务。

海洋通信大体上可以分为海面覆盖通信和水下通信。通常，海面覆盖通信可以利用海事卫星、岸边和岛上基站等提供有效的海面覆盖。水下通信，目前的手段主要有无线电通信、激光通信、光纤通信和水声通信。由于无线电波在海水中的传播损失较大，为穿透百米海深，则要利用甚低频（3-300Hz）进行通信，同时需要建设尺度为几十公里甚至上千公里的天线，而高频信号只会在很短的距离内传播（10 kHz时几米量级）。激光通信中蓝绿光波段传播损失较小，但其受海水散射的影响，目前最大传输距离也只有百米量级。光纤通信可实现远距离、高速率的水下数据传输，主要应用于跨洋通信。因此，目前水声通信仍然是在水下进行信息传输的唯一最佳解决方案。

声信号通过压力波的形式传播，可以很容易实现数公里甚至数百公里的传输。但为覆盖更远的距离，则必须使用较低的频率。水下声学调制解调器通常只有不到10k Hz的工作带宽（如中心频率为10k Hz，带宽为5k Hz）。这样的工作频率可以覆盖1km左右的距离，100k Hz以上的频率被用于较短距离的高速通信，但通信距离更近。而使用1k Hz以下的频率，可实现单跳几百公里量级的通信，但有效的工作带宽只有10Hz左右。

在深海方面，我国载人深潜器"蛟龙号"和"奋斗者号"达到国际领先水平。2012年，我国"蛟龙号"载人深潜器成功进行7000米级海试，其搭载的水声通信系统综合了相干通信、非相干通信、扩频和单边带调制四种制式，支持与母船双向进行语音、文字、图像和数据的传输。2013年，"蛟龙号"通过水声通信向水面母船传输作业现场的画面。2020年11月10日，"奋斗者号"载人潜水器在万米海深以跳频方式与水面母船进行了语音通话。

在近海岸方面，我国水声传感器网络初具规模。2009年建成了东海海底观测小衢山试验站，2013年建成了海底观测系统，2016年建成了南海海底观测网实验系统，2018年建成了首个全球实时海洋观测网。

如前所述，激光作为载波在穿越大气时，损耗依然很大，更有甚者，激光载波易受异常天气的影响。1966年，华裔科学家高锟博士发明了光纤传输的思想，从此，为人类开创了光纤通信时代。光纤以石英为基础材料，导波纤维细如发丝，是传输损耗最低的超越遥远距离通信的人造介质，是一种绿色的信息高速公路，是高锟为人类开创的一项伟大的发明。时至今日，光纤已成为连接世界的信息"大动脉"，短自数据中心光互连，长至跨洋通信。

跨洋通信有三类实现方式，分别是海底电缆、海底光缆和通信卫星。近年来，海底光缆以其大容量、高质量、高可靠、低价格和高安全等优势，成为当代国际通信的重要手段。TeleGeography 报告显示，全球 95% 以上的国际数据通过海底光缆进行传输，海底光缆是当代全球通信最重要的信息载体。通常跨太平洋海底光缆长度达到 10000km 量级，最长的光缆系统达到 14000km，而跨大西洋海底光缆一般在 6000 至 8000km 范围。中国信息通信研究院（简称"中国信通院"）正式发布《全球海底光缆产业发展研究报告（2023 年）》，报告指出，截至 2022 年底，全球已投产海缆条数达 469 条，总长度超过 139 万 km。根据预测，2023—2028 年全球将新建 153 个海底光缆系统，新建海缆长度约 77 万 km，预计中国企业可参与海底光缆系统 77 个，海缆长度约 34.5 万 km。国内中天科技、亨通光电、烽火通信、长飞光纤光缆股份等相继取得诸多突破，未来海底光缆仍将继续保持高速增长。

4. 翻越体制

空天地海通信在其各自的独立疆域中，都分别取得了突破性进展。在深空通信领域，人类飞行器登陆月球、抵达火星，位于拉格朗日点的中继卫星在地球与其他星球之间架设了通信的"桥梁"。在天域，同步轨道卫星通信为人类提供了广播、海事、应急等通信手段。尤其成功的是，在人类日常生活工作的陆地空间中，人类建立起了四通八达的光纤网络和蜂窝移动通信网络，构建起了发达的信息高速网络。在茫茫海面和人迹罕至的陆地（如深山老林和沙漠地区），人类利用同步轨道卫星和海事卫星等手段实现通信连接。

然而，受限于疆域约束、自然约束、能力约束、资源约束、认知约束等不足，人类的通信水平仍然存在不可达或难以达之境，需要不断打破或翻越技术体制、国家体制、管理体制、部门体制、利益体制、标准体制等。以下仅以深空国际合作和国际标准为例加以说明。

如前所述，"鹊桥"中继卫星是嫦娥四号月球探测器的中继卫星，是中国首颗、也是世界首颗地球轨道外专用中继通信卫星，自 2018 年发射之后，它一直处于稳定运行的状态。据报道 2023 年 6 月 16 日，中国同意美国国家航空航天局和其他国家航空航天机构使用"鹊桥"的请求，以助其完成未来的月球探索任务。"祝融号"具备直接对地通信能力，但由于地火距离最远有 4 亿 km，最近也有 5500 万 km，直接对地通信链路的传输速率极慢，只有 16bps。而"火星快车"是欧洲空间局 2003 年发射升空的火星探测器，于当年年底进入环绕火星的轨道，至今已运行了 18 年；2021 年 11 月，我国"天问一号"与欧洲空间局"火星快车"任务团队合作，开展了"祝融号"火星车与"火星快车"轨道器在轨中继通信试验，取得圆满成功。

星链卫星互联网计划，旨在建设由数千颗（目标上万颗）卫星组成的低轨卫星网络，以覆盖全球各地的互联网接入需求。它打破地域限制，使得偏远地区的人们、船只和飞机等设备都可以享受到快速、稳定的互联网连接。然而，受制于国际关系和军事竞争等原因，星链卫星互联网并不能为一些国家提供普适的覆盖和服务。

国际标准化是打破技术边界、实现通信统一或协作的前提。目前，在通信领域有国际三大标准化组织，分别是国际电工委员会（IEC）、国际标准化组织（ISO）以及国际电信联盟（ITU）。地区性的标准化组织包括：美国国家标准学会（ANSI）、日本无线工业及商贸联合会（ARIB）、美国电子工业协会（EIA）、欧洲电信标准化协会（ETSI）、美国通信工业协会（TIA）、电信工业解决方案联盟（ATIS）、日本电信技术委员会（TTC）、电气和电子工程师协会（IEEE）、韩国电信技术协会（TTA）、亚太地区电信标准化机构（ASTAP）、中国通信标准协会（CCSA）等。专业性的通信标准化组织包括：第三代移动通信标准化的伙伴项目（3GPP）、互联网工程任务组（IETF）、第三代移动通信标准化的伙伴项目2（3GPP2）、IMS论坛（IMS Forum）、物联网国际标准化伙伴组织 oneM2M 等。

5. 飞越梦想

自古以来，人类就对于宇宙的探索充满了好奇，其中，月球和火星是两个重要目标。深空通信提供了地球与离开地球卫星轨道进入太阳系的飞行器之间的通信，距离可达几百万公里、几千万公里以至亿万公里以上。与毫米波相比，激光通信具有更窄的光斑半径和更高的通信速率，将为人类征服遥远的星球提供更重要的通信手段。深地和深海也是人类科学探索甚少的疆域，人类对于数字地球、数字月球、数字星球等的探索和认知仍然很有很，未来的探索空间依然广袤无涯。

最后需要说明的是，由于篇幅所限，本文所引用参考文献省略，特向文献作者致谢！

作者简介

胡卫生：上海交通大学特聘教授，鹏城实验室双聘教授。历任区域光纤通信网与新型光通信系统国家重点实验室主任，国家863计划"中国高速信息示范网"和"高性能宽带信息网"总体组专家，国家自然科学基金委信息学科评审组专家，教育部电子信息类教学指导委员会委员，*Optics Express*、*Lightwave Technology*、*Chinese Optics Letters*、*China Communications* 等期刊编委，OFC 等国际会议TPC委员等。荣获国务院政府特殊津贴、国家杰出青年科学基金，为"百千万"人才工程国家级人选、全国优秀博士学位论文指导教师、教育部创新团队负责人等。发表论文约500篇，参研成果获国家科学技术进步二等奖2项、上海市科学技术进步一等奖1项。

五

《中国光纤通信年鉴：2022年版》
获奖优秀作品选登

面向东数西算的全光算力网络
All-Optical Computing Power Network for National Project on East Data to West Computing

唐雄燕

唐雄燕
（中国联通研究院）

摘　要：随着国家"东数西算"工程的启动，我国新型数据中心和宽带网络建设都将迎来新的发展机遇。本文介绍了东数西算的战略背景，分析了东数西算对通信网络基础设施的新需求，指出基于全光底座的全光算力网络是支撑东数西算工程的关键环节，重点阐述了全光算力网络的体系架构和关键技术。
关键词：东数西算　新基建　算力网络　光通信　全光底座　全光算力网络

1. 东数西算背景

算力是数字经济时代的重要生产力，是推动人工智能、大数据、物联网、区块链等技术创新与应用的基础，也是建设数字中国的重要保障。随着数字经济的蓬勃发展，我国对算力的需求迅猛增长，未来几年预计数据中心机架规模每年增速将超过20%。但我国数据中心目前大多分布在东部地区，由于土地、能源等资源日趋紧张，在东部大规模发展数据中心难以为继；而西部地区资源充裕，特别是可再生能源丰富，具备发展数据中心、承接东部算力需求的良好基础条件。

2021年5月，国家发改委发布《全国一体化大数据中心协同创新体系算力枢纽实施方案》，提出构建数据中心、云计算、大数据一体化的新型算力网络，布局建设全国一体化算力网络国家枢纽节点，加快实施"东数西算"工程。2022年2月，国家发展改革委、中央网信办、工业和信息化部、国家能源局联合印发通知，同意在京津冀、长三角、粤港澳大湾区、成渝、内蒙古、贵州、甘肃、宁夏等8地启动建设国家算力枢纽节点，并规划了10个国家数据中心集群，标志着"东数西算"工程正式全面启动。

实施"东数西算"工程，推动数据中心合理布局、绿色集约和互联互通，对实现我国数字经济高质量发展有重大战略意义。一是有利于提升国家整体算力水平。通过全国一体化的数据中心布局，将有助于降低算力设施成本、提高算力使用效率，实现全国算力规模化、集约化和高质量发展。二是有利于优化能源资源配置。我国的能源资源主要是由西部向东部输送，包括煤炭、油、气、电等，在输送过程中产生大量消耗并需要巨大成本。如果在西部建设算力设施，可以降低西电东送的能源资源消耗和转运成本，尤其是还可以就近使用西部优质的风能、光能等绿色能源，对实现我国"双碳"目标有重要意义。三是采用集约化布局的方式，能够促进数据中心技术创新和技术换代升级，推动云计算、分布式计算、算力交易、数字流通等新技术和新服务创新，构筑国家数字产业竞争新优势。四是有利于推动东西部协调发展。通过"东数西算"工程，可以牵引相关数字产业西迁，推动西部地区数字经济发展和产业升级。

总之，"东数西算"工程是我国从宏观战略、技术发展、能源政策等多方面出发，在新基建大背景下启动的一项重大国家工程，将算力资源提升到了与水、电、燃气等基础资源等同的高度。以"联接＋计算"为核心，统筹布局建设全国一体化算力网络国家枢纽节点，在提升国家整体算力水平的同时，有助于实现我国算力基础设施的绿色转型，更好地赋能我国数字经济高质量发展。

2. 东数西算对算力网络的需求

"东数西算"工程的推进，将提升我国数据跨区域算力调度能力，推动我国新型算力网络体系构建。2021年以来，国内信息通信行业掀起了算力网络研究热潮。算力网络是中国信息通信业积极倡导的新兴技术概念，反映了我国运营商推动通信与计算服务融合的愿望和趋势。从网络角度，算力网络是面向计算和智能服务的新型网络体系，IPv6+和全光底座是算力网络的技术基石，增强网络内生算力是算力网络演进的重要方向；从算力角度看，算力网络是网络化的算力基础设施，是依托网络构建的多样化算力资源调度和服务体系；从服务角度看，算力网络的目标是提供算网一体服务，是云网融合服务的新阶段，是数字基础设施服务的新形态。"东数西算"是算力网络现阶段的关键着力点，随着"东数西算"工程的实施和应用推进，用户对算力和网络的需求呈现新特征。用户对算力的需求是在任何场景都能够获得及时、可靠、高性能的算力服务，对网络的需求主要包括泛在联接需求和大带宽、低时延、高可靠、低成本等性能方面需求。

（1）大带宽

"东数西算"工程的10大集群节点总计规划600多万机架（标准机架），其中西部集群规划机架数达到200万架以上，东部集群规划机架数达400万架以上。东部DC以服务本区域算力需求为主，西部DC以服务全国算力需求为主，西部DC预计出省带宽在70%以上。当完成"东数西算"规划的机架数时，预计骨干网的传输带宽将达到现有运营商骨干带宽的3倍左右，东西部的骨干网带宽将达到2000T以上。随着西部承接算力比重逐步增加，东西向骨干网带宽将以远高于骨干网平均增幅的速度增长。

（2）低时延

时延是影响用户对算力服务体验的关键参数，不同类型的算力服务对时延的要求差异较大。根据时延需求可将业务分为热业务（低时延业务）、温业务（时延相对敏感业务)、温冷业务(时延不敏感业务)、冷业务(时延不敏感、数据读写频度极低)四个层级。热业务对时延要求在10ms以内，占比5%—10%；这类业务一般部署在城域本地。温业务对时延要求在30ms以内，占比55%—60%；这类业务可部署在区域数据中心集群内。温冷业务对时延要求在100ms以内，占比20%—30%。冷业务对时延要求在100ms以上，占比10%。后两类业务均可部署在西部数据中心。随着东西部间网络优化，网络传输时延可进一步缩短，这样将会有更多业务可采用"东数西算"，从而催生更多创新服务模式，如多云协同、存算分离、云边协同等。

中国运营商骨干网的核心节点和骨干节点主要位于省会城市及部分重点城市(如深圳、大连、厦门等)，但"东数西算"工程10大数据中心集群中，韶关、中卫、庆阳、张家口、芜湖等节点为地市级城市，业务到这些节点需要经省会等骨干节点转接，造成传输时延增加。因此需要骨干网络通过结构调整和优化，将国家数据中心枢纽提升为骨干节点，降低业务数据经省会城市绕转的传输时延。另外，需要对光缆网络的路由和传输承载网络的组网结构进行优化，减少数据在网络上的绕转和转发时延。

（3）高可靠

"东数西算"工程推动数据中心的集约化发展以及多云或云边算力协同等新型算力服务的部署。网络或算力服务的故障对数字经济日常运营的影响与危害越来越大、越来越显性。对网络可靠性的要求，主要包括网络无故障、网络无丢包、网络无突发拥塞、故障快速自愈、网络性能确定(路由、时延、带宽等)等。"东数西算"的一些业务场景，如多云协同、存算分离、业务远程集约化部署等，将本属于数据中心内部的网络连接，或者城域、区域内的连接，扩展为长途传输连接。通常数据中心内部网络的可靠性远高于长途网络的可靠性，因此"东数西算"应用场景将对长途网络可靠性提出更为严苛的要求。

（4）低成本

"东数西算"工程将推动东西向长途传输需求高速增长，而长途传输费用是IDC产业和互联网、云服务产业中的主要成本之一，客户采用"东数西算"模式部署业务，势必带来长途传输需求大量增加，企业运营成本也因此提高。为推动"东数西算"工程实施，《全国一体化大数据中心协同创新算力枢纽实施方案》中专门提出要"降低长途传输费用"，提出要建立新型的互联网交换中心以降低互联的费用。为此，运营商一方面需要采取措施多方面降低网络建设和运营成本，从而降低网络带宽租用成本；另一方面需要通过智能管控系统提供按需开通、按需动态调整带宽等灵活、实时、以小时或天为单位的短租网络连接服务，以提高网络利用效率，降低传输费用。

（5）智能化

"东数西算"工程将推动打造一批算力高质量供给、数据高效率流通的大数据发展高地。跨网、跨地区、跨企业的算力高效调度，需要智能、感知、灵活、确定的高速网络支撑。如针对HPC、渲染等场景，网络带宽的需求并不固定，在需要传输文件时，需要大带宽；但在大部分时间，带宽需求有限。因此需要网络快速建立连接与调整带宽，以提升网络整体效率。"东数西算"工程推动算力和网络服务更加紧密协同，将向一体化算力网络方向发展，为客户提供算网一体的服务，这要求在算力和网络资源间能够实现一体化的协同调度，为此网络需要基于算力和网络的全局资源视图，根据网络部署状况进行全局的编排调度。算力网络涉及两个关键网络技术要素，一是全光算力网络，二是基于 SRv6 的可编程 IP 网络。实现"东数西算"需要超强运力，IP+ 光协同和算网协同。

3. 全光算力网络

由于光网络具备超大容量、超长距离、高品质、确定性、高安全、低时延、低抖动、硬隔离、端到端切片等优势，可为泛在算力资源提供覆盖广泛、灵活高效的超强运力保障，因而是算力网络的基础和底座。基于全光底座构建高品质的全光算力网络，赋能东数西算，将为光通信带来新的发展机遇。"全光算力网络"以实现算网一体服务为目标，通过提升光网络基础承载能力和业务提供能力，推动全光底座的智能开放和云光一体化服务，为泛在算力资源的高效连接调度，提供高品质、低时延的运力保障。

具体需要通过三方面来实现。一是提升全光底座基础承载能力，为算力调度提供强大的运力保障。以超高速率、超大容量、超长距离、超宽灵活、超强智能为目标，保障算力资源高效连接调度。二是实现高速泛在光接入，推动高品质光业务网发展。构建架构稳、覆盖全的综合业务区和全光锚点，提供多种技术体制的高速泛在光接入，实现灵活便捷全光入云。三是推进光网络开放解耦与智能化增强，向着自智光网络演进。以 SDN 化为抓手，推动光网络开放与解耦，并通过网络 AI、数字孪生、意图驱动等技术创新，不断提升光网络自动化和智能化水平。

（1）全光算力网络目标架构

2022 年 5 月 17 日，中国联通正式对外发布了算力时代的全光底座。中国联通全光算力网络架构如下，主要包括枢纽间、枢纽内和城市内三部分。

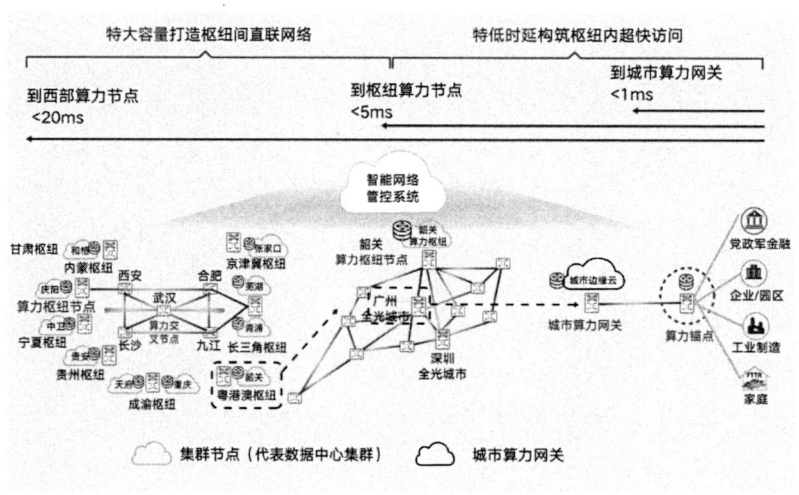

图 1 算力时代全光底座目标架构

枢纽间：OXC/ROADM 构建枢纽间全光互联，打造 20ms 枢纽间连接；网络架构稳定可支持 400G 平滑演进，支持立体多平面演进，按需平滑扩展到 500T+ 以上能力，满足东数西算中长期业务需求。

枢纽内：OXC/ROADM 打造枢纽内算力全光互联，打造主要城市算力网关到枢纽内集群 5ms 时延圈，网络可持续向 400G 演进，实现绿色节能。

城市内：增加光锚点覆盖，实现用户到算力网关的一跳接入，实现城市内 1ms 时延圈。

（2）全光算力网络关键技术

强大的全光算力网络发展离不开光通信技术的创新赋能，这可以从两个维度来推进。一是通过基础传输技术创新提升高速泛在的全光传送能力，包括发展新一代光纤技术、加快光通信向着更高速率和更大带宽方向演进，同时通过推动波分向城域和接入下沉来实现全光传送和接入的泛在化；二是增强光网络的服务能力，实现全光业务的智能敏捷提供，推动光网络由基础网络向业务网络方向发展，为此需要进一步提升光网络的智能化与开放性。具体创新技术如下：

新型光纤技术：兼具大有效面积和低损耗特性的 G.654.E 光纤将为单波 400G/800G 传输系统的部署铺路，更好地满足全光算力网络发展需要。近年来中国联通联合产业链积极开展 G.654.E 光纤标准化、产业化及试验示范，目前国内运营商均已开始商用部署。G.654.E 光纤可以显著提升超高速传输系统的无电中继距离，为构建超高速超长距大容量骨干光网络奠定基础，更好服务于"东数西算"战略实施。

超高速传输：100G WDM 早就在全网大规模部署，200G 系统也有商用部署，包括 32G 波特率的 16QAM 和 64G 波特率的 QPSK 技术。近年各运营商均在开展单波 400G WDM 技术的验证测试，推动骨干网长距离 400G 技术的逐步成熟。客户侧 100G 接口还将继续规模应用，400G 将成为超 100G 客户侧的主要接口。为应对城域流量剧增，城域光网络将率先引入 400G 及超 400G WDM 技术。超高速传输的进一步发展则需要依靠频谱扩展与多波段传输，通过增加波道数来提升传输容量。多波段传输（MBT）可以充分利用光纤可用频谱资源，是提升单模光纤传输容量的潜在技术手段。为了增大单纤系统总传输容量，需要在常规 C 波段外，不断扩展频谱（C++ 扩展波段，C+L 扩展波段）。

全光组网：利用 ROADM 组网，构建动态全光业务网络。在骨干/区域层面，中国三大运营商均已规模建设全国和区域 ROADM/OXC 网络，配合超高速光传输技术，构建了灵活动态的骨干全光网络；而在城域层面，伴随着 WDM 下沉，ROADM 技术也在不断下沉，在城域核心节点引入高维度 ROADM 或 OXC 的同时，在城域边缘接入需要引入低成本低维度 ROADM，以代替传统的 MUX/DMUX/FOADM 固定组网，实现城域灵活动态组网。针对城域边缘层应用场景，低维度（4维/9维等）、固定栅格的 WSS 将有较大的成本优势。

泛在光联接：一方面需要推动波分下沉，实现大容量波长级光连接服务；另一方面推动光接入向房间、桌面和机器延伸（FTTR、FTTM）。从长距离骨干网到城域网核心，再到城域边缘接入层，逐步构建端到端的大容量全光网络。面向城域和边缘接入层，产业链需要发展低成本的 100G WDM 技术，以便 100G WDM 能更经济合理地向县城、乡镇下沉，构建全光城市、全光乡村。全光锚点是光网与业务的衔接点，依托全光锚点，可以稳步推进综合业务接入、提高资源利用率；可以基于 PON、G.metro、OSU、OTN、WDM 等多样化接入手段，将光网络延伸至最终用户，提供无处不在的光连接服务，保障用户便捷获取和使用算力资源。

灵活承载：为进一步增强业务承载灵活性，面向低时延、小颗粒、多业务等差异化需求，光网络的业务属性需进一步增强。可以基于 OSU 技术，实现 Mbit/s 到 Gbit/s 不同速率等级业务的高效灵活承载，并不断增强光网络的业务感知能力，利用 OSU/OTN 网络提供业务灵活入云服务。

智能开放：构建面向算网融合的全光算力网络离不开网络运营和服务的智能化，为此需要继续推动软件定义光网络的发展，完善基于 SD-OTN 的政企精品网并扩展到全光算力网络。进一步将 AI 相关技术应用到光网络的运营和维护中，逐步实现自智光网络。此外，需要积极推动光网络的开放组网。随着 SDN 技术规模部署，网络开放和解耦成为促进产业创新、降低建网成本的重要趋势。开放光网络将基于标准的南北向接口以及运营商统一管控系统和协同编排器，构建多供应商开放组网的全光底座，繁荣产业生态，加速业务创新。IP 与光的深度融合是开放光网络的重要追求，也是简化网络架构的重要手段。IP 设备与光网设备的技术边界越来越模糊，例如相干光模块将不仅仅是光网络设备中的技术，也可直接应用于 IP 网。

（3）全光算力网络实施思路

中国联通积极倡导和推动全光算力网络的发展。为了筑牢面向算网融合服务的低时延、高带宽、高可靠、高安全的全光传送底座，实现算力业务高质量传送，近期重点关注三方面工作：

一是围绕算力中心和业务流量中心，建设低时延骨干光缆网。在现有"八纵八横"光缆网基础上，加快推进京沪、沪穗、京汉广、贵广等段落光缆建设，持续优化八大枢纽节点间低时延直达光缆，并聚焦京津冀、长三角、粤港澳、成渝、鲁豫陕等算力集群区域，实现光缆最优接入。

二是打造大带宽、低时延、高安全的骨干传输网。中国联通将实现 24 个联通自有数据中心 ROADM 网全覆盖，重点段落部署超 100G 系统和 OXC，打造超大带宽全光传送底座，开展超长距开放光网络试验，实现云间一跳直达，并增强光层自主可控能力。

三是重点打造四大城市群低时延圈。确保京津冀、长三角、大湾区、成渝等区域内传输时延低于 10ms，核心城市间争取 2~3ms。

4. 总结

国家"东数西算"工程已全面启动，将为新型数据中心和新一代通信网络发展带来新的重大机遇。基于全光底座的全光算力网络是支撑"东数西算"的关键基础设施，全光算力网络能够提供超高安全、超低时延、超高可靠、超大带宽、超长距离、灵活可调、绿色节能的高品质连接，可以快速高效地将"东数"运送到"西算"，助力国家"东数西算"战略实施，提升跨区域算力调度水平，为泛在算力资源提供运力保障，从而奠定数字经济高质量发展的坚实基础。

参考文献

[1] 国家发展改革委，等. 全国一体化大数据中心协同创新体系算力枢纽实施方案［EB/OL］.（2021-05-24）［2022-08-26］. https://www.gov.cn/zhengce/zhengceku/2021-05/26/5612405/files/37d38a7728564ad8b5e4f08c16cfc8f2.pdf.

[2] 工业与信息化部. 新型数据中心发展三年行动计划（2021—2023年）［EB/OL］.（2021-07-14）［2022-08-27］. http://www.gov.cn/zhengce/zhengceku/2021-07/14/content_5624964.htm.

[3] 中国联通研究院. 算力时代的全光底座白皮书［Z］. 中国联通研究院，2022.

[4] 唐雄燕."两维度"创新全光算力网络，助力"东数西算"战略实施. C114通信网，2022-02-23.

作者简介

唐雄燕：工学博士，教授级高级工程师。中国联通研究院副院长、首席科学家，下一代互联网宽带业务应用国家工程研究中心主任，为"新世纪百千万人才工程"国家级人选。兼任北京邮电大学教授、博士生导师，工业和信息化部通信科技委委员，北京通信学会副理事长，中国通信学会理事兼信息通信网络技术委员会副主任，中国光学工程学会常务理事兼光通信与信息网络专家委员会主任。拥有20余年的电信新技术新业务研发与技术管理经验，主要专业领域为宽带通信、光纤传输、互联网、物联网与新一代网络等。

纤缆新技术在电力领域的探索与实践
Exploration and practice of novel fiber cable technology in power field

罗文勇

罗文勇　胡国华　祁庆庆　汪　昊　陈保平
（烽火通信科技股份有限公司）

摘　要：本文阐述了新型光纤光缆技术，结合智能电网、电力能源互联网建设发展对光纤光缆技术发展的要求，对光缆技术以及基于分布式传感的新型线缆在线监测技术进行了探讨，介绍了包括超低损耗光纤、耐极寒光纤、G.654.E、多芯光纤技术，以及多系列防鼠光缆、阻燃耐火光缆、柔性直流输电用光缆、预制成端光缆等产品技术，研究了在电力领域的光纤传感解决方案与技术应用。

关键词：光纤　防鼠光缆　耐火光缆　柔性光缆　线路在线健康监测

1. 前言

《中华人民共和国国民经济和社会发展第十四个五年规划和2035年远景目标纲要》提出要加快数字化发展，建设数字中国。国家工信部等部委联合提出，到2023年底，在国内主要城市初步建成物联网新型基础设施，使社会现代化治理、产业数字化转型和民生消费升级的基础更加稳固。在此背景下，十四五"期间，我国将加快电网基础设施智能化改造和智能微电网建设，助力我国碳中和目标的实现。

我国智能电网市场规模持续扩大，预计2022年市场规模将超900亿元。2009—2020年国家电网总投资3.45万亿元，其中智能化投资3841亿元。在智能化投资中，为促进智能电网的"通信信息"的智慧化投资占比为12.6%，总投资约220.5亿元。在一系列政策驱动下，电力行业对智慧化应用需求激增，智能化与数字化是行业发展的必然趋势。

智能化与信息化密不可分，而数字化带来的海量数据需要良好的载体进行传输和处理。当前世界90%以上的信息由光纤传输，采用光纤技术不仅可实现数据的信息传输，还能实现状态的感知，同时进行数据化的处理和传递，从而能有效推动电力系统的智能化和数字化。相比其他技术，光纤还具有抗电磁干扰、灵敏度高、体积小、易成阵列等诸多特点，因此，光纤光缆在电力领域具有良好的应用基础。本文结合光纤技术的发展和电力应用光缆的特性，对应用于电力领域的新型光缆、基于分布式的光纤传感解决方案予以介绍。

2. 光纤技术发展

按照ITU-T（国际电信联盟）、IEC（国际电工委员会）和中国国标的建议，光纤可分为以下几类：

表1　光纤的分类及其优缺点

类别	ITU-T	IEC/国标GB	定义	优点	缺点
多模光纤	G.651	A1.a	50/125um多模光纤	连接损耗低、耦合效率高	衰耗较大、只能短距离使用
	/	A1.b	62.5/125um多模光纤		
单模光纤	G.652D	B1.3	非色散位移光纤	技术成熟，价格低	在1550nm窗口色散较大
	G.653	B2	色散位移光纤	1550nm窗口零色散	四波混频严重，已淘汰
	G.654	B1.2	截止波长位移光纤	1550nm窗口衰耗最低	制造工艺难度大、价格高，仅用于长途海缆
	G.655	B4	非零色散位移光纤	1550nm窗口低色散	技术方法多、成本高
	G.656	B5	三波段光纤	全波段（S、C、L）	
	G.657A/B	B6.a/B6.b	弯曲不敏感光纤	用于室内布线、FTTH	

在大容量、超长无中继陆地干线传输中使用G.652.D和G654E，在接入网中则以G.652.D和G.657系列为主，在数据中心中则以G.651为主。其具体发展历程如下：

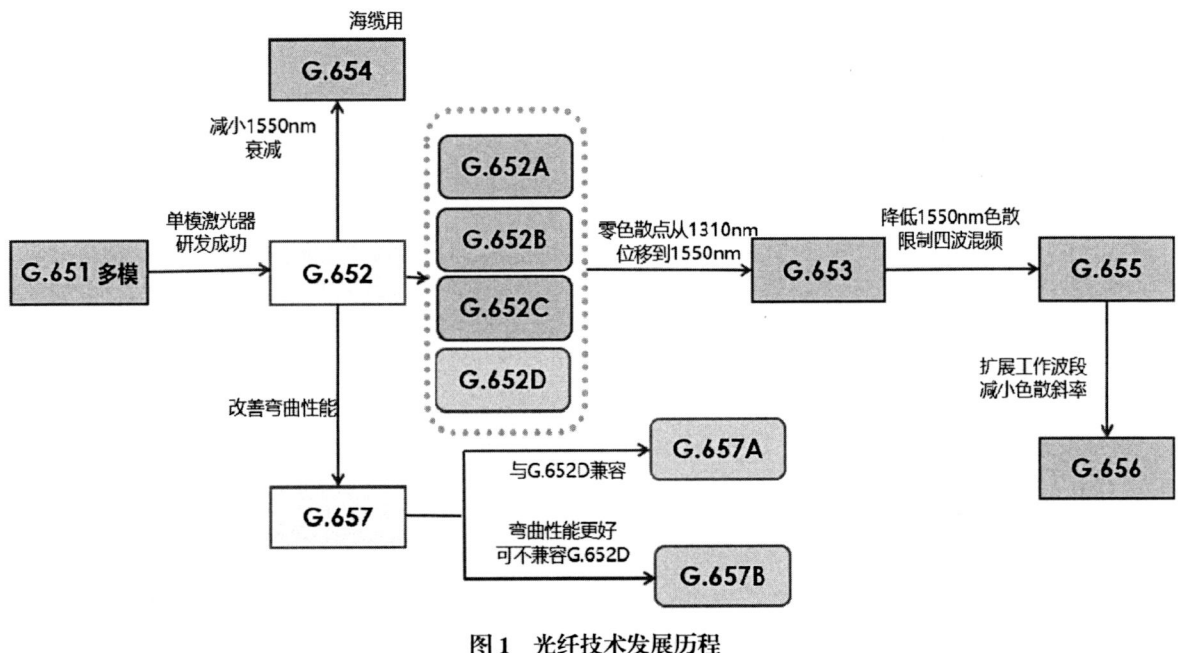

图1　光纤技术发展历程

近年来一些新型光纤在技术方面的进步，也使其拓展到电力应用领域。

实现长距离、大容量通信，一直是光纤技术发展的方向。在电网系统主干道通信中，除了标准的 G.652 光纤，还发展出与 G.652 标准性能兼容的低损耗光纤（LL）、超低损耗光纤（ULL）；基于超低损耗光纤在 2.5Gbit/s 速率下采用双向喇曼通信段的单跨距离已经达到 400km。具备大有效面积的超低损耗光纤 G.654.E 可满足网络未来的升级要求，能满足 40G/100G 以及链路超过 1000km 面向未来规划的网络，适用于荒漠、戈壁等无人区。

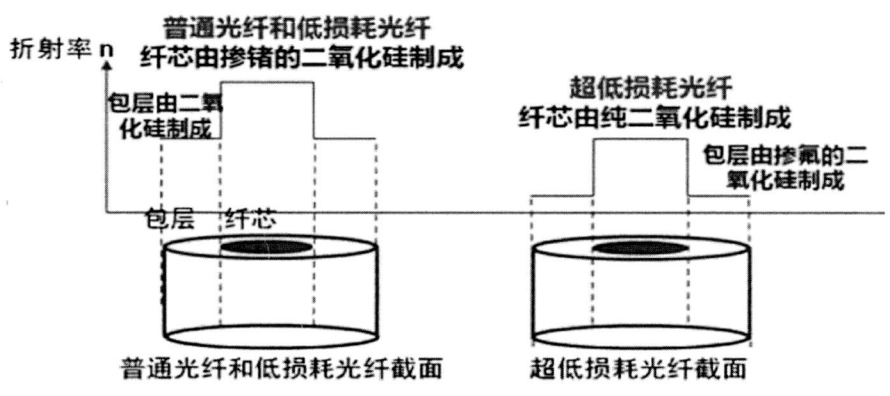

图 2　超低损耗光纤与普通光纤对比

另外针对一些特殊地区，烽火通信也发展了耐极寒光纤，满足 -70℃极寒环境的要求，适用于我国黑龙江、内蒙古、西藏、青海等极寒地区的通信线路建设，可用于未来跨洲联网及极寒地区输电线路建设。

另外基于多芯光纤的空分复用传感技术近年来已成为研究热点。例如粤港澳大湾区超大容量传输工程，即采用烽火通信的七芯光纤光缆及相对应的扇入扇出光纤器件。

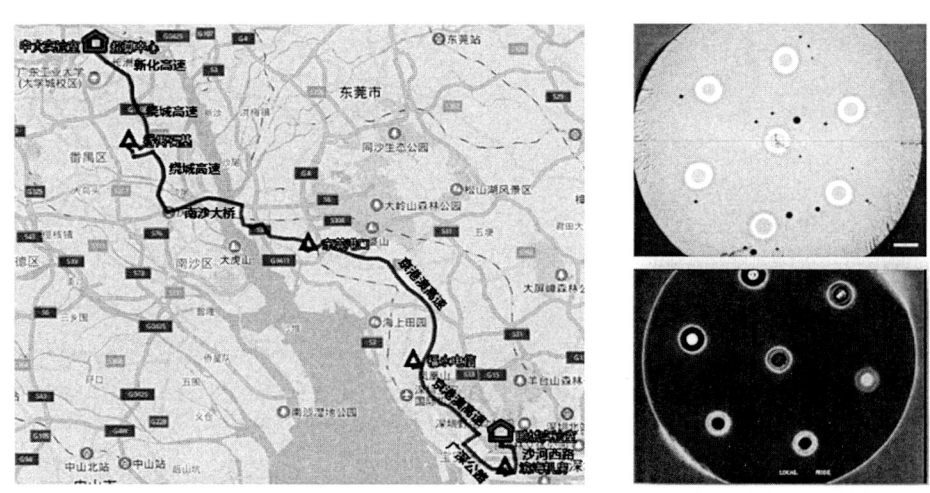

图 3　粤港澳大湾区超级光网络项目中多芯光缆路由图及对应多芯光纤示意图

3. 防鼠光缆技术

光缆行业所说的"鼠害",通常指光缆敷设环境中啮齿类动物噬咬造成通信中断或光缆寿命缩短。啮齿动物数量庞大,种类超过2000种,我国的啮齿动物种类超过200种。光缆防鼠措施是在一定程度和一定实效上,缓解和推迟鼠害,降低光缆传输性能遭受破坏的可能。

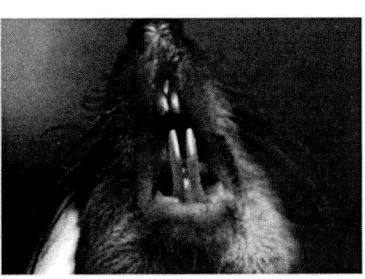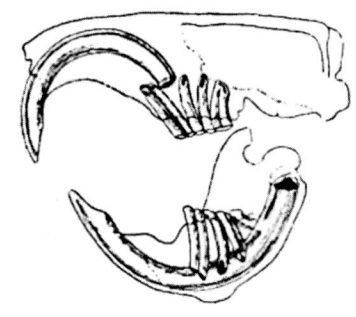

图 4　老鼠的牙齿图

啮齿动物的上下颌分别有一对没有齿根、终生生长的门齿。啮齿动物需要啃咬磨短牙齿,以利于取食,因此鼠类并非把光缆当作食物。

图 5　典型光缆鼠害图

在GB/T 29199-2012《光缆防鼠性能测试方法》中,制定了适用于物理法防鼠光缆的试验;在JB/T 10696.10-2011《电线电缆机械和理化性能试验方法第10部分:大鼠啃咬试验》中,制定了适用于化学法防鼠光缆的试验。

其中典型化学防鼠光缆结构如下图所示:

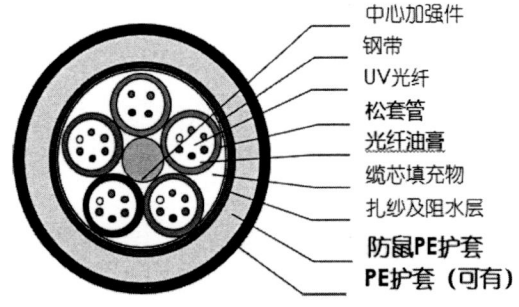

图 6　典型化学防鼠光缆结构

但化学法防鼠解决方案，存在下列问题：敷设后对环境造成污染；敷设后受到热、光化学侵蚀、氧化等效应及可能发生水性迁移，因而存在防鼠时效问题；鼠类噬咬后并不一定吞咽，有效性存疑；相关材料及工艺会造成生产条件恶化。

在物理防鼠方法方面则有：循环鼠咬腐蚀法；机械鼠咬模拟法；直接鼠咬法。三种光缆防鼠性能测试方法的原理、目的、试样、装置、程序和结果的表示等互不相同，测试结果相互间不具有可替代性。

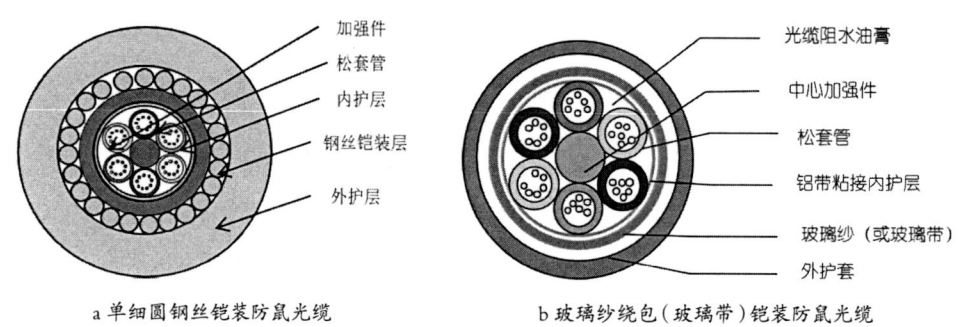

图7 典型物理防鼠光缆典型结构

4. 阻燃耐火光缆技术

在火灾事故中，如能使遭受焚烧的光缆仍具备一定的传输性能，从而保障通信以及关键设备的正常运转，则会对相关后续工作发挥重要的作用。在火灾事故发生时，阻燃光缆能够阻滞、推迟火焰沿着光缆扩散和蔓延，具有着火后自熄灭特性；耐火光缆则能够在一定时间内保持正常工作能力，维持线路完整性。这些特性使阻燃耐火光缆在数据中心、高层楼宇、地铁、矿井等场所以及电力领域具有广泛用途。

欧盟CPR在2011条例305/2011建筑产品法规中，明确规定了建筑产品的性能要求，以确保欧盟市场的该类别产品的有效性和高效性。

我国行业标准YD/T 3297-2017在整合国际标准方法的基础上，将试验方法拓展到光缆产品，并细化其试验条件，以满足各应用场景下耐火性能的需求，实现通信线路保障与资源优化配置。

表2 耐火光缆标准分类

YD/T 3297-2017 耐火类型	含义	参照标准
N1	"一"字形耐火	GB/T 19216.25-2003 (IEC 60331-25: 1999, IDT)
NU	"U"字形耐火	EN 50200: 2015
NUJ	"U"字形耐火+冲击	EN 50200: 2015
N1S (可选)	"一"字形耐火+淋水	BS 6387: 2013
NUSJ (可选)	"U"字形耐火+冲击+淋水	EN 50200: 2015

注：表中的参照关系不代表相应的耐火类型及火焰条件与所参照的标准中类似条件的耐火等级有严格的一致性，使用时应关注有可能存在的差异。

典型的阻燃耐火光缆有下列结构：

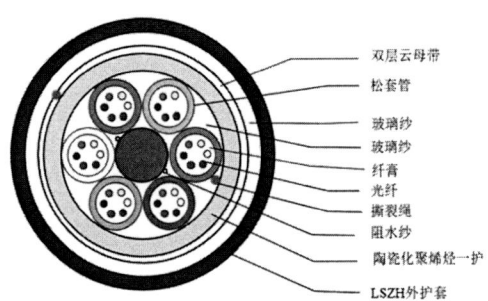

图 8　全介质非金属阻燃耐火光缆典型结构

5. 智能电网用光缆及解决方案

随着超高压及智能电网的发展，光纤技术在电力系统中的应用也越来越广泛。在超高压站中阀塔和 SVG 控制室之间的信号传输可使用柔性直流输电用光缆。

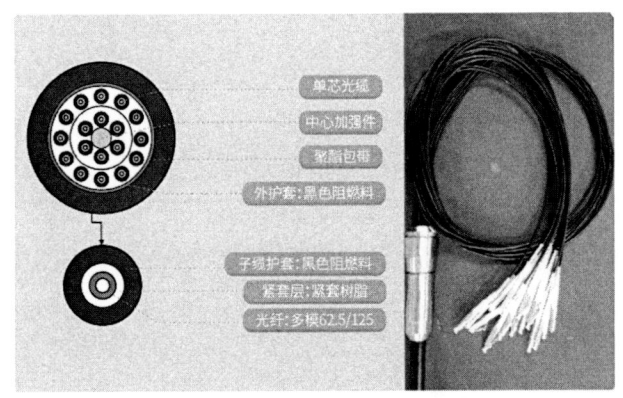

图 9　典型柔性直流输电用光缆

其采用耐电痕材料，有良好的绝缘电气性能，体积电阻率 $> 1.0×10^{10}$ Ω•m，并融合前述阻燃耐火材料特性，优选高阻燃护套材料，可通过 IEC60332-3C 成束燃烧试验。同时针对不同应用环境，例如海岛则增加抗盐雾耐腐蚀能力；针对连接器需求，则可有非金属分支器或金属 LC 连接器等。基于柔性光缆，还可实现预制成端光缆，应用于智能变电站、军用通信设备、铁路信号控制、拉远通信基站、矿井等光纤熔接不便场合。

目前我国输电线路总长超 159 万千米，输电线路途径环境恶劣，跨越江河、海洋、沙漠、森林及高海拔区域，地理环境及气象条件复杂，容易受施工或恶劣天气如大风、覆冰、雷击等环境因素影响而导致通信中断。

烽火通信结合自身光纤光缆技术的积淀和产业优势，使用分布式光纤监测技术，同时结合自身线缆的全场景定制化优势特性，提出线路在线健康监测解决方案，发挥多年规模制造下形成的海量数据库优势，融合平台应用，着力于满足电力客户面临的线缆健康监测与评估的重大诉求，实现电网智慧化感知。

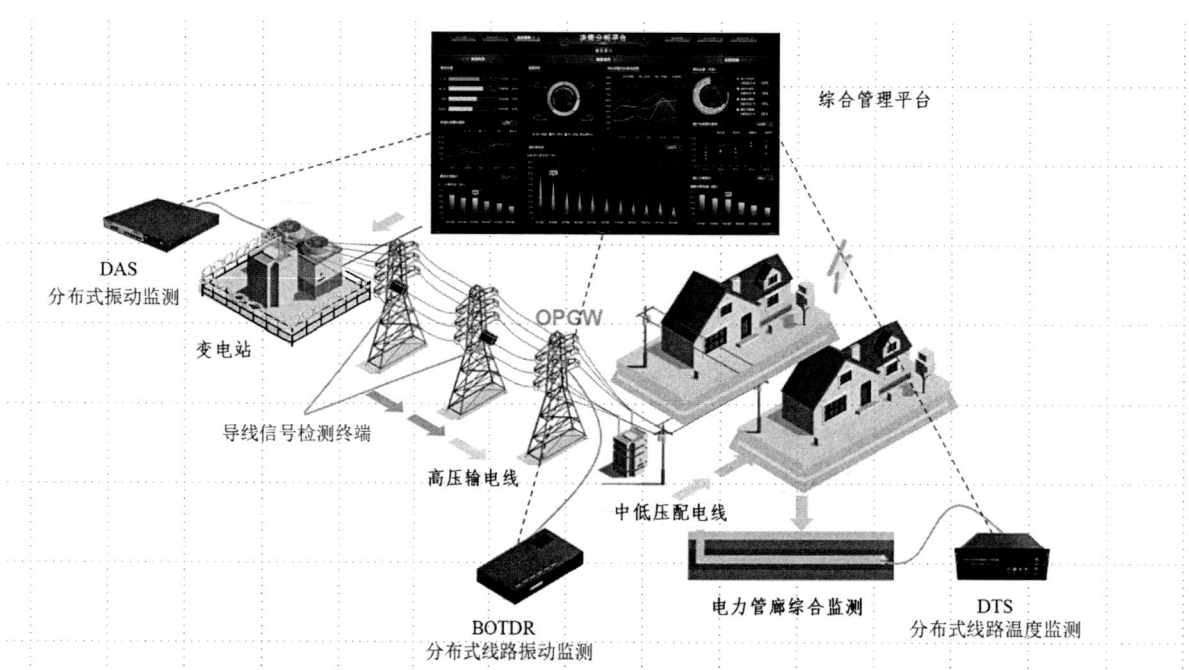

图10　分布式传感在线健康监测解决方案

6. 结语及展望

电力智能化与数字化的需求带动着系列新型光缆技术的不断演进迭代，也在不断促进光纤及光纤传感技术的发展，包括基于多芯光纤传感、空分复用传感等技术也在持续推进中。以光纤传感技术和线缆健康数据为融合的线路在线健康监测技术也将在智能电网中发挥作用，以促进社会双碳目标的实现。

参考文献

[1]　李诗愈，等. 高速大容量光纤通信网络用新型光纤技术[M]// 韩馥儿，主编. 光纤通信信息集锦. 上海科学技术文献出版社, 2014.

[2]　戚卫，等. 光子轨道角动量传输光纤技术[J]. 光通信研究，2017（6）: 62-65.

[3]　江莺，等. 基于监测波峰绝对积分的双折射光子晶体光纤环镜轴向应变传感器研究[J]. 光谱学与光谱分析，2013（12）.

[4]　QINGQING QI, GUOHUA HU, KAI FU, CHENG LIU. Development and application of high temperature resistant optical fibre cable in steam pipeline monitoring field[C]. Proceedings of the 65th IWCS Conference，384-386.

[5]　付凯，等. 金属防鼠光缆结构开发及应用[C]// 中国通信学会. 2017年通信线路学术年会论文集. 2017.

作者简介

罗文勇：教授级高级工程师。烽火通信线缆研发中心总经理，国家"万人计划"领军人才，湖北省有突出贡献中青年专家。从事新型光纤光缆、光纤通信、光纤传感、光纤激光等研究，申请发明专利80余项。曾获国家科技进步二等奖、中国通信学会科学技术一等奖、湖北省科技进步一等奖、中国专利奖银奖等。

胡国华：烽火通信线缆解决方案部总监。从事光纤技术研发及管理工作10余年，参与制定国家标准4项。具有丰富的光缆市场、研发、生产及管理工作经验。曾获中国通信学会科学技术二等奖。

胡国华

祁庆庆：高级工程师，烽火通信科技股份有限公司资深产品开发工程师。从事光缆新产品开发和标准研究，为国际标准ITU-T L.151编辑人，制定和参与制定国家标准与行业标准10余项。曾获中国通信学会科学技术一等奖。

祁庆庆

汪昊：烽火通信资深解决方案经理。长期从事光通信及传感系统解决方案研发工作，曾任NGOF组织代表等职务。

汪 昊

陈保平：高级工程师，烽火通信科技股份有限公司技术专家、行业资深光缆专家。参编申报《武汉下一代信息网络产业集群》和工业强基《超低损耗通信光纤预制棒及光纤"一条龙"应用计划》项目等。曾获中国通信学会科学技术一等奖。

陈保平

新型光纤助力国家算力网络建设
Novel optical fiber assisting China's computing power network construcion

王铁军

王铁军

（长飞光纤光缆股份有限公司）

摘　要："东数西算"国家战略已正式全面启动，支撑"东数西算"的算力网络将成为国家重要的算力基础设施。算力网络的发展对骨干网和大型数据中心提出了更高的要求，构筑算力网络的光底座亟待新型光纤技术的支持。面向骨干传输网，运营商以及国家电网的实际应用研究验证结果充分证明了 G.654.E 光纤的应用价值，这也为 G.654.E 光纤的大规模应用及建设下一代骨干网提供了理论和实践依据。面向大型数据中心内部短距离、高速率互联，高带宽多模光纤提供了最具竞争力的解决方案；面向未来数据中心的高密度接入，小外径抗弯曲光纤、多芯光纤等新型光纤也将致力于助力算力网络建设。

关键词：东数西算　算力网络　双碳　G.654.E 光纤　多模光纤　OM5 光纤　小外径抗弯曲光纤　多芯光纤

1. 引言

所谓"数"指数据，"算"是算力，即对数据的处理能力；算力正成为像水力、电力一样的生产力要素。"东数西算"工程，把大量数据中心建在西部，就能够提高对西部光伏、风电这些绿色能源的使用；如果比例提高到 80%，就能够在 2025 年减少相当于一个超大规模城市的碳排放总量，同时推动数据中心本身的零碳化建设。所以说，"东数西算"是碳中和的关键，能助力我国数据中心实现低碳、绿色、可持续发展。2022 年 2 月，"东数西算"工程正式全面启动。按照大数据中心全国一体化布局，8 个国家算力枢纽节点将作为我国算力网络的骨干连接点（如图 1），发展数据中心集群，开展数据中心与网络、云计算、大数据之间的协同建设，并作为国家"东数西算"工程的战略支点，将东部算力需求有序引导到西部，优化数据中心建设布局，促进解决东西部算力供需失衡问题。

算力网络的发展对骨干网和大型数据中心提出了更高的要求，构筑算力网络的光底座亟待新型光纤技术的支持。本文针对"东数西算"工程中算力网络的具体场景和业务要求,对超 100G 时代的骨干传输网和 400G 以及未来 800G 时代的大型数据中心光连接两种不同应用场景的光纤需求进行了分析,并详细介绍了 G.654.E 光纤及新型 OM5 多模光纤的应用探索,对骨干传输网和数据中心互联提供了相应的光纤选型应用建议。

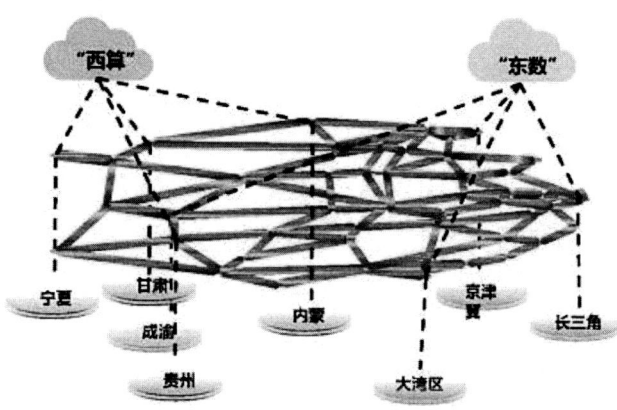

图 1 "东数西算"国家骨干光网络 [1]

2. "东数西算"传输骨干网干线光纤技术研究

"东数西算"网络布局空间跨度大,数据传输更为频繁,用户对时延要求更高,现有骨干网络的性能难以胜任。随着数据流量不断增长,传统承载网的数据传输和带宽压力不断增加,骨干网传输速率将从 100G 不断向 200G/400G 等更高速率升级。根据预测(见图 2),未来 2 年超 100G 网络在整体市场份额中将超过 60%,并且 400G+ 将成为超 100G 网络的主流应用。一般光纤的寿命是 25 年,为了满足系统网络升级的需求,运营商在集采光纤光缆之时必须考虑未来 10 年到 20 年的网络需求。2020 年 3 月,中国移动在集采中首次全面引入单波 200G 超高速传输技术,打造了国内首张 200G 商用骨干网络,成为中国光网络产业从 100G 迈入 200G 时代的关键里程碑。未来网络需求的重点将是 400G 乃至 1T 的速率,就意味着运营商需要提前部署支持 200G、400G 系统的光纤光缆产品。但现网中使用的 G.652 光纤,已经无法满足未来光传输网络超高速率、超大容量、超长距离的传输需要。

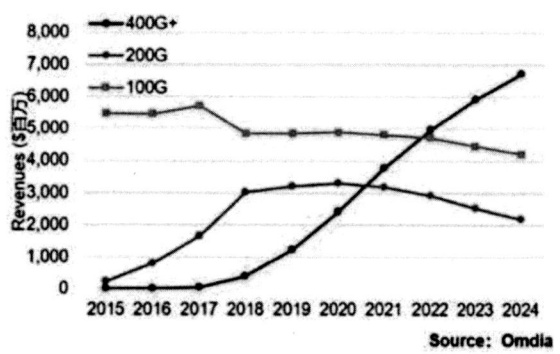

图 2 全球超 100G 网络市场预测 [2]

增加网络容量的有效方式是提高频谱效率，如通过高阶调制或者提高单波的波特率等方式，将现在的100G网络升级为200G甚至400G。400G比100G有更高的频谱效率、更低的单位比特成本和更低的功耗的优势，但也面临高阶调制系统带来的更高光信噪比（OSNR）以及更低非线性效应方面的要求，降低了系统的传输距离，限制了长途传输网络的性能。当网络向更大容量升级时，若采用常规方式则需要使用更多的中继站或拉曼放大器，但这些方式将导致额外高昂的投资。提高网络传输性能是一个系统工程，如400G长距离传送面临香农极限、高波特率器件（高速、高性能）、超宽频谱资源技术（C+L）等关键挑战。解决香农极限难题的手段就是提高光信噪比，一般有三个途径：一是增大光纤的有效面积Aeff，目的是提升入纤功率；二是降低光纤链路衰减；三是降低光纤放大器噪声系数。因此，对于传输骨干网，追求的是更大容量、更高速率、更长距离和更高频谱效率；作为传输媒介的光纤，更低的损耗和更强的抗非线性性能成为算力网络中骨干网光纤的核心特征。因此业界开始探讨使用更具有性价比的新型光纤技术来支持高速传输系统，而兼具超低衰减系数和大有效面积两大特性的G.654.E光纤，可显著降低光纤的非线性效应，提高系统的OSNR，从而增加系统无中继传输距离、减少中继站数量，可以为数据中心和中继站选址在地理位置上提供一个更加灵活的选择，从而降低数据中心整体建设成本。

2016年，ITU-T讨论通过了G.654.E光纤国际标准，可以支持C波段扩展及C+L波段传输。从超高速传输技术发展来看，兼具低非线性效应（大有效面积）和低衰减系数的G.654.E光纤是200G、400G及未来T bit/s超高速传输技术的首选光纤，这在业内已成为共识。

表1 ITU-T G.654.E 标准

特性参数	条件	数值
模场直径	@1550nm[μm]	（11.5—12.5）±0.7
光缆衰减系数	@1550nm[dB/km]	≤0.23
宏弯损耗	弯曲半径30mm-100圈 @1625nm[dB]	≤0.1
色散性能	1550nm色散系数 [ps/(nm*km)]	17—23
	1550nm色散斜率 [ps/(nm2*km)]	0.050—0.070
光缆截止波长	最大值 [nm]	1530

3.G.654.E光纤的应用探索

一直以来，国内三大电信运营商和国家电网都在积极推动G.654.E光纤的测试和商用。

3.1 中国联通工程应用案例

2015—2017年,中国联通分别在东、西部干线网络开展试点,其中东部试验网选择了山东济南—青岛,进行400G系统的传输性能现网测试验证;西部试验网选择了环境复杂的新疆哈密—巴里坤段,验证架空敷设工艺对大有效面积光纤的影响及恶劣环境下长期运行的光缆性能[3]。

试验不仅验证了新型光纤对于400G系统传输性能的提升,还从施工和运维角度验证了采用与G.652.D光纤相同的敷设及熔接接续方法;新型光纤仍然有着相近的性能,在衰减系数上也保持了良好的性能,并未发生由于施工和接续导致的性能上的劣化;同时也不用改进和新增相应设备,不会给运营商带来引入新型光纤光缆后维护成本的增加。

3.2 中国移动工程应用案例

中国移动京津济宁陆地干线光缆采用G.654.E+G.652.D的混纤共缆结构,全长1539.6km。试商用测试重点验证了现网铺设的G.654.E和G.652.D光缆链路损耗、光缆损耗和熔接损耗等关键指标,以及两种类型光纤多跨段100G/200G/400G混传系统的性能。测试结果显示,相比G.652.D光缆,G.654.E光缆损耗平均改善0.02dB/km,与预期一致;在G.654.E光缆承载100G/200G/400G系统时,各项传输性能核心指标均相应提升。在G.654.E光缆现网跨段配置并保证标准余量前提下,单载波400G 16QAM首次实现超过600km的传输距离,单载波200G 16QAM编码超过1000km的传送距离,200G QPSK编码实现超过1500km的传送距离,标志着G.654.E光纤已经具备了商用能力[4-6]。G.654.E超低损耗光纤的引入,使得无电中继传输距离增加和光中继节点减少,通信系统总体建设成本有望降低20%,维护成本也有相应的降低。

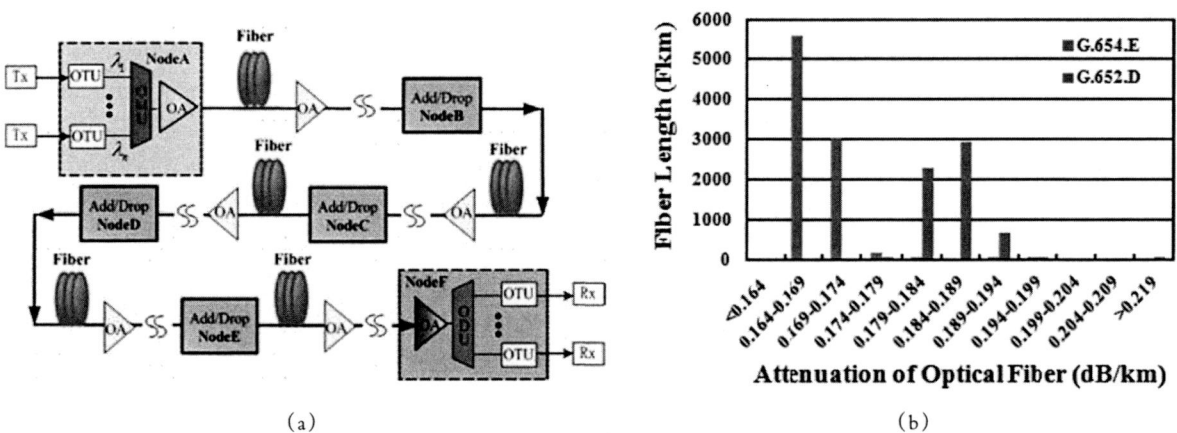

图3 (a)现网试验装置示意图[5];(b)现网铺设的G.654.E和G.652.D的衰减分布情况[5]

3.3 中国电信工程应用案例

2019—2021 年，中国电信开展上海—广州 1970km G.654.E 光纤光缆试商用工程的全 G.654.E 部署，并基于该光缆进行了单波长 400Gb/s DWDM 系统超长距传输现网试验[7]。现网试验表明，在 G.654.E 光纤环境中，100G、200G、400G 等速率均可实现上海—广州的全程无电中继传输。根据现网试验数据进行测算，在满足行业标准和工程规范要求的 OSNR 余量要求下，采用星座整形 PM-16QAM 码型的 400Gb/s 系统可以实现 1500km 左右的无电中继传输，达到超长距传输系统要求。现网比对测试结果表明，G.654.E 光纤的应用较传统 G.652.D 纤芯可以起到延长无电中继传输距离、减少电中继数量和节能降耗等实际效果，对未来单波 1T 及更高速率传输系统的发展演进提供了有力支撑。

在现网工程阶段，中国电信研究院联合相关单位共同努力攻克了光纤熔接设备、测量设备和新型光纤不适配，G.654.E 光纤与 G.652 尾纤模场直径不匹配，恶劣气候及复杂施工环境对光缆敷设、熔接指标造成不利影响等技术难题，同时组织设计院、施工单位、光缆生产商、仪表制造商等产业链上下游企业，协同完成了 G.654.E 新型光纤通用熔接模式的开发和测试，以适配多厂家 G.654.E 光纤熔接；推动三波长 OTDR 的开发与应用，以全面考察 G.654.E 光纤的性能。中国电信在业界率先建成全 G.654.E 陆地干线光缆，通过现网工程积累了丰富的建设和运维经验，为下一步推动 G.654.E 光纤的规模化现网部署和产业链发展奠定了坚实的基础。

3.4 国家电网工程应用案例

国家电网近年来也在积极探索对具备更低衰减系数和更大有效面积的新型光纤的应用，雅中—江西 ±800kV 特高压直流输电工程和陕北—湖北 ±800 千伏特高压直流工程，首创性地使用 G.654.E 光纤为特高压工程超长站距传输提供了有效解决方案[8]。雅中—江西 ±800kV 特高压直流输电工程项目对 G.654.E 光纤衰减提出了严格要求：成缆后 1550nm 处衰减最大值不超过 0.165dB/km，平均值为 0.160dB/km；熔接损耗双向平均值 @1550nm 不超过 0.05 dB/point。该项目已于 2021 年完成施工，并已开通电路。

这两项特高压工程，因采用 G.654.E 新型光纤，打破了国内外电力通信工程陆地无中继传输距离的纪录，成为世界上单跨距离最长（467km）、容量最大的国际领先电力通信工程，开创了电力通信网络应用新纪元，也为电力能源行业通过通信技术助推转型升级新型电力系统、落实双碳目标，助推能源转型与绿色发展提供了重要借鉴。

3.5 G.654.E 光纤 800G 高速互联前沿研究探索

文献[9]中基于 G.654.E 光纤开展 800G 高速互连前沿技术研究，在大容量、长距离光传输技术研究领域取得了新突破，首次实现了单载波 800G 超过 1000km 传输。2020 年 3 月，中国移动与华为曾在浙江完成了中国首个现网 800G 测试，不过当时的测试距离仅为80km，是此次测试距离的7%。

此次试验系统采用了800G可调超高速模块和G.654.E光纤，其中800G模块依托信道匹配整形（Channel-Matched Shaping, CMS）技术，可支持C波段48T的单纤传输容量；G.654.E光纤在1550nm处具有低于0.17dB/km的衰减系数和130μm2的大有效面积，可以提高入纤光功率、降低非线性效应，匹配超高速长距的传输诉求。由此可见，新型编码技术结合拉曼放大技术、新型光纤技术可以有效提升800G长距传输能力，并为后续运营商规模商用800G奠定基础[10]。

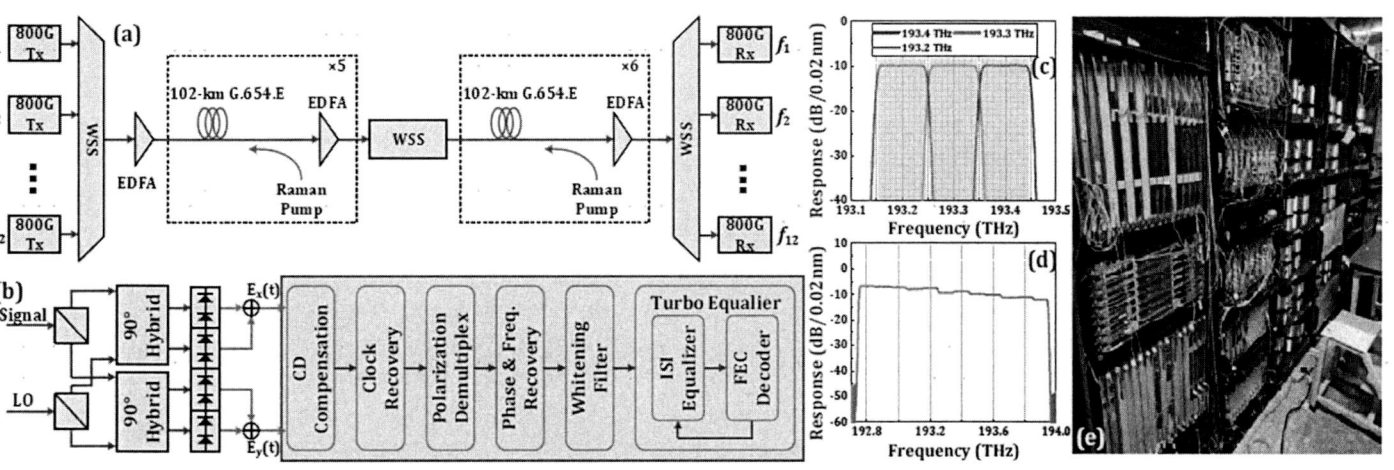

图4 基于G.654.E光纤的单载波800G相干传输系统[9]

电信运营商以及国家电网的实际应用研究验证结果也充分证明了G.654.E光纤的应用价值，这也为G.654.E光纤的大规模应用及建设下一代骨干网提供了理论和实践上的依据。

4. 新型多模光纤技术

数据网络高带宽、广连接的特点将带动数据处理量爆炸式增长，对数据中心建设提出了更高要求，推动了更大规模的数据中心部署。目前全球主要厂商的数据中心内部是以100G、200G传输为主，未来将会有400G、800G甚至1.6T的光连接，这是必然趋势。数据中心不断提速，在数据中心内部使用多模光纤的标准也在不断建立。2020年，行业已经建立了400G传输下使用的多模光纤的标准。然而，在数据中心内部短距离、高速率、高密度的应用场景下，高带宽多模光纤+VCSEL光模块，依然是数据中心短距链路最具竞争力的解决方案。据预测，在2020—2024年，全球多模光纤市场复合增长率（CAGR）约为16%，保守估计未来3年将达到200~400万芯公里[12]。随着数据中心光连接密度、传输距离以及传输容量的增加，对应用于数据中心的多模光纤也提出了更高要求。

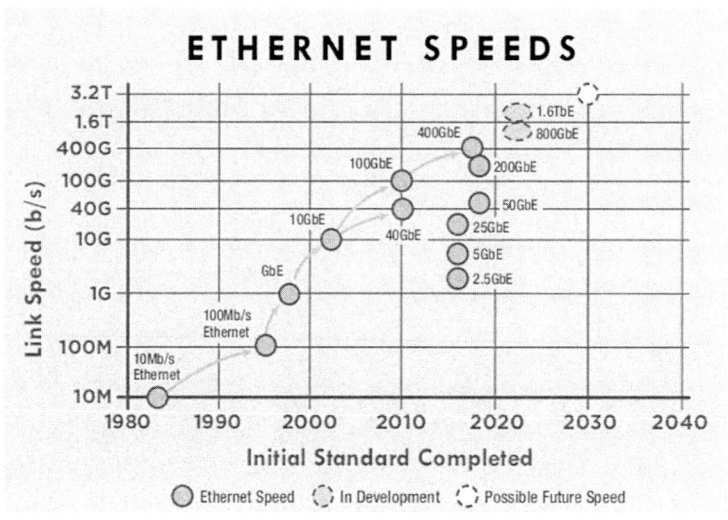

图 5 以太网标准的演进 [13]

4.1 多模光纤的核心技术指标

随着光纤中的信号传输速率成倍增长，单根多模光纤中承载的信号流量越来越大，因此对多模光纤的核心指标——有效模式带宽（EMB）的要求更加严格。然而，由于多模光纤的物理特性，目前还没有一种有效方法能够准确评估一根多模光纤中每一小段的带宽是多少，市场上良莠不齐的多模光纤无法保证数据中心中信号链路传输的稳定。只有有效模式带宽（EMB）一致性优越的高品质高带宽多模光纤，才能打造高效稳定的数据中心。目前，高品质高带宽的多模光纤已经广泛应用在全球数据中心中。

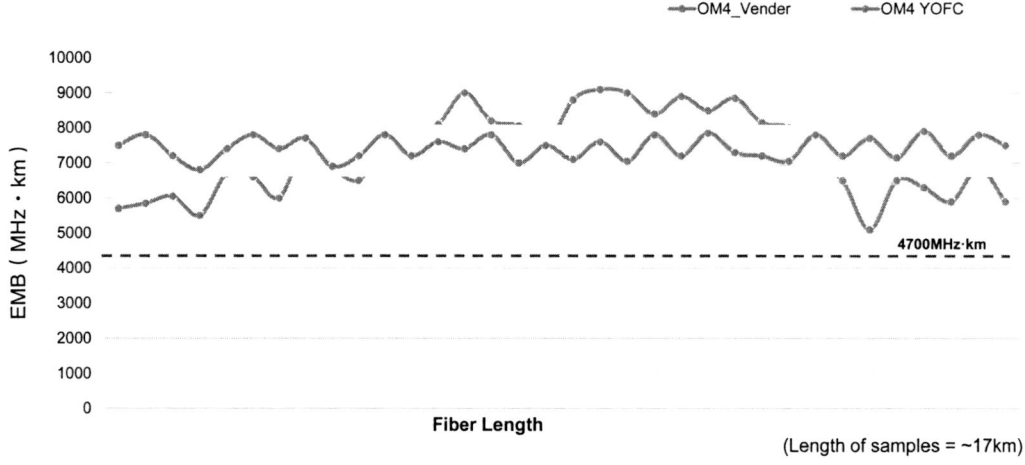

图 6 高带宽多模光纤的 EMB 一致性

4.2 新型 OM5 高带宽多模光纤的技术研究

随着网络数据通讯量的迅猛增长，近年来多模光模块技术逐步从 NRZ 编码发展至

4电平的PAM4信号编码；从单波长光源发展至多波长复用，如2波复用的BiDi技术、4波复用的SWDM技术，以及未来可能的8波长复用。此外，多模光纤还有模分复用（MDM）的潜力，即通过利用多模光纤中的多个可用模式来增加传输容量。

OM3和OM4多模光纤，都是主要应用于850nm波段的多模光纤。随着传输速率的不断提升，仅仅单通道的波段设计，布线越来越密集，管理维护成本也相应升高。基于此，技术人员尝试将波分复用概念引入多模传输系统中，如果能够在一根光纤上传输多个波长，则相应的并行光纤根数和铺设、维护成本都能大幅下降。在此背景下，OM5光纤应运而生。

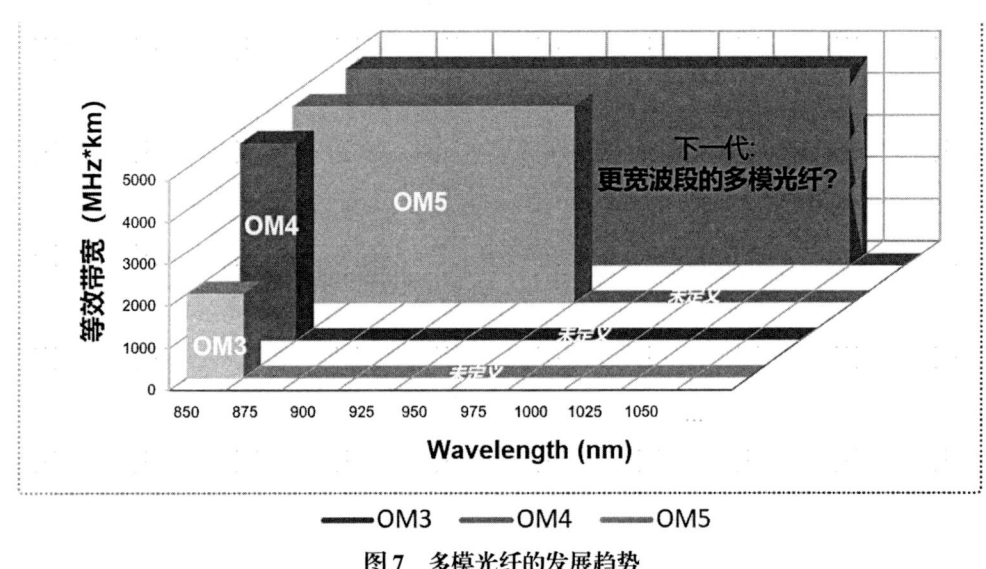

图7　多模光纤的发展趋势

OM5多模光纤在OM4光纤基础上，扩宽了高带宽通道，能够支持850nm～950nm波段的传输应用。目前主流的应用主要是SWDM4（SWDM, Short Wavelength Division Multiplexing）和SR4.2设计。SWDM4是4个短波的波分复用，分别是850nm、880nm、910nm和940nm。这样一根光纤即可支持此前4根并行光纤的业务，见图8。SR4.2是两波分复用，主要用于单纤双向技术。表2是OM3、OM4和OM5光纤的主要带宽指标对比。

图8　短波波分复用技术[14]

表 2 OM3、OM4 和 OM5 光纤的主要带宽指标对比

Attributes	Unit	Limit			
Fibre sub-category		A1-OM2	A1-OM3	A1-OM4	A1-OM5
Targeted operational wavelength(s)	nm	850			850-950
Maximum attenuation coefficient at 850 nm	dB/km	2.5			
Maximum attenuation coefficient at 953 nm	dB/km	Not specified			1.8
Maximum attenuation coefficient at 1300 nm	dB/km	0.8			
Minimum modal bandwidth-length product for overfilled launch at 850 nm	MHz-km	500	1500	3500	3500
Minimum modal bandwidth-length product for overfilled launch at 953 nm	MHz-km	Not specified			1850
Minimum modal bandwidth-length product for overfilled launch at 1300 nm	MHz-km	500			
Minimum effective modal bandwidth-length product at 850 nm	MHz-km	Not specified	2000	4700	4700
Minimum effective modal bandwidth-length product at 953 nm	MHz-km	Not specified			2470

4.3 新型 OM5 高带宽光纤的应用研究

OM5 光纤作为一种新型高端多模光纤，目前已有了众多应用案例，其中最大的一个商业案例是中国铁路总公司总数据中心项目，该项目总投资 22.7 亿元，占地约 70 亩，总建筑面积约 4.6 万平方米，项目建成后主要用于铁路行业相关核心数据存储、12306 网站数据的存储及交换等。该项目同时也是国内大型数据中心首次规模使用 OM5 多模光纤。

该数据中心将机柜布局分成多个模块，各系统在一个模块找到最优方案后，可以复制到其余模块，而且模块之间相互独立，可以"启用一部分，建设一部分"。由于 5G 网络逐步覆盖，在数据吞吐量上增加了 10 倍，通信容量也增加了 100 倍，对于承担了所有铁路服务、大数据应用、票务系统等的主数据中心而言，当前的端口将无法满足及支撑用户终端数据量指数级增长的需求，故整体主数据中心看到了未来网络的发展，成为了第一个使用 OM5 光系统的数据中心。OM5 光纤产品主要承载了 ToR-leaf、leafspine 之间的高速率传输，其扩展能力可以把 1 条 24 芯的 MTP 预端接光缆能提供 12 条 400G 通道，也可以通过适配器组的变更直接升级为 2*1.6T 通道。

该数据中心瞄准了 OM5 光纤在 SR4.2 上的波分系统应用优势，使用最低的成本，实现了最大容量的通信，也为未来进一步升级速率做了准备。未来提升速率或者扩宽波段应用时，可以不再更换光纤，能够显著降低升级成本。

随着数据中心应用的需求不断提升，对多模光纤的要求也不断提高。多模光纤朝着低弯曲损耗、高带宽、多波长复用的方向发展。其中最具有应用潜力的，当属 OM5 高带宽光纤，其与性价比高的 VCSEL 激光器配合，为数据中心传输提供了低成本、低能耗、高性能、完美兼容的优质解决方案，还为未来系统升级至更高速率（如 800Gb/s 和 1.6Tb/s）的多波长系统提供了有力的光纤解决方案。

另外，面向未来数据中心的高密度接入，小外径抗弯曲光纤、多芯光纤等新型光纤也将致力于助力"东数西算"建设。

5. 结论与展望

随着我国"东数西算"工程逐步实施推进，光纤光缆作为东西数据的传输通道，G.654.E 光纤可以实现更远的传输距离、更高的系统容量、更长的跨段距离或更多的系统冗余，从而为骨干传输网的长途传输带来可见的应用价值；超低衰减 G.654.E 光纤已成功应用在电信运营商以及国家电网的多个 G.654.E 干线光缆线路工程项目，并通过现网 400G 测试及 800G 实验室长距离传输测试，支持未来 10 年到 20 年的网络需求，能为 5G 时代国际及国内骨干网扩容、云化数据中心互联发展和"东数西算"运力大动脉建设提供最佳光纤光缆解决方案。

同时，高带宽多模光纤和宽带多模光纤支持 400G 及以上数据中心光接入，打造高效稳定的数据中心。面向未来数据中心的高密度接入，小外径抗弯曲光纤、多芯光纤等新型光纤也将致力于助力"东数西算"建设。随着"东数西算"建设的实施，中国信息通信事业也将迎来一个新的高速发展时代。

参考文献

[1] 杨子彤. 智慧光网构建数字连接全光底座 [EB/OL]. （2022-06-21）[2022-08-16]. https://mp.weixin.qq.com/s/u0N4w04hdE2g8L6keYjNTQ.

[2] 李春生. "东数西算"助推光纤升级换代，G.654.E 光纤迎来高速增长 [EB/OL]. （2022-04-13）[2022-08-17]. https://www.c114.com.cn/ftth/5472/a1193220.html.

[3] SHIKUI SHEN et al.G.654.E Fibre Deployments in Terrestrial Transport System[C]. Optical Fiber Communication Conference, 2017：M3G.4.

[4] 李允博. 中国移动首次成功完成新型光纤长距离传输单载波400G系统试商用测试 [EB/OL]. （2019-02-25）[2022-07-29]. http://www.cww.net.cn/article?id=447352&from=singlemessage&isap

pinstalled=0.

[5] DONG WANG, YUNBO LI, et al. Field trial of real-time single-carrier and dual-carrier 400g terrestrial long-haul transmission over g.654.e fiber [C]. 45th European Conference on Optical Communication（ECOC）, 2019.

[6] DONG WANG, YUNBO LI, et al. Ultra-low-loss and large-effective area fiber for 100Gbit/s and beyond 100Gbit/s coherent long-haul terrestrial transmission systems [J]. Scientific Reports, 2019（9）：17162.

[7] ANXU ZHANG, JUNJIE LI et.al. Field trial of 24-Tb/s（60 × 400Gb/s） DWDM transmission over a 1910-km G.654.E fiber link with 6-THz-bandwidth C-band EDFAs [J]. Optics Express, 2021, 29（26）：43811-43818.

[8] 讯石光通讯网. 国网信通&长飞面向特高压输电工程超长距光通信G.654.E光纤技术方案 [EB/OL].（2021-12-31）[2022-08-19]. http://www.iccsz.com/site/cn/News/2021/12/31/20211231075003361858.htm.

[9] HAN LI, et al. Real-time demonstration of 12-λ×800-Gb/s single-carrier 90.5-GBd DP-64QAM-PCS coherent transmission over 1122-km ultra-low-loss G.654.E fiber [C]. 47th European Conference on Optical Communication（ECOC）, 2021：We3c1-5.

[10] C114通信网. 中国移动研究院联合华为、长飞完成1100公里800G光传输测试 [EB/OL]. http://www.c114.com.cn/news/118/a1157703.html.

[11] 讯石光通讯网. 数据中心建设火力全开拉动三类光纤光缆需求增长 [EB/OL].（2020-04-27）[2022-08-19]. http://www.iccsz.com/site/cn/news/2020/04/27/20200427010808051396.htm.

[12] OF week 光通讯网. 2020—2024年全球多模光纤市场复合年增长率约16% [EB/OL].（2020-04-30）[2022-07-29]. https://fiber.ofweek.com/2020-04/ART-210001-8420-30438496.html.

[13] ETHERNET ALLIANCE. Ethernet-Roadmap2022 [EB/OL]. https://ethernetalliance.org/wp-content/uploads/2022/03/Ethernet-Roadmap2022-Final.pdf.

[14] 长飞光纤光缆股份有限公司官网. 长飞公司助力建设国内首个采用OM5多模光纤的大型数据中心 [EB/OL].（2018-09-20）[2022-07-28]. https://www.yofc.com/view/595.html.

作者简介

王铁军：华中科技大学博士，长飞光纤光缆股份有限公司材料事业部副总经理兼多模产品线总经理。主要研究方向为新型通信光纤、特种光纤以及光器件。

基于SDM的新一代海底光缆技术研究
A new generation of submarine cable research based on SDM for submarine networks

许人东

许人东　王　畅　胥国祥
（江苏亨通海洋光网系统有限公司
海洋信息技术与装备创新中心）

摘　要：海底通信经历了170多年的发展，从海底电报电缆、同轴电话电缆到海底光缆，由语音信号变成数字信号，系统容量提升了几十万倍。截至目前，海底光缆作为国际间信息传输的主要手段，已经承载了全球99%以上的国际间通信容量。随着近年来信息化的快速发展，互联网流量与2010年相比增长了12倍，进一步推动了海底光缆通信系统的更新迭代，通信系统正在朝大容量的方向发展。在过去的25年里，单芯光纤的容量已经接近香农－哈特利理论，传统的通信不再能够满足对传输容量日益增长的需求，因此，SDM（Space Division Multiplexing，空分复用）技术在新一代海底光缆通信中得以尝试，并经过数年发展，实现了工程应用。

关键词：海底光缆　更新迭代　大容量　空分复用

1. 基于SDM技术的海底光缆概述

海底光缆作为当代国际通信的重要手段，承载了全球99%以上的国际通信业务，是全球信息通信的主要载体。近年来，伴随着云计算、大数据、自媒体、5G、物联网等等技术产业的蓬勃发展，全球正处于数字化变革浪潮中，带宽需求日益增长。

目前的海底通信技术提供的系统带宽已不足以满足急遽攀升的流量需要，现阶段提升系统容量的途径有单纤容量提升和系统光纤数提升两种方式。自1990年以来，单纤容量的提升经历了传输模式、前向纠错、增益均衡、色散管理、波分复用、光放大以及相干接收技术。海底光缆系统的容量一直呈现指数级的增长，由于数字信号处理算法无法完全补偿光纤信道给信号带来的随机非线性噪声，单模光纤传输容量已逼近香农极限，增长趋缓而不再呈指数级增长[1-2]，如图1所示。因此，为实现系统容量的大幅提升，基于SDM技术的新一代海底光缆开始出现。

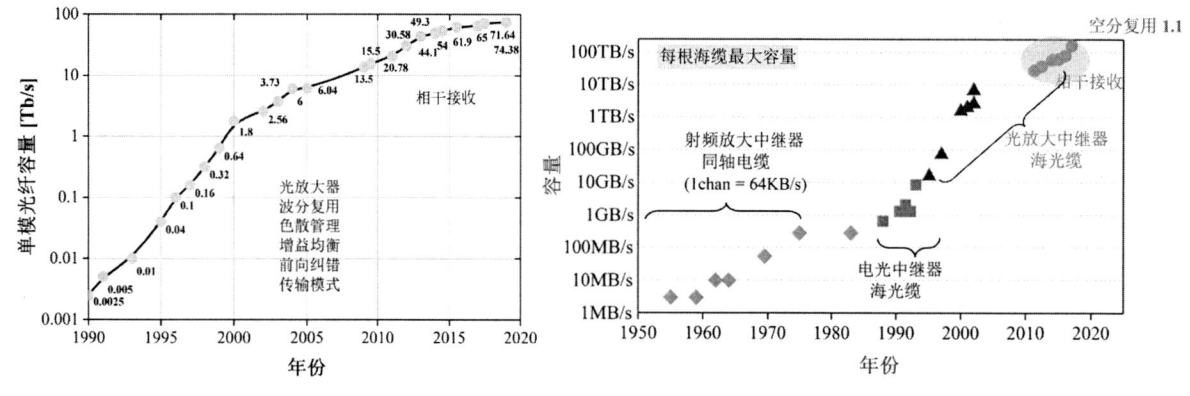

| 图1a 单纤容量技术发展情况 | 图1b 海底通信系统容量增长情况 |

实现基于SDM技术的海底通信的主要技术路径有以下三种：

第一种：在目前的海底光缆结构空间增加光纤纤对数，如12—16纤对被认为是第一代的SDM海底光缆技术即SDM1.0代、20—24纤对为SDM2.0代，以实现大幅度提高系统容量。但其存在的难题是由于光纤纤对增加，导致海底光缆结构变大，相对应的海底中继器等深海设备物理结构需要重新设计，EDFA（Erbium Doped Fiber Amplifier，掺铒光纤放大器）光放大的泵浦共享冗余设计及可靠性、水下电功率需求等亦增大。目前国际上如美国Sub Com、法国ASN、日本NEC都发布新闻宣称已经开发出第一代基于SDM技术的12—24纤对的海底光缆系统，但并没有实际工程应用。目前业界基于SDM技术的海底光缆，即全部采用该种技术路径。

第二种：通过增大海底光缆中的单芯光纤密度实现系统容量的提升。如采用在同一光纤包层中布置多个纤芯即MCF（Multi-Core Fiber，多芯光纤）进行空分复用、在同一纤芯同时传输多个线偏振模式的FMF（Few-Mode Fiber，少模光纤）进行复用、将多芯复用及少模复用结合在一起的FM-MCF（Few-Mode Multi-Core Fiber，少模多芯光纤）进行复用等[2-6]。

第三种：利用光束的不同螺旋相位波前进行正交复用的OAM（Orbital Angular Momentum，轨道角动量）方式进行复用[2]。

后两种复用技术目前还处在前期研究和实验室试验阶段，国内外的研究论文及实验室演示报道多集中在多芯光纤的空分复用技术领域。由于后两类空分复用技术是颠覆性技术，产业链及供应链体系需要技术变革，包括光棒、光纤、海底光缆、光器件及光放大、光纤耦合及接续工程、试验与测试技术、海上施工及运维技术等都需要变革乃至颠覆，产业链的培育及成熟需要的周期较长，目前业界普遍认为在未来一段时期，海底光缆系统容量的增长将主要基于第一种SDM技术路径。

2. 基于SDM技术的新一代有中继海底光缆开发

本文针对基于SDM技术的16纤对有中继海底光缆进行介绍；与传统的海底光缆相比，物理增加光纤纤对数，属于第一种SDM技术。基于SDM技术的16纤对有中继海底光缆系统实现了通信容量的提升，但也导致缆型的整体结构尺寸变大（其结构如图2所示），还需进一步解决系统超长距离光电传输、超高耐静水压与水密氢密技术等难题。

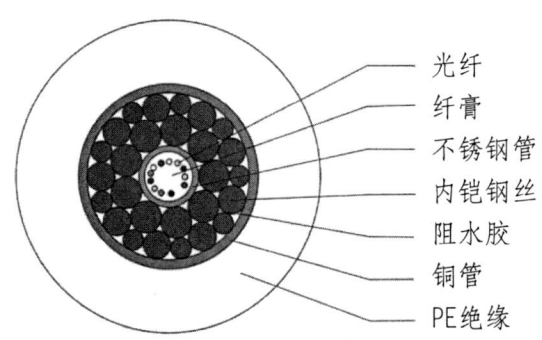

图2 基于SDM技术的16纤对有中继海底光缆结构图

针对跨洋海底光缆通信系统"超大容量""超长跨距""超大水深"的三大技术难点，从大有效面积光纤及成缆控制、高可靠绝缘耐压、大长度制造、深海超高耐压及水密氢密等五个细分领域的原理、机理进行设计，形成创新技术点如下：

（1）多纤对大有效面积光纤成缆附加衰减与衰减稳定性控制

大有效面积光纤对弯曲较为敏感，成缆过程中附加衰减难以控制；同时为满足中继系统均衡放大需求，要求各纤对衰减均一性较好。

通过建立大有效面积光纤造管光纤余长边界模型及余长一致性控制工艺，将大有效面积超低损光纤海底光缆附加衰减控制在±0.003dB/km的稳定均衡范围内，可满足万公里光性能传输，传输容量高达307.2Tbps。

（2）高可靠的绝缘耐压技术

为满足跨洋大芯数海底通信系统的单端供电，光纤芯数增加，海底中继器所需的功耗变大，导致海底光缆上需运行更高电压等级的直流电；典型的电压等级超过15kV达到18kV甚至20kV，必须保证海底光缆绝缘在此电压下具有25年可靠性寿命。

提出了绝缘壁厚冗余设计模型，建立了海底光缆绝缘电老化寿命试验模型及评估方法，匹配万公里级基于SDM技术的海底光缆通信电传输需求。

（3）大长度制造技术

为满足跨洋大芯数海底通信系统的建设，必须突破有中继海底光缆系统单跨极限。开发了高可靠的管接技术与铠装缆型在线过渡连接技术，具备了超万公里链路长度、基于SDM的16纤对底光缆系统制造与集成能力。

（4）深海超高耐压技术

为满足大芯数海底光缆的全海域应用，深海万米水深下水压达到100MPa，必须提升缆型整体承压性能。

创新设计了奇数不等径钢丝复合铜管一体化内铠结构。提出了9+9+9奇数不等径深海海底光缆内铠结构，研制了奇数不等径钢丝复合铜管一体化成型工艺，保证了海底光缆结构的稳定性和机械性能，满足了基于SDM的16纤对底光缆万米级水深布放、回收及长期运行的要求。

（5）深海水密氢密技术

为了限制海底光缆断缆维修时截取的长度，并满足海底光缆的径向高压绝缘要求，故海底光缆的纵向、径向阻水是海底光缆面临的另一大难题。

鉴于光纤的氢损特性，同时匹配海底光缆25年的高寿命可靠运行，氢密的处理同样是一个重点考虑点。

开发了海底光缆多维度阻水阻氢技术，通过高密度聚乙烯绝缘层、高可靠氩弧焊铜管，激光焊接无缝不锈钢管实现了海底光缆径向的阻水阻氢；通过不锈钢管中90%填充率以上的吸氢纤膏、内铠钢丝阻水胶涂敷技术、创新的绝缘与铜管粘结层技术，实现了海底光缆纵向的阻水阻氢，使得基于SDM的16纤对底光缆满足万米深海应用。

表1展示了基于SDM技术的16纤对有中继海底光缆的技术指标。

表1 基于SDM技术的新一代有中继海底光缆的技术指标

技术指标		单位	指标
光学性能	容纳光纤对	FP	16
	光纤衰减偏差 @1550nm	dB/km	±0.003
电气性能	直流电阻 @20℃	Ω/km	0.96
	绝缘电阻 @20℃	GΩ.km	>150
	可靠运行电压	kV	20
机械性能	LW 最小断裂负荷	KN	95
	LW 抗冲击功	J	100
	LW 抗压扁性能	kN	15
环境性能	耐静水压性能	MPa	100
	52MPa，14天纵向渗水长度	m	103
认证	通过UJ认证		

3. 基于SDM技术的新一代有中继海底光缆工程应用

基于SDM技术的16纤对海底光缆目前已完成产品研制，并于2021年9月实现了国际首个基于SDM技术的海底光缆通信系统的工程应用。该项目连接我国海南省和香港特别行政区，分支登录广东省，系统总长约700千米，最大化系统总容量达307.2Tbps，项目路由如图3所示。

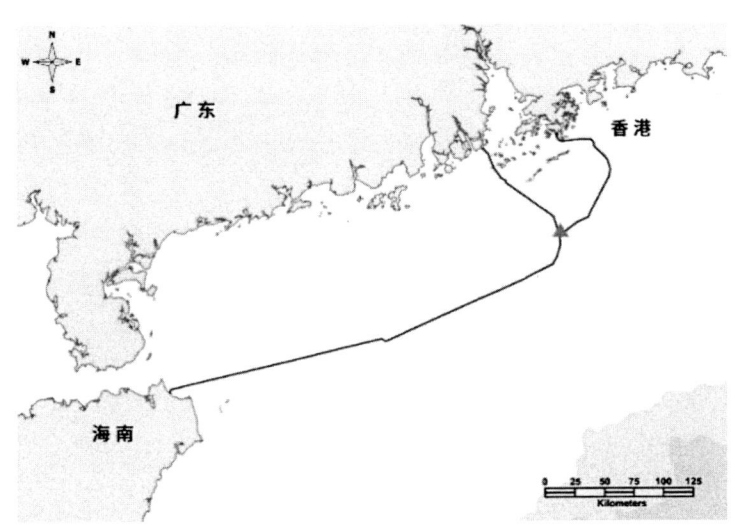

图3　海南–香港项目路由图

4. 总结

海底光缆通信作为国际间通信的主要载体，在很长一段时间里，仍将占据主导地位。据STF统计，预计到2024年底，全球产能将增加100%，未来3年计划有多个系统的设计能力超过100Tb/s[7]。未来随着疫情防控的常态化，流媒体、电商、远程办公、视频会议等需求将进一步提升，这将对海底通信系统容量提出更高的要求，全球带宽市场有望进入新一轮的增长周期，基于SDM技术的大容量海底光缆产品也将迎来更大的市场。同时，随着近年来国家海洋强国战略的实施，以及在大国博弈的大背景下，我国海底通信系统关键技术的自主可控对于维护国家信息、国防安全都具有战略意义。

参考文献

[1] A.N. PILIPETSKII, G.MOHS. Technology evolution and capacity growth in undersea. cables [C]. OFC，2020：W4E.2.

[2] 赵永利，宁云潇，赵子飘，郁小松，张杰. 多维复用光网络关键技术 [J/OL]. 光通信技术（网络首发），（2020-09-21）[2022-07-16]. https://kns.cnki.net/kcms/detail/45.1160.TN.20200921.1624.002.html.

[3] KUNIMASA SAITOH,SHOICHIRO MATSUO. Multicore Fiber Technology [J]. Journal of. Lightwave Technology, 2016, 34（1）:55-66.
[4] TETSUYA HAYASHI, YOSHIAKI TAMURA, TAKEMI HASEGAWA,TOSHIKI TARU. Record-Low. spatial mode dispersion and ultra-low loss coupled multi-core fiber for ultra-long-hual transimission [J]. Journal of lightwave technology, 2017, 35（3）:450-457.
[5] WERNER KLAUS,BENJAMIN J. PUTTNA,RUBEN S. LUIS,JUN SAKAGUCHI, JOS-MANUEL DELGADO. MENDINUETA,YOSHINARI AWAJI,NAOYA WADA. Advanced space division multiplexing technologies for optical networks [J]. Journal of Optical Communication Networks, 2017, 9（4）:C1-C14.
[6] MD. NOORUZZAMAN,TOSHIO MORIOKA, Multicore fiber for high-capacity submarine[J]. transmission systems, 2018, 10（2）:A175-A184.
[7] SUBMARINE TELECOMS FORUM. Submarine Cable Almanac online version: Issue 28,November 2018 [EB/OL]. https://subtelforum.com/products/submarine-cable-almanac.

作者简介

许人东：浙江大学海洋学院博士，教授级高级工程师。现任江苏亨通海洋光网系统有限公司总经理，兼任中国电器工业协会通信电缆及光缆专家委员会副主任委员、《中国海洋平台》杂志副主任编委、中国未来海洋联盟海洋技术分会理事、江苏省产业教授、江苏省企业信息化协会特聘专家。曾在西门子（SIEMENS）、朗讯科技及贝尔实验室（Lucent Technologies/Bell labs）、康宁（Corning）等全球500强企业从事光纤通信行业技术研发及产业化与运营管理工作20多年，参与过国家"十一五"重大科学工程中国科学院FAST通信工程项目，拥有50多项专利，发表国际论文10多篇。先后荣获2次中国光学工程学会科技进步一等奖（分别排名第三、排名第一）和2次江苏省科学技术一等奖（分别排名第二、排名第一），以及江苏省"企业创新达人"、苏州市"魅力科技人物"等荣誉称号。

王畅

王畅：工学学士，毕业于哈尔滨理工大学光电信息科学与工程专业。目前从事的专业领域为海底光缆通信，发表相关学术论文3篇。曾荣获第七届中国光学工程学会科技创新一等奖。

胥国祥

胥国祥：硕士，毕业于北京航空航天大学机械设计及理论专业。2019年入选姑苏紧缺人才。拥有10多年的海底光缆行业工作经验，长期致力于海底光缆通信系统研究工作，研制出多种有中继、无中继海底光缆产品及其附件，产品已成功应用于多个国内外项目。目前已申请国内外专利30多项，发表相关学术论文7篇。先后2次荣获中国光学工程学会科技进步一等奖、2次荣获江苏省科学技术一等奖。

胡卫生

"二龙戏珠，众星拱月"
——全球卫星激光通信发展综述
Progress of Satellite Laser Communication in the World

胡卫生

（上海交通大学）

摘　要：当前，卫星激光通信已然成为全球通信领域的一颗璀璨的明珠，受到光纤通信和移动通信两个领域的追捧，形成了"二龙戏珠"的局面。尤其是基于"第一性原理"的一箭多星商用化火箭的发展，极大地推进了大规模低轨卫星星座的商业化进程，全球化星座数量和规模增长空前，与以月球和火星为代表的深空科学探索，形成了"众星拱月"的局面。本文试图从"二龙戏珠"和"众星拱月"两个层面，综述全球激光通信的发展概貌，总结全球卫星激光通信的里程碑成就；最后，指出巨星座卫星激光通信发展所面临的若干挑战并进行思考。

关键词：激光通信　卫星星座　光通信　6G

1. 引言

近年来，卫星激光通信成为一颗璀璨的明珠，受到了来自光纤通信和移动通信两个行业的追捧，形成"二龙戏珠"的局面。光纤通信和移动通信的发展，未来必然指向卫星激光通信的长远目标。

从"第一性原理"出发，太空探索（SpaceX）突破了变革性一箭多星火箭发射和低轨通信卫星技术，推进了大规模星座的商业化进程。同时，以月球和火星为代表的深空科学探索，持续推进高轨卫星、空间站、空间激光中继、月球卫星网络乃至火星激光通信的发展，形成"众星拱月/火星"的局面。

本文试图从"二龙戏珠"和"众星拱月"两个层面，简述近年来全球卫星激光通信的发展概况，系统地总结卫星激光发展的重要里程碑成就；最后，指出卫星激光通信进一步发展所面临的挑战并对其做些思考。

2. OFC 大会与卫星激光通信

2022 年全球光纤通信大会（OFC）共有三个大会报告，分别是光子集成、光网络和卫星激光通信。作为领域风向标，它凸显了当前卫星激光通信的全球关注度，报告人 NASA 科学家 James Green 博士围绕深空探索，介绍了航天器、着陆器、漫游器和人类深空科学探索的通信技术，展示了月球和火星的科学探索在激光通信方面的发展计划。

此外，分会环节设置了"卫星激光通信进入新时代"专题，来自美国 NASA 中心、欧空局、日本 NICT、欧洲空客、德国空天中心、日本 NTT 实验室、德国 ADVA 公司、美国 MIT 大学等的科学家，全方位、多视角地展示了各国和各机构在空间激光卫星研究方面的成就和发展计划。

上述报告表明，光纤通信领域开始高度关注卫星激光通信的发展。

3. 5G/6G 与卫星通信

全球地面蜂窝移动通信，大约覆盖 20% 的陆地面积和 6% 的地球表面积，尚有海洋、山川、森林、沙漠等地区无法通过地面蜂窝基站提供网络覆盖。因此，卫星通信与移动通信融合，构成空、天、地一体化网络，成为 6G 发展愿景。

从 5G 开始，国际电信联盟（ITU）就着手立项研究"将卫星系统集成到下一代接入技术的关键因素"，包括 ITU-RM.2083"下一代移动通信网应满足用户能随时随地访问服务的需求"和 ITU-RM.2460"卫星系统整合到下一代接入技术中的关键因素"。第三代合作伙伴计划（3GPP）从 R14 开始，着手对卫星通信进行了研究；R15 明确将支持卫星接入作为 5G 系统需求；R16 对 NR（New Radio 新空口）支持 NTN（非地面网络）解决方案立项；R17 针对卫星接入对核心网影响问题及解决方案进行研究和评估；R18 研究卫星接入多连接、核心网上星和星上边缘计算等卫星与 5G 融合增强特性；R19 将研究基站与核心网上星。希望这些发展愿景在 6G 时代得以实现。

4. 大规模低轨卫星星座

早在 1991 年，摩托罗拉就设计出"铱星一代"低轨卫星星座，这是一个划时代的构想。铱原子序数 77，实际发射 66 颗星，星座覆盖全球区域，包括南北两极，提供全球任何地点的电话通信业务。1999 年 8 月，进入破产保护，随后重组成独立公司。2017—2019 年，75 颗"铱星二代"卫星通过 SpaceX 火箭分 8 批被送入预定轨道，提供宽带服务；目前全球用户 147.5 万，成为第一个规模化商用卫星星座。

SpaceX 火箭发射技术的变革是卫星通信的一个分水岭。"猎鹰 9 号"一箭多星发射方式的颠覆性突破，加上工厂化低成本卫星制造技术的巨大进步，降低了卫星部署成本，推进了巨星座（mega-constellation）的发展。每个巨星座的卫星数量，从 66 颗到 42000 颗不等。代表性的巨星座计划有中国国网、美国星链和亚马逊 Kuiper 等，如图 1 所示。

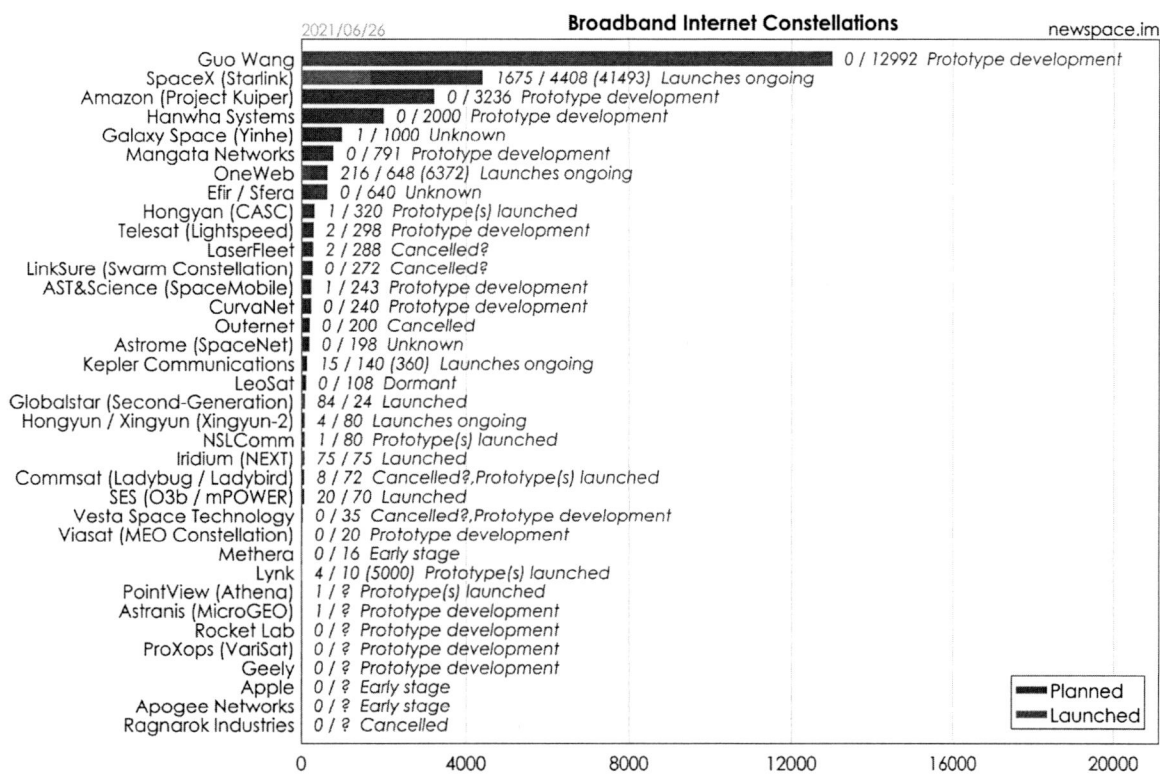

图1 全球星座计划。数据引自 Erik Kulu. Satellite Constellations – 2021 Industry Survey and Trends [C]. 35th Annual Small Satellite Conference. Aug 10, 2021.

以星链计划为例。2018年发射了2颗原型试验卫星（MicroSat2A、2B），2019年发射了V0.9版卫星和V1.0版卫星。V1.5版卫星在V1.0版基础上增加了星间激光链路载荷，将支撑星链系统形成空间组网能力。2022年6月，马斯克透露已生产出第一颗V2.0版卫星，长约7米、重约1250kg。可见，卫星毫米波通信将向着激光通信的技术方向迈进。

5. 深空探索激光通信

自古以来，人类就对宇宙的探索充满了好奇，其中，月球和火星两个重要目标。深空通信提供了地球与离开地球卫星轨道进入太阳系的飞行器之间的通信，距离可达几百万公里、几千万公里以至亿万公里以上。与毫米波相比，激光通信具有更窄的光斑半径和更高的通信速率，将为人类征服遥远的星球提供更重要的通信手段。

（1）美国卫星激光通信。

美国卫星激光通信分别在国防部太空发展局（SDA）和宇航局（NASA）中部署。SDA "下一代太空体系架构" 采用光学星间链路（OISL），每颗传输层卫星通过4条OISL连接轨道的前、后、左、右四个方向，分别与同轨道的两颗卫星和异轨道的两颗卫星通信。NASA负责制定和实施美国的太空计划和太空科学研究，包括水星计划、双子星计划、阿波罗计划、太空实验室、航天飞机、国际空间站（与俄、加、欧、日合作）、星座计划和未来载人登陆火星的猎户等。激光中继实验卫星从2013年开始，长远目标是建立一个月球网络（LunaNet），如表1所示。

表1 美国宇航局深空激光通信计划（数据引自NASA网站）

名　　称	描　　述
1. 月球激光通信演示（LLCD）（2013）	2013年，LLCD演示了从月球轨道到地球622Mbps激光通信，以及从地球到月球轨道20Mbps激光通信。验证了在月球上使用激光通信的可行性，为进一步的研究和开发奠定了基础。
2. 激光通信科学光学有效载荷（OPALS）（2014）	2014年，OPALS在国际空间站进行了4个月的激光通信演示，在短短7秒钟内将1969年阿波罗二号登月的高清视频下传，而此前使用现有基础设施将视频上传需要12个小时。
3. 光通信和光传感演示（OCSD）（2017—2021）	2017年，OCSD推出一组三个立方卫星，首次实现了从立方卫星到地面站的高速激光通信下行链路，数据速率达到2.5Gbps。
4. 激光通信中继演示（LCRD）（2017—2021）	LCRD是美国宇航局第一个端到端激光中继系统，演示和测试美国宇航局开发的激光技术。LCRD有两个光学终端，每个终端能够以1.2Gbps速率发送和接收数据。在支持近地轨道任务之前，LCRD将花费两年时间为地基激光实验中继转发数据。
5. 太字节近红外传输（TBIRD）（2022—2025）	TBIRD演示从近地轨道上的立方体卫星到地球的直接激光通信链路。载荷激光终端每天能够传输超过50TB的数据。
6. 集成化激光通信中继近地轨道用户调制解调器和放大器终端（ILUMA-T）（2022—2025）	ILLUMA-T成为LCRD的第一个用户，为国际空间站带来激光通信能力，将接收来自载荷实验的大量科学数据，并将其发送到LCRD，然后由LCRD将其中继到地面。
7. 深空激光通信（DSOC）（2022起）	DSOC将测试深空探索的独特激光通信技术，将搭载在Psyche航天器上飞行，以研究在火星和木星之间围绕太阳旋转的一颗独特的金属小行星。
8. 猎户座阿尔忒弥斯2号激光通信系统（O2O）（长远目标）	O2O将利用猎户座飞船上的激光通信，该飞船将自阿波罗任务以来再次将人类送上月球，实现宇航员和地球之间的实时超高清视频传输。
9. 月球网络（LunaNet）（长远目标）	LunaNet是美国宇航局的月球互联网计划。使用射频通信或激光通信，月球轨道器或月面漫游器将连接到LunaNet网络，并接收联网、导航和检测等服务。

卫星-地面之间的激光链路必然要受到大气变化。因此，实验中选择两个光学地面站（OGS-1和2），分别位于加利福尼亚的桌子山和夏威夷的哈雷阿卡拉，以避免同时受到恶劣天气的影响。两个光学地面站都采用了自适应光学技术，使用传感器测量信号的失真，通过可变形的镜子，改变其形状来消除大气层所引起的信号畸变，更真实地恢复出原始信号。

（2）欧洲卫星激光通信

欧空局（ESA）部署的数据中继系统，被誉为"空间数据高速公路"或"星纤"计划（Fibre in the Sky）。一期为两个地球静止轨道节点（EDRS-A和EDRS-C卫星），二期扩展到EDRS-D/-E卫星，形成"全球网络"（GlobeNet）。在低轨卫星与中继卫星之间采用激光通信。欧空局规划的"空间大容量光网络"（HYDRON），长远目标是建立一个空间的全光网络。

（3）日本卫星激光通信

日本卫星激光通信研究部门主要有日本宇航探索局（JAXA）和日本国家信息与通信技术研究所（NICT）。日本在激光通信方面进展十分迅速，其"地面轨道间激光通信演示验证"（GOLD）项目已取得巨大成功。通过与美欧合作，对高速中继服务系统投入大量资源，致力于将激光通信应用于卫星组网和数据中继服务方面，在全球范围内首次验证微小卫星实现激光通信的可行性。

（4）中国激光通信

2011年，哈尔滨工业大学研制了国内首个LCT并搭载在"海洋二号"HY-2A卫星上，完成了504Mbps单路星地激光通信实验。2013和2017年，长春理工大学在飞行器对地和飞行器之间的激光通信方面取得很多研究成果，实现了两架相距144km的运12飞机之间的2.5Gbps激光通信实验。2016年，中科院和中科大联合发射了"墨子号"量子卫星，使用激光链路构建天地一体化的量子密钥传输、保密通信和科学实验体系，并搭载5Gbps星地激光通信试验。2017年，东方红三号B平台发射的首发星——实践十三号（中星十六号），承担了中国首次在地球同步轨道卫星上开展对地高速激光通信试验。2020年，实践二十号卫星，完成了我国首套高阶10Gbps高速激光通信终端的在轨验证，满足空间高速通信终端设备小型化、轻量化、功耗的应用要求。

6. 卫星激光通信里程碑总表

自1995年以来，美国、欧洲、中国、日本、俄罗斯等在卫星激光通信试验方面持续创新，从1.024Mbps强度调制/直接探测速率起步，发展到10Gbps相干检测，正在向100Gbps甚至更高速率迈进，里程碑进展如表2所示。

表 2　全球卫星激光通信里程碑总表

时间	国家/地区	链路	摘要说明
1995	日本	星地	ETS-VI 卫星试验，世界首次成功的星地激光通信，强度调制/直接探测技术，速率 1.024Mbps
2000	美国	航天飞机-地	激光通信演示系统（OCD）试验，实现航天飞机与地面之间通信链路的性能演示，传输速率 100Mbps。
2001	欧洲	星间	ARTEMIS 卫星与 SPOT-4 卫星试验，世界首次成功的星间激光通信，前向链路速率 2.048Mbps，返向速率 50Mbps
2004	欧洲	星地	ARTEMIS 卫星与 ESA 地面站试验，前向链路速率 2.048Mbps，返向速率 50Mbps.
2005	欧洲 日本	星间	ARTEMIS 卫星与日本 OICETS 卫星终端进行星间双向激光通信试验
2006	日本 欧洲	星地	OICETS 卫星与 ESA 地面站试验，前向链路速率 2.048Mbps，返向速率 50Mbps
2006	欧洲	卫星-飞机	世界首次成功的 GEO 卫星（ARTEMIS）与飞机实现激光通信，首次通过非相干通信方式实现星空激光通信链路
2008	欧洲 美国	星间	欧洲 LEO TerraSAR-X 卫星与美国 LEO NFIRE 卫星试验，世界首次成功利用相干技术进行星间激光通信，通信距离 4900km，传输速率 5.625Gbps
2008	欧洲 美国	星地	美国 LEO NFIRE 卫星与欧洲 TESAT 地面站试验，世界首次成功利用相干技术进行星地激光通信，传输速率 5.625Gbps
2011	中国	星地	中国海洋二号卫星，中国首次 LEO 卫星与地面激光通信试验，通信距离大于 1650km，上行码速率 2Mbps，下行码速率最大 504Mbps
2013	美国	月地	成功完成首次绕月卫星激光通信演示试验（LLCD），上行速率 20Mbps，下行速率 622Mbps
2013	俄罗斯	空间站-地面	借助国际空间站向北高加索地面光学站进行激光通信试验，通信速率分别为 125Mbps 和 622Mbps
2014	日本	星地	小型光学通信终端（SOTA）开展 LEO 卫星对地激光通信试验，最远通信距离达 1000km，下行通信速率 10Mbps
2016	中国	星地	中国"墨子号"量子科学实验卫星试验，世界首次成功实现卫星对地面的量子通信，使用激光链路构建天地一体化的量子密钥传输、保密通信与科学实验体系

续表

时间	国家/地区	链路	摘要说明
2016	欧洲	星间	欧洲数据中继系统首个激光通信中继载荷 EDRS-A（搭载于 Eutelsat 9B 卫星）成功发射，可提供激光和 Ka 波段两种双向星间链路，星间激光传输速率 18Gbps，星间最远距离 45000km
2017	中国	星地 星间	中国实践十三号（即中星十六号）卫星试验，建立中国首个 GEO 卫星激光通信系统，世界首次 GEO 卫星与地面站直接双向激光高速通讯试验
2017	美国	星间	OCSD-2（1.5U）卫星试验，星地上行速率 10kbps，下行速率可达 5-200Mbps
2017	欧洲	星间	哨兵 2B 卫星与 EDRS-A 进行中继系统激光通信。将地球观测的数据和图像传至地面
2018	中国	星间	北斗三号全球系统 M11 和 M12 卫星，可实现星间毫米级高精度距离时间测量和 1Gbps 的星间高速通信
2019	欧洲	星间	欧洲发射国际通信卫星集团 Intelsat 39 卫星和欧洲航天局 EDRS-C 卫星。EDRS-C 卫星是欧洲"太空数据高速公路"系统的第 2 颗卫星，EDRS-C（ESA），GEO-LEO，1.06um，BPSK，1.8Gbps
2020	中国	星地	中国实践二十号同步轨道卫星，Q/V 频率带宽达到了 5GHz，完成了我国首套高阶高速激光通信终端的在轨验证，实现了卫星与光学地面站间 10Gbps 的 QPSK 信号
2020	日本	星间 星地	日本发射 JDRS-1 中继卫星，搭载了由日本宇航研发机构（JAXA）研发的激光通信系统（Laser using Communication System，简称 LUCAS），通过近红外激光束与遥感卫星连接，实现高速数据传输，带宽达到 1.8Gbps
2021	美国	星间	美国国防部太空发展局（SDA）与通用原子电磁系统（GA-EMS）首次发射激光互联网络通信系统（LINCS）卫星，由 12 颗微型"立方卫星"（CubeSats）组成，每颗卫星载有一个 C 波段双波长全双工光通信终端（OCT）和一个红外（IR）有效载荷
2021	美国	星间，卫星-无人机	美国太空发展局发射了 4 颗"下一代太空体系架构"试验卫星，包括 2 颗"曼德拉"2 卫星和 2 颗"激光互联和组网通信系统"卫星，主要用于验证星间及卫星与 MQ-9 无人机之间的激光通信技术，传输距离 2400—5000km，通信速率 5Gb/s
2021	美国	星地	美国 NASA 激光通信中继试验（LCRD），是国防部空间测试计划卫星-6（STPSat-6）上的一个托管有效载荷，验证同步卫星-地面光链路，上行和下行速率均为 1.244 Gb/s

7. 主要挑战与思考

华为公司提出的未来十年光通信9大挑战中，8个关于光纤通信、1个关于卫星激光通信"能否构建高动态、大带宽、大规模光网络"。主要是：①星间激光通信速率能否突破100Gbps/400Gbps？②激光通信载荷如何实现工业器件应用，以降低建造成本？③卫星星座规模宏大，如何实现激光通信载荷规模化生产以满足供应？④激光通信载荷如何实现低功耗和轻量化演进？⑤如何有效实现千/万级卫星巨星座的网络管控和安全性保障？

就概念的外延而言，光通信包括地面光纤通信和空间激光通信。借用毛主席诗词来概括，光通信"可上九天揽月，可下五洋捉鳖"，它奠定了全球信息高速公路的基础，跨越五大洲四大洋，正在向太空和深空延伸。

最后，需要说明的是，由于篇幅所限，本文参考文献从略，谨此特别向所引用的文献作者致谢！

作者简介

胡卫生：上海交通大学教授，主要从事光通信研究和教学工作。享受国务院政府特殊津贴，曾获国家自然科学基金杰出青年科学基金；为"百千万人才工程"国家级人选、全国优秀博士学位论文导师等。先后任国家"863"计划"中国高速信息示范网"和"高性能宽带示范网"总体组专家、国家自然科学基金信息学部学科评审组专家、教育部电子信息类教学指导委员会委员等；曾任区域光纤通信网与新型光通信系统国家重点实验室主任、上海交通大学电子工程系党总支书记等；历任 Optics Express、Journal of Lightwave Technology、Chinese Optics Leteters、China Communications 等期刊编委，OFC 等国际会议 TPC 委员等。发表论文约500篇，参研成果获国家科技进步二等奖2项。

中国光纤通信业界
2022～2023年成就展示

长飞公司成就展示

● **重大项目**

1. 长飞公司助力白鹤滩 – 浙江特高压工程全线贯通

2022 年 11 月 15 日，在四川省凉山彝族自治州布拖县，国家电网白鹤滩至浙江 ±800 千伏特高压直流输电工程四川段最后一个架线区段导线展放顺利完成，标志着白浙工程全线贯通。

该工程大批量采用了由长飞光纤光缆股份有限公司自主研发的全贝®超强超低损耗 G.652 光纤，实现了特高压工程中国产超低损耗光纤占比的大规模有效提升，是我国电力通信产业取得关键核心技术自主可控的又一突破。

白鹤滩—浙江 ±800 千伏特高压直流输电线路是我国西电东送的又一重要通道，线路途经四川、重庆、湖北、安徽、浙江等 5 省（市），全长 2140.2km，预计投入运行后，每年可输送电量超 300 亿千瓦时。届时，由白鹤滩水电站发出的清洁电能将沿着这条能源大动脉输送至千家万户，清洁水电消纳将减少燃煤消耗 1057 万吨、二氧化碳排放 1919 万吨，切实推动能源的清洁低碳高效利用，助力积极稳妥推进碳达峰碳中和。

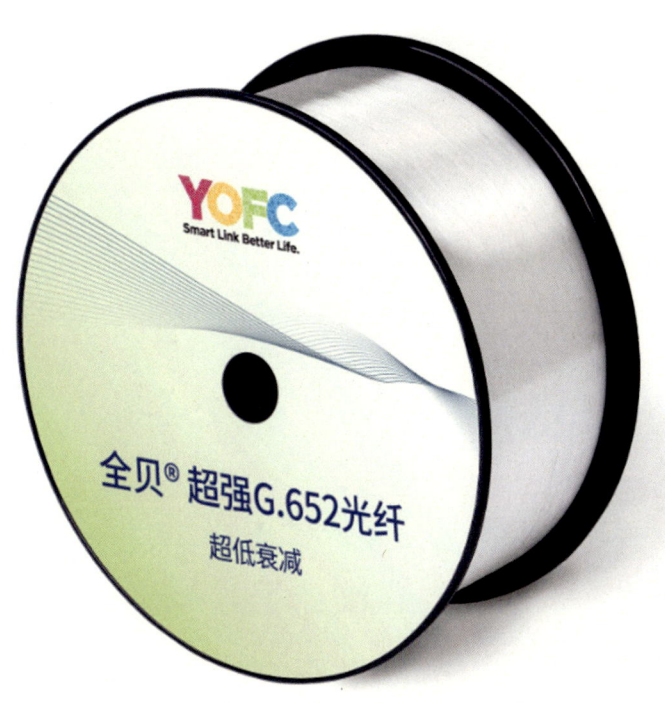

特高压输电工程建设，电力通信先行。作为光传输的重要载体，光纤对电力信息通信系统的传输距离、传输容量起着至关重要的作用。长飞公司全贝®超强超低损耗 G.652 光纤具备超低的衰减性能和优异的弯曲不敏感性能，产品达到世界先进水平，能有效满足特高压工程超长站距的传输性能指标，对提升电力通信传输能力、支持能源数字化转型具有重要意义。

此前，长飞公司全贝®超强超低损耗 G.652 光纤已在国家电网白鹤滩—江苏 ±800 千伏特高压直流输电工程、张北柔性直流电网示范试验工程、北京西至石家庄 1000kV 交流特高压工程中深度应用。

2. 长飞首个海外海缆项目告捷 助力菲律宾海底通信网络建设

2023 年 6 月，长飞光纤光缆股份有限公司成功完成首个海外海缆项目"菲律宾 DITO 海缆维护项目"的工程交付，抢通菲律宾东线和西线的骨干海缆，确保了菲律宾全国范围内的业务恢复和稳定。长飞公司在海缆维护和海洋工程领域的专业实力获得客户高度认可，是长飞海洋业务迈向世界的坚实一步，也为未来的海外海洋工程业务亮出闪亮的长飞名片。

在骄阳似火、激流如龙的艰难环境下，长飞公司海缆维护项目组与时间赛跑、与大海搏斗，成功克服了台风"玛娃"带来的影响以及圣贝纳迪诺海峡"魔鬼区域"的洋流、巨浪、朔望大潮汛和复杂海床地貌等一系列困难，通过集中优势资源、优化施工方案及 24 小时不间断作业，37 天内圆满完成该项目。

海洋是高质量发展战略要地。秉持"智慧联接 美好生活"的使命，长飞公司将深入践行国际化、多元化企业发展战略，抢抓历史性机遇，全面发力海洋电力、海洋通信等板块，为国家海洋经济建设做出更大的贡献。

● 长飞知识产权

1. 国际 / 国家 / 行业 / 团体标准 (2022.7–2023.7)

标准类型	标准号	标准名称
团体标准	T/SHPTA 031—2022	电缆和光缆用复合防护尼龙 12 护套料
团体标准	T/CSEE 0317—2022	电力通信系统 G.654.E 光纤技术规范
团体标准	T/CECA 80-2023	同轴漏泄电缆 (GB/T 同轴通信电缆 第 4 部分：漏泄电缆分规范)
团体标准	T/CAICI 66—2023	光纤到房间（FTTR）工程技术规范
行业标准	YD/T 4019.4-2022	25Gb/s 波分复用 (WDM) 光收发合一模块 第 4 部分：MWDM
行业标准	YD/T 4080-2022	通信电缆光缆用绕扎材料
行业标准	YD/T 4013.3-2022	城域 N×25Gbit/s 波分复用（WDM）系统技术要求 第 3 部分：LWDM
行业标准	YD/T 4013.4-2022	城域 N×25Gbit/s 波分复用（WDM）系统技术要求 第 4 部分：MWDM
行业标准	YD/T 629.1-2022	光纤传输衰减变化的监测方法 第 1 部分：传输功率法
行业标准	YD/T 629.2-2022	光纤传输衰减变化的监测方法 第 2 部分：后向散射法
行业标准	YD/T 4084-2022	无线射频拉远单元（RRU）用线缆分支盒
行业标准	YD/T 2159-2022	接入网用光电混合缆
行业标准	YD/T 4082-2022	通信用耐热柔性电源线
行业标准	YD/T 4131-2022	绿色设计产品评价技术规范 通信配线设备
行业标准	YD/T 4254.1-2023	工业互联网 综合布线系统 第一部分：总则
行业标准	YD/T 4254.2-2023	工业互联网 综合布线系统 第二部分：对称电缆和连接硬件、组件、配线设施技术要求
行业标准	YD/T 4254.3-2023	工业互联网 综合布线系统 第三部分：光缆和连接器、组件、配线设施技术要求
行业标准	YD/T 4013.6-2023	城域 NX25Git/s WDM 系统技术要求 第 6 部分 南向接口
行业标准	YD/T 1115.1-2023	通信电缆光缆用阻水材料 第一部分：阻水带
行业标准	YD/T 1115.2-2023	通信电缆光缆用阻水材料 第二部分：阻水纱
行业标准	YD/T 4304-2023	数字通信用单线对对绞电缆
行业标准	YD/T 4305.1-2023	通信用光电混合活动连接器 第 1 部分：SC 型
行业标准	YD/T 4079-2022	光纤并带用涂覆树脂
行业标准	YD/T 4081-2022	通信电缆光缆用撕裂绳
行业标准	YD/T 1118.4-2022	光纤用二次被覆材料 第 4 部分：热塑性聚酯弹性体
国家标准	GB/T 23031.1-2022	工业互联网平台 应用实施指南 第 1 部分：总则

续表

标准类型	标准号	标准名称
国家标准	GB/T 23050-2022	信息化和工业化融合管理体系 供应链数字化管理指南
国家标准	GB/T 9771.7-2022	通信用单模光纤第7部分：接入网用弯曲损耗不敏感单模光纤特性
国际标准	ITU-T TR GSTR-SDM	Optical fibre, cable, and components for space division multiplexing transmission

2. 专利（2022.7—2023.7）

发明创造名称	申请号／专利号	类型
一种光纤预制棒芯棒的外观检验装置	2023200171423	实用新型
一种直埋光缆、其制造设备及方法	2023100120727	发明
一种光缆内端自动收集装置及方法	2023100175560	发明
一种获取测试样本光纤卷的设备及方法	2023100641758	发明
气吹微缆护套成型控制系统及控制方法	2023100411205	发明
一种光纤预制棒水平自动调整装置	202320122350X	实用新型
一种光纤预制棒的承重卡盘	2023201501755	实用新型
一种预制棒打磨加工装置	2023201843112	实用新型
一种光纤布置系统	2023201849246	实用新型
一种光缆供胶称重系统	202320185247X	实用新型
光纤预制棒沉积工艺管道清洗方法	202310131722X	发明
一种用于外部气相沉积法的喷灯	2023101318133	发明
一种具有稳定气流场的沉积腔	2023101318472	发明
金刚石金属复合材料表面高精度包覆方法	2023101341498	发明
一种带状光单元、光缆及其制备方法	2023101416526	发明
一种间断加强型光纤带、其制备方法及光纤带缆	2023101416371	发明
一种OVD工艺沉积装置	2023101426246	发明
一种用于外部气相沉积法的活动喷灯	2023101400867	发明
一种具有导流功能的沉积腔	2023101426354	发明
一种用于外部气相沉积法的沉积腔	2023101395962	发明
一种石英玻璃圆柱体的沉积系统及方法	202310137731X	发明
一种有效提高光纤固化度的控制装置	2023203182735	实用新型
一种多模光纤带宽测量装置	2023101723613	发明
一种高带宽弯曲不敏感多模光纤	2023102031732	发明

续表

发明创造名称	申请号／专利号	类型
一种射频同轴电缆的快速测试连接器	2023204184808	实用新型
一种吹气装置及可减少管壁沉淀物的光纤预制棒接管机床	2023102195535	发明
一种光纤二次套塑牵引冷却系统	2023204863974	实用新型
一种抗震光缆及制备方法、施工方法及维护方法	2023102777273	发明
一种光缆加强芯油膏涂覆装置及其涂覆方法	2023102850739	发明
用于光纤高速二次套塑的牵引冷却系统及循环水控制方法	2023103059222	发明
一种铠装光缆及其制备方法	2023103196535	发明
一种多芯光纤的准直对中方法及装置、熔接方法及系统	202310327822X	发明
一种缆线外径检测装置	2023103765729	发明
一种磁吸式光纤端口交换装置及方法	2023103838630	发明
一种缆线退纱装置	2023208254354	实用新型
一种光缆生产在线检测装置与方法	2023105037393	发明
一种数据中心多芯光纤布线系统	2023104257080	发明
一种全掺氟母管、全掺氟毛细管及其制备方法	2023104306462	发明
光纤冷棒辅助装置及其系统	2023209202304	实用新型
通信用可拆装架空线路及其应用	2023104426727	发明
一种用于光纤预制棒沉积的气体原料供应装置	2023209945735	实用新型
一种用于光纤预制棒沉积的气体原料供应装置及方法	2023104995944	发明
一种光纤预制棒沉积车间过程测试棒投放调度方法及系统	2023104937046	发明
一种空芯光纤预制棒、光纤及其制备方法	2023105261558	发明
一种气吹微缆及其制备方法	202310546958X	发明
一种光子晶体光纤连接器及其制备方法	2023105500629	发明
可重复印标光缆及其制备方法、印标方法和重复印标方法	202310578778X	发明
一种放线装置	2023212502323	实用新型
一种PCVD应急电源的并机装置	2023212628872	实用新型
一种低折射率掺杂母管、毛细管、制备方法、应用	202310597054X	发明
一种可重复印标光缆	2023212870221	实用新型
一种骨架式光纤带光缆	2023106012270	发明
一种光缆生产用的挡溅水装置	202321299943X	实用新型
一种易开剥光缆及其制备方法	2023106055628	发明

续表

发明创造名称	申请号／专利号	类型
一种低损耗空芯反谐振光纤	202310602575X	发明
用于油气井下探测的探测光缆、探测系统和探测方法	2023106094961	发明
光时域反射仪（旋转体）	2023303216652	外观设计
一种空芯反谐振光纤	202310608908X	发明
一种石英电熔炉的就地无功补偿装置	2023213513325	发明
一种易开剥光纤单元及光缆、制备方法及制备装置	202310627784X	发明
一种缆线制备方法及制备装置	2023106299270	发明
提升射频电缆生产效率的钨针在线进给系统及方法	2023106319575	发明
一种耐火光缆	2023106552673	发明
一种用于成品光纤盘的自动分拣设备	2023106597617	发明
一种用于LOTUS卧式洗管机的光纤传感液位检测装置	2023214054726	实用新型
一种适用于片状物料的载物装置及包含其的卧式还原炉	2023214352443	实用新型
一种绕定长光纤的装置	2023215432036	实用新型
一种印标带的稳定放送设备	2023215559022	实用新型
一种储罐呼吸器	2023215833629	实用新型
一种高导热绝缘铜／金刚石复合材料的制备方法	2023107257241	发明
一种易分支的室内配线光缆	2023216404635	实用新型
一种易侧向掏接施工的室内配线光缆	2023107629530	发明
一种用于光纤预制棒沉积工序的中央供料系统	2023216419448	发明
一种分体式螺帽及光缆接头盒	2023216536437	实用新型
一种柱面定向镀膜光纤预制件、其制备及使用方法	2023107870300	发明
一种辐射型漏缆及其生产工艺	2023107892403	发明
一种电机气动刹车控制装置	2023216484786	实用新型
一种色带放卷装置	202321694083X	实用新型
一种氨气废气处理装置	2023217446940	实用新型
一种低衰减少模光纤	2023108177598	发明

亨通公司成就展示

● **重大项目**

1. 亨通发布面向长距离模分复用传输强耦合少模光纤新品

少模光纤在同一纤芯信道中采用不同的正交模式复用增加传输容量，也称模分复用，从模式角度增加光纤复用维度。因此模分复用技术作为突破单纤香农极限、实现通信系统容量成倍增长的重要技术，受到国内外学术界和产业界的重点关注。

强耦合促进各个模式间的能量交换，平均了所有模式的损伤。目前已有大量实验证明，在强耦合系统中差分模式群时延和模式相关损耗的积累是随传输长度的平方根增长，强耦合是实现长距离大容量模分复用传输的主流趋势之一。基于此，亨通光纤依托自身装备平台，与知名高校及科研院所联合开发强耦合少模光纤，目前已开发三模、六模、十模强耦合少模光纤。所研发的强耦合少模光纤经接入模分复用传输链路验证，目前十模光纤传输已接近2000km干线传输量级。

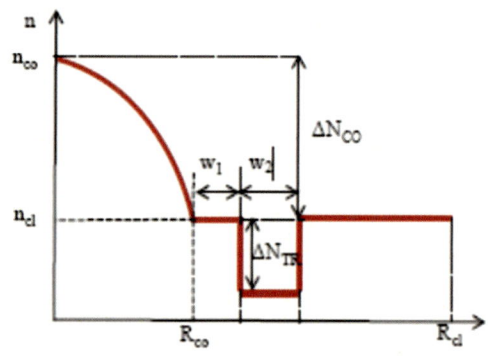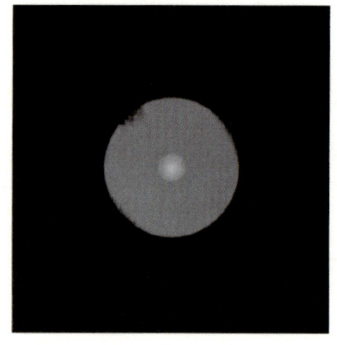

2. 亨通光纤、亨通光导获评江苏省企业技术中心

根据《江苏省省级企业技术中心认定管理办法》（苏工信规〔2020〕1号）和《关于组织开展2022年省级企业技术中心申报工作的通知》（苏工信创新〔2022〕136号）的要求，经企业申报、各地推荐、合规审查、数据审核、评价打分和会审会商等程序，2022年8月，江苏亨通光纤科技有限公司和江苏亨通光导新材料有限公司获批江苏省企业技术中心。

亨通光纤与亨通光导以此为契机，充分发挥企业技术中心在促进企业技术创新工作中的作用，不断提升企业自身创新能力和研发水平，完善以市场为导向、产学研相结合的技术创新体系，以期为江苏省制造业高质量发展做出新的更大贡献。

3. 亨通光导荣获中国光学工程学会科技进步二等奖

2022年6月，江苏亨通光导新材料有限公司的"新一代有机硅光纤预制棒关键技术及产业化"项目，荣获第八届中国光学工程学会科技进步二等奖。

项目团队攻克了有机硅D4光棒包层合成的核心技术，开发了有机硅D4光棒包层制备新工艺，自主研发了有机硅沉积新装备。本项目的实施为光棒行业树立了绿色制造的典范，引领我国光棒行业向绿色环保方向转型升级，具有显著的经济效益和社会效益。

● 亨通知识产权

1. 亨通光纤授权专利

序号	专利名称	专利类型	专利号	专利权人	授权时间
1	光纤扭曲度测量装置及其测量方法	发明	ZL201710613594.7	江苏亨通光纤科技有限公司 江苏亨通光电股份有限公司	2022/12/6
2	一种光纤松散装置	发明	ZL202010318160.6	江苏亨通光纤科技有限公司 江苏亨通光电股份有限公司	2022/8/2
3	采用立体石墨毡密封结构的光纤拉丝炉气封方法及装置	发明	ZL202111568376.9	江苏亨通光纤科技有限公司 江苏亨通光电股份有限公司 江苏亨通光导新材料有限公司	2023/8/22
4	一种光纤退火延伸管	发明	ZL201710337742.7	江苏亨通光纤科技有限公司 江苏亨通光电股份有限公司	2023/2/10
5	激光光纤及其制造方法	发明	ZL 201810236628.X	江苏亨通光纤科技有限公司 江苏亨通光电股份有限公司	2023/8/29
6	光纤退火延伸管	发明	ZL20181155858.0	江苏亨通光纤科技有限公司 江苏亨通光电股份有限公司	2023/8/22
7	光纤预制棒锥头制备装置及制备方法	发明	ZL201910770719.6	江苏亨通光纤科技有限公司 江苏亨通光电股份有限公司	2023/8/29
8	一种光纤同步拉伸机	实用新型	ZL202122997043.X	江苏亨通光纤科技有限公司 江苏亨通光电股份有限公司 江苏亨通光导新材料有限公司	2023/2/10
9	一种光纤拉丝用石墨件安全高效清洁装置	实用新型	ZL202123132409.3	江苏亨通光纤科技有限公司 江苏亨通光电股份有限公司 江苏亨通光导新材料有限公司	2023/2/10
10	一种渐变折射率多包层抗弯单模光纤	实用新型	ZL202221678389.1	江苏亨通光纤科技有限公司 江苏亨通光电股份有限公司 江苏亨通光导新材料有限公司	2022/12/6

续表

序号	专利名称	专利类型	专利号	专利权人	授权时间
11	一种预制棒拉丝在线校准三维装置	实用新型	ZL202123265192.3	江苏亨通光纤科技有限公司 江苏亨通光电股份有限公司 江苏亨通光导新材料有限公司	2023/2/10
12	一种获得指定几何尺寸传能光纤预制棒的处理装置系统	实用新型	ZL202123313724.6	江苏亨通光纤科技有限公司 江苏亨通光电股份有限公司 江苏亨通光导新材料有限公司	2023/1/6
13	光纤拉丝密封舱	实用新型	ZL202222939737.2	江苏亨通光纤科技有限公司 江苏亨通光导新材料有限公司 江苏亨通光电股份有限公司	2023/3/10
14	激光光纤拉丝装置	实用新型	ZL202222940105.8	江苏亨通光纤科技有限公司 江苏亨通光导新材料有限公司 江苏亨通光电股份有限公司	2023/3/24
15	一种光纤电离除尘装置	实用新型	ZL202223028274.0	江苏亨通光纤科技有限公司 江苏亨通光电股份有限公司 江苏亨通光导新材料有限公司	2023/4/14

2. 发布标准

序号	标准名称	标准类别	标准号	发布日期	标准归口单位
1	通信用单模光纤：第7部分 弯曲损耗不敏感单模光纤特性	国家标准	GB/T 9771.7-2022	2022/10/12	全国通信标准化技术委员会

3. 软件著作权

序号	名称	日期	登记号	著作权人
1	传能光纤包层光滤除仿真软件	2022/10/25	2022SR1413846	江苏亨通光纤科技有限公司
2	标准单模光纤传输仿真系统	2023/1/29	2023SR0154196	江苏亨通光纤科技有限公司
3	平均发送功率受限时概率整形最佳分布与信道容量仿真软件	2023/6/5	2023SR0579460	江苏亨通光纤科技有限公司 江苏亨通光导新材料有限公司

4. 注册商标

序号	申请日期	注册日期	商标名称	注册证号	注册人
1	2021-10-21	2022-07-21	MCFCom	59998595	江苏亨通光纤科技有限公司

烽火通信成就展示

● 重大项目

1. 又一重大科技创新项目获省级立项

2022年7月,烽火通信的"基于扩展波段的多芯光纤传输关键技术研究"项目入围湖北省2022年度高新领域重点研发计划立项。这是继"面向5G通信超大容量多芯光纤的研究与应用"和"粤港澳大湾区超级光网络"等项目后,烽火通信在多芯复用光传输领域获得政府重点支持的又一重大科技创新项目。

(1)多芯光纤:下一代光通信的发展趋势

根据思科公司发布的可视化网络指数预测报告,全球IP流量需求2017年为122EB/月,至2022年已增长到396EB/月。随着云计算和数据中心等高品质业务需求的剧增,网络流量仍将超速增长。单模光纤是光通信网络的主要载体,受非线性效应限制,单根光纤通信容量已经接近极限(100Tb/s)。而多芯光纤通过同时构建多个纤芯,在单根光纤中实现多通道信号的传输,可成倍地提高光纤传输容量。通过扩展多芯光纤可使用的传输波段,可进一步提升光纤传输容量、极大提高管道资源利用率,因此多芯光纤是下一代光通信的发展趋势。

2019年,世界第一条多芯光纤光缆成功铺设,使多芯复用传输从实验室走向了更复杂的现场实用环境,但受限于制备、熔接及器件等方面的技术和成本等因素,多芯光纤的实用化进展仍较为缓慢。为了突破实用化瓶颈,需要在多芯光纤上利用扩展传输波段,从空间窗口和波长窗口两个维度同时提升通信信道数量,实现P比特级甚至更高的传输容量,以大幅降低多芯复用传输系统的成本。

(2)自主研发:烽火通信推动多芯光纤技术不断发展

2013年

烽火通信已开始对多芯光纤技术展开专项研究,在多芯光纤理论基础及制备工艺方面取得了突破性进展。

2014年

烽火通信参与国家973计划"多维复用光纤通信基础研究"项目。

2017年

烽火通信基于7芯光纤完成了560Tbit/s超大容量的光传输系统实验,可实现一根光纤上135亿人同时通话,该成果标志着我国在"三超"光通信系统研究领域迈上了新的台阶。

2019 年

烽火通信利用自主研制的 19 芯光纤，在国内首次实现了 1.06Pbit/s 超大容量多芯光纤传输系统，传输容量是目前单模光纤传输系统容量的 10 倍。

2020 年

烽火通信"面向 5G 通信超大容量多芯光纤的研究与应用"项目，获得湖北省科技计划项目重点支持，并成功研制了 24 芯光纤，将多芯光纤的传输容量进一步提升至 1.5Pbit/s。

2020 年

烽火通信基于国家重点研发项目，着手在粤港澳大湾区铺设多芯光纤光缆线路，拟打造世界距离最长、容量最大的空分复用光通信"超级高速公路"。

2022 年

烽火通信再获湖北省科技计划项目的重点支持。该项目旨在研究具有超大容量的超宽波段多芯光纤传输系统，通过攻克低损耗多芯光纤和扇入扇出制备工艺以及超宽波段传输系统中的低复杂度补偿算法等关键技术，拟在 7 芯光纤中实现不低于 1Pbit/s 的传输容量。本项目研究的技术成果，不仅可以在有限的管道资源下提升光纤传输容量，还可以实现系统扩容升级，缓解当前通信网络所面临的网络流量持续增长的压力问题，降低单位比特传输成本，极具应用前景与价值。

烽火通信将持续推动多芯光纤产品的实用化发展，引导产业链系列化产品迭代升级，为下一代超高速大容量通信传输产业的发展做出更大贡献。

2. 烽火通信荣获中国发明专利银奖

2022 年 5 月，烽火通信的低衰减小弯曲光纤技术，荣获"第二十三届中国专利奖"银奖。在我国信息网络大容量传输"主血管"的基础上，该项技术深入千家万户，构建了具有丰富毛细血管的立体信息高速公路网络。

本次是烽火通信光纤光缆产品技术第三次获得中国专利相关奖励的殊荣。中国专利奖是我国知识产权领域的最高奖项，也是中国唯一对授予专利权的发明创造给予奖励的政府奖。该奖项由中国国家知识产权局和世界知识产权组织共同主办，并获得了联合国世界知识产权组织（WIPO）的认可。

（1）光纤到户的最后一公里问题

城市之间的光纤通信连接，往往采用导光有效面积更大的低衰减光纤，这样可以使用更高的功率、融合更多的波长，从而加载更大容量的信息。中国信息通信科技集团有限公司（以下简称"中国信科集团"）开发了"超大容量、超长距离、超高速率"的

三超通信技术，用以构建城市之间宽阔的信息高速公路。而光信号要从高速公路驶入千家万户，则需要一条条快速便捷、四通八达的市内公路，乃至到家的"小路"。小弯曲半径光纤在九拐八弯的条件下，必须将光信号紧紧束缚在光纤的纤芯范围内，这个范围占粗细如头发丝般的光纤的面积比还不到1%；不仅如此，它还要与信息高速公路采用的光纤良好对接，以便光信号能安全快速通过"匝道"而不产生拥堵。这就是所谓的光纤到户"最后一公里"问题，曾很长时间困扰了光纤到户的发展。

（2）创新结构设计，打破技术瓶颈

为了破解光纤到户"最后一公里"的难题，烽火通信的光纤科学家们倾注了10余年的心血。他们从光纤传输的理论出发进行推演，提出了内包层下凹的光纤设计方法，在全球更早形成更具价值的抗弯设计理念，从而为打破国外企业的技术封锁奠定了基础。在此基础上，三包层的低衰减小弯曲半径单模光纤技术孕育而出，在模场直径匹配高速公路所用光纤的情况下，实现了更好的弯曲性能；通过平滑的结构设计以及具有鲁棒特性的波导结构，实现了长尺度高一致性的低衰减性能；紧贴实际的结构设计更能让光纤制造成本的增加控制在有限范围内。由此，接入网用光纤技术的市场大门被徐徐打开，我国的光纤到户发展进入了快车道。

（3）促进行业发展，致力于产业共同进步

为了实现这一光纤技术的规模量产，烽火通信在国内自主开发了具有先进水平的等离子体化学气相沉积技术（PCVD技术）、绿色环保全合成光纤预制棒技术（VAD+OVD技术）以及独具特色的高速拉丝塔等成套大型设备，获得了首届湖北省高价值专利大赛金奖，成功实现了低衰减小弯曲半径光纤光缆技术的产业化。

为了能让光纤到户技术早日得到广泛应用，烽火通信牵头制定了《光纤到户（FTTH）体系架构和总体要求》等系列国家及行业标准。发展至今，中国信科集团牵头制定了我国光纤光缆相关60%以上的国家及行业标准，致力于构建我国光纤光缆发展的良好生态圈，使更多的光纤光缆企业能登上为国家宽带战略服务的大舞台，切实发挥了光纤通信领域央企的作用。

（4）持续创新，开拓前沿应用

在促进国内光纤光缆行业发展的同时，烽火通信不断突破各项核心光纤技术，创新系列隐形光缆及相关千兆光纤入户技术，可为家庭、大型场馆、商场超市等提供全面的FTTR千兆光纤到户综合解决方案。

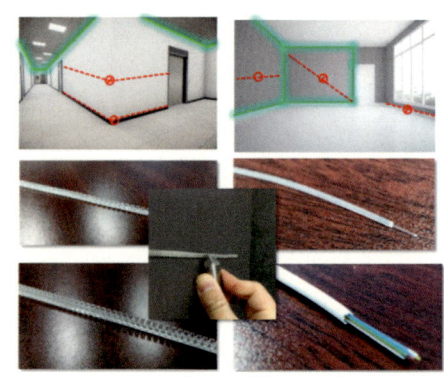

烽火通信隐形光缆技术实现千兆光纤入户

不仅如此，烽火通信还以雄厚的产业基础致力于前沿科技的探索，开发出弯曲寿命达10万次的动光缆，远超通信行业标准约千次的弯曲要求，成为全球最大射电望远镜——FAST上承担信号传输的视神经；自主开发的具有弯曲性能的耐辐照光纤光缆技术，实现了1E级耐辐照产品的国产化，被业内专家誉为填补了国内空白，达到同类产品的国际领先水平，成功应用于我国相关技术开发中。

（5）勇立潮头，走向世界

在国家"一带一路"倡议的指引下，烽火通信积极投身于国际市场的开拓。围绕具有兼容性的小弯曲半径单模光纤，在欧洲、加拿大、韩国以及印度等国家和地区获得授权，并在包括美国、日本等在内的发达国家和地区布局了诸多专利组合。烽火通信提出的"Optical fibre cables for in-home directly wall surface applications"等多项国际标准提案被国际标准组织ITU-T采纳，有10多位专家在ITU-T、IEEE、OIF等标准化组织中担任了包括主席、报告人和编辑人等在内的多项重要职务，已牵头或参与制定了国际标准30多项、国家标准100多项、行业标准300多项。在市场与知识产权的多重耕耘中，烽火通信已连续多年成为我国光纤光缆出口的主力军。2021年CRU报告指出，烽火通信的光缆出货量位居全球前二。

● 烽火通信知识产权

1. 烽火通信 2022～2023 专利成果

申请专利（个）	授权发明专利（个）	授权实用新型专利（个）	授权外观专利（个）
788	811	151	42

2. 烽火通信 2022–2023 年国际/国家/行业标准暨研究课题（仅列光纤光缆部分）

国际标准	标准号	名称
国际标准	IEC 60794-1-308-2023	Optical fibre cables - Part 1-308: Generic specification - Basic optical cable test procedures - Cable element test methods – Ribbon residual twist test, method G8

国家标准	标准号	中文名称
国标	GB/T 18899-2023	全介质自承式光缆

行业标准	标准号	中文名称
行标	YD/T 926.2-2023	信息通信综合布线系统 第 2 部分：光纤光缆布线及连接件通用技术要求
行标	YD/T 926.1-2023	信息通信综合布线系统 第 1 部分：总规范
行标	YD/T 4304-2023	数字通信用单线对对绞电缆
行标	YD/T 4254.3-2023	工业互联网 综合布线系统 第 3 部分：光缆和连接器、组件、配线设施技术要求
行标	YD/T 4254.2-2023	工业互联网 综合布线系统 第 2 部分：对称电缆和连接硬件、组件、配线设施技术要求
行标	YD/T 4254.1-2023	工业互联网 综合布线系统 第 1 部分：总则
行标	YD/T 1115.2-2023	通信电缆光缆用阻水材料 第 2 部分：阻水纱
行标	YD/T 1115.1-2023	通信电缆光缆用阻水材料 第 1 部分：阻水带
行标	YD/T 629.2-2022	光纤传输衰减变化的监测方法 第 2 部分：后向散射法
行标	YD/T 629.1-2022	光纤传输衰减变化的监测方法 第 1 部分：传输功率法
行标	YD/T 4085-2022	地下通信管道用预成型复合材料人（手）孔
行标	YD/T 4084-2022	无线射频拉远单元（RRU）用线缆分支盒
行标	YD/T 4083-2022	数字通信对称电缆用连接器 第 1 部分：总则
行标	YD/T 4081-2022	通信电缆光缆用撕裂绳

续表

行业标准	标准号	名称
行标	YD/T 4080-2022	通信电缆光缆用绕扎材料
行标	YD/T 4079-2022	光纤并带用涂覆树脂
行标	YD/T 2159-2022	接入网用光电混合缆
行标	YD/T 1997.4-2022	通信用引入光缆 第4部分：光电混合缆
行标	YD/T 1118.4-2022	光纤用二次被覆材料 第4部分：热塑性聚酯弹性体
行标	YD/T 3535.2-2022	数据中心综合布线用组件 第2部分：预制成端双芯连接器光缆组件
行标	YD/T 1997.1-2022	通信用引入光缆 第1部分：蝶形光缆
行标	YD/T 1954-2022	弯曲损耗不敏感单模光纤特性
行标	YD/T 1181.7-2022	光缆用非金属加强件的特性 第7部分：纤维增强塑料柔性杆
研究课题	课题号	名称
研究课题	SR 412-2023	通信电缆光缆用材料分类、标准体系与通用试验方法研究
研究课题	SR 371-2022	通信光缆系列型谱研究

四川汇源成就展示

● **重大项目**

作为一家长期专业从事低损耗PMMA塑料光纤、光缆及其应用产品研发、生产与销售的高新技术企业，四川汇源塑料光纤有限公司始终将低损耗塑料光纤的研发与产业化作为攻关目标，2003年在国内首家成功实现低损耗PMMA塑料光纤的规模生产，产品打破国外垄断，填补了国内空白。在此基础上，本公司自主研发塑料光纤用芯料与氟树脂包料，实现了塑料光纤用PMMA芯料和氟树脂包层料的自主生产，光纤衰减≤0.2dB/m，进一步提升了塑料光纤的衰减性能，达到了国际同类产品的先进水平。

2023年，崇州智能大厦大力建设科创空间，围绕电子信息产业链提升，进一步引进培育5G应用、AI、AR、VR等新经济项目，引入项目将对塑料光纤通信链路配套产品及系统的全面国产化、替代进口起到积极的推动作用，将使国产工控智能塑料光纤通信链路产品最终打破国外垄断、走向世界，为崇州地方经济发展做出贡献。

● 荣誉展示

四川汇源塑料光纤有限公司成立于2005年1月，注册资本2000万元人民币，厂区面积80亩，坐落于四川省成都市崇州经济开发区崇阳大道61号。公司是一家长期专业从事低损耗PMMA塑料光纤、塑料光纤光缆、光纤跳线、光器件及其应用产品研发生产与销售的高新技术企业。产品应用涵盖短距离通信的工业传感与控制器、电力控制柜、智能抄表系统、消费电子、汽车飞机以及军事和装饰照明等领域。

2009年，经国家发改委批准，公司成立了"塑料光纤制备与应用国家地方联合工程试验室";2014 年，成立成都市院士（专家）创新工作站。2016 年，自主研发的"650nm 塑料光纤收发器件"科技项目成果，通过了成都市科学技术局的技术成果鉴定，获得四川省科学技术厅科技成果登记证书。2018 年，"工业智能用 10MBd 塑料光纤通信链路"获得四川省科学技术厅技术成果登记证书。参与制定国家行业标准 8 项，获得授权专利 20 余项。

● 四川汇源知识产权

1. 参与国标、行标标准制定

标准号	标准名称	标准类别
YD/T1258.6-2006	室内光缆系列 第 6 部分：塑料光缆	行业标准
YD/T1447-2013	通信用塑料光纤	行业标准
GB/T31990.1-2015	塑料光纤电力信息传输系统技术规范 第 1 部分：技术要求	国家标准
GB/T31990.1-2015	塑料光纤电力信息传输系统技术规范 第 3 部分：光电收发模块	国家标准
YD/T2554.2-2015	塑料光纤活动连接器 第 2 部分：SC 型	行业标准
GB/T12357.4-2016	通信用多模光纤 第 4 部分：A4 类 多模光纤特性	国家标准
GB/T 31990.5-2017	塑料光纤电力信息传输系统技术规范 第 5 部分：综合布线	国家标准
DL/T 1933.4-2018	塑料光纤信息传输技术实施规范 第 4 部分：塑料光缆	行业标准

2. 专利成果

专利号	专利名称	专利类别
200910059260.5	连续反应共挤法制备侧光塑料光纤的方法	发明专利
201020135905.7	具有色条标识的塑料光纤光缆	实用新型
201020575693.4	具有色条标识的多芯塑料光纤光缆	实用新型
201310385281.2	塑料光纤接收器	发明专利
201310400870.3	具有双光电二极管差分输入的塑料光纤接收器和实现方法	发明专利
201410424507.X	一种使用单色光传输还原白光提高照度的方法及其装置	发明专利
201420430415.8	具有塑料光纤标识的室内光缆	实用新型
201520586433.X	用塑料光纤标识的石英光纤跳线	实用新型
201620327702.5	易于耦合的用塑料光纤标识的石英光纤跳线监测装置	实用新型
201610217467.0	一种照明装饰光纤光缆	发明专利

续表

专利号	专利名称	专利类别
201610215290.0	一种易于定型的光纤装饰物	发明专利
201620292802.9	一种照明装饰光纤光缆	实用新型
201721635034.3	光纤接收器具有抗电源干扰的电荷泵电路	实用新型
201920416266.2	绞合通体发光光缆	实用新型
201920424556.1	一种塑料光纤收发模块	实用新型
ZL202020203405.6	一种基于塑料光纤体的智能太阳能路灯	实用新型
ZL202020427869.5	一种光纤发饰	实用新型
ZL202020401092.5	一种喷泉灯	实用新型
ZL202020400837.6	一种新型隧道灯	实用新型
ZL202020537871.8	一种光纤跳线损耗测试装置	实用新型
202222216859.9	一种多边形塑料光纤模盖	实用新型
202222492307.0	一种塑料光纤收发器器件上锡固定装置	实用新型

3. 科技成果和荣誉展示

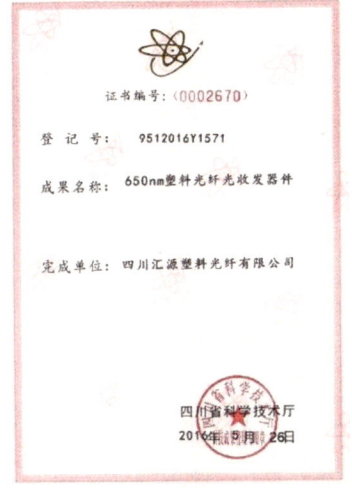
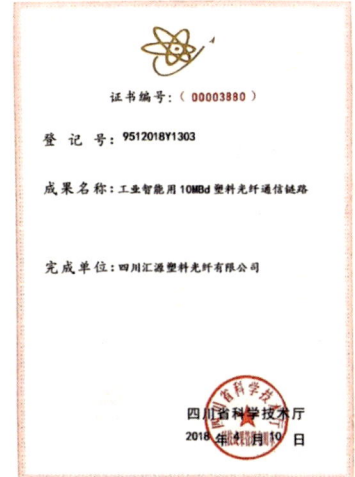

砥砺奋进中的中化高纤

● 研产销联动为发展"开疆拓土"

通过芳纶发展史可以发现，无论是芳纶纤维行业的龙头杜邦、帝人公司，还是国内1993年成立的泰和新材，都通过"研产销"一体化促进产品研发、生产转化、市场应用链条有机衔接，成为引领行业发展的标杆。

向"新"而行，向"新"而兴，中化高纤积极落实中国中化战略部署，以问题为导向，精准解决研产销一体运营中的不足，着力促进卓越运营体系完善和健全、提升企业的核心竞争力，市场拓展取得了初步成效。2022年新客户成交30余次，新订单达1500+吨，海外市场也同步实现零的突破。公司以销定产，全年利润扭亏为盈。

细分市场抢占一席之地。中化高纤根据产品特性细分领域，布局14个应用领域，实施多品牌策略，建立健全样品对标数据库，为客户提供定制化解决方案，不断提高技术服务能力和市场覆盖率，实现可操作性订单增量。截至 2023 年 8 月，高强市场占有率达 65% 左右，高模市场占有率达 50% 左右。

新兴项目开发打下市场基础。公司开发有色纤维、阻燃服、超滤膜、锂电 Pack 等新兴项目，在部分领域已调研需求量，如：超滤膜、锂电池 Pack 项目年需求可达 12000 吨，为对位芳纶项目扩产打下市场基础。

协作对标满足市场需求。与地拓等织布企业联动，进行纤维/胶水/织布/压制工艺的探究，建立了高强纤维显性/隐形指标数据库。高强产品价格对标头部企业，是普通型的 1.5 倍左右，实现利润最大化。高模产品已形成品牌效应，与国内 TOP10 企业形成商务协作；海外市场进入批量测试阶段，深入了解高模型客户需求。

● 卓越运营为竞争"蓄能聚力"

2022 年以来，面对国内国际芳纶市场高端产品需求变化较快、差异化产品供应不足、产业发展质态亟需加强等问题，中化高纤着力突破技术瓶颈、提升智能制造水平，扛起中央企业"双碳"使命，加快践行绿色发展理念、推行绿色清洁生产工艺，推动芳纶产业可持续发展。

(1)突破生产技术"瓶颈",填补国内空白

经过实施创新技术工艺、提升高端设备投入以及数字化建设等一套"组合拳",2022年5月,高强高模芳纶产品质量取得重大突破,各项技术指标达到国际水平,项目团队也成功开发并固化了几十个规格的产品工艺包。目前,中化高纤高强高模对位芳纶共申请中国专利25项,项目经权威机构鉴定总体达到国际先进水平,产品获得多领域头部客户认可。

(2)智能制造,互联互通,快速响应

中化高纤搭建起MES系统等智能化系统平台,融合MES系统智能化数据采集功能和Minitab等工具的数据分析功能,统计分析每种规格、每个纺位的质量信息,及时排查生产异常并做出针对性调整,通过大数据实现工艺条件的精益管理。2023年以来,公司持续优化MES、SRM、WMS系统,全新升级OA、SAP系统,打通销售、研发、生产、采购、物流端信息,实现数据无缝协同、共建共享。生产过程基本实现自动化、信息化、智能化、数字化。

（3）提质增效，绿色低碳初显成效

2023年上半年完成氯化钙回收项目10项技术优化、硫酸钙制备工艺优化、细粉回收项目推进，从源头上推进环境治理能力建设、推行绿色清洁生产工艺，全面进行设施升级改造、清洁能源利用的精细化管理，为中化高纤打造出闪亮的"绿色"名片。

● "三全"谋新篇为成长"把舵定向"

逆水行舟，不进则退。中化高纤制定战略目标，全面布局产能扩张，着力延伸芳纶全产业链、打造芳纶全家族产品，努力实现芳纶全生命周期管理。

对位芳纶纸

间位芳纶

浆粕

短纤

（1）补链强链，创新打造全产业链成本优势

加快推进芳纶短纤、浆粕、UD等下游产品客户认证，借助中化在新材料领域的布局开发，推动UD布的研发生产，推动年产2500吨浆粕及短纤项目实施并实现商业化操作，自用量达到10%。有效提升等外品附加值，达到同行领先水平。

（2）技术创新，开发全家族芳纶产品增实力

目前，已完成芳纶纸专用对位芳纶短纤维开发工作并批量生产，已有合作单位委外加工混合芳纶纸完成国内TOP3蜂窝企业测试，并形成小批量供应。与中蓝晨光研究院、成都新材深度协同，完善芳纶全家族产品工艺包。

（3）循环低碳，促进全生命周期管理能力提升

膜产品的高性能化绿色制造和资源化回收，是膜产业可持续发展研发创新的方向。水处理膜寿命终结后的固废排放，一直是困扰整个产业发展的痛点。2023年6月，中化高纤承办了"芳纶超滤膜应用及全生命周期管理"主题研讨会，就芳纶复合膜产业发展展开研讨。相信在全体人员的不懈努力下，芳纶复合膜未来可期！

开启新航程，追逐新梦想。围绕建设对位芳纶产业化生产基地，高强高模纤维填补国内空白，绿色、智能生产技术达到国际先进水平的发展目标，中化高纤将全力实施数字化战略，建设绿色工厂，推动质态持续升级，为中国芳纶产业高质量发展贡献中化新力量。

常州光芯成就展示

● 企业简介

多模光纤具有承载能量大、配套通信设备成本低、抗干扰能力强、后期维护成本低等诸多优异性能，是发展新一代信息通信技术，建设重大国家工程、国防工程、高科技工程以及重大科研项目等高端应用领域至关重要的战略性材料。

常州光芯作为一家光子芯片制造厂商，在2019年成立之初就奠定目标：打造一条全流程、自主化的全生产链。创业初期，我们面临着行业内普遍存在的困扰：原材料紧缺、生产复杂、OEM交期长等。为了解决原材料问题，我们与国内知名玻璃制造商联合开发了适合光子芯片生产的光学玻璃原材料。在2021年末，常州光芯就基本实现生产全部自主化。同年，常州光芯联合周边激光器企业定制了适合于光子芯片切割裂片一体化的激光切割设备，积极改造生产线，升级优化工艺流程，缩短了OEM的交期。2022年基本解决了行业困扰，接下来我们会持续优化内部工艺流程，减少对高技术人才的过度依赖，努力让光子芯片生产低门槛化。

作为国际前三、国内唯一的多模光子芯片生产厂家，常州光芯也肩负着攻坚"卡脖子"技术的任务。2020年，我们的团队在两个月内完成了国内特高压项目主要核心分光器件的研发及生产，实现了核心芯片国产化。目前，常州光芯的光子芯片已涉及通信、电力、传感、检测、医疗等领域，为这些领域提供了更优的解决方案。

常州光芯将在此蓝海领域持续开拓。光子芯片广泛应用于光纤通信系统、数据中心、电力、航天、交通、生物医疗、光电模块、云数据以及人工智能等领域，具有广阔的市场应用前景和开发潜力；但是作为一种战略性材料，目前其主要生产技术始终掌握在跨国公司巨头手中。

常州光芯致力于攻坚多模光纤制造的"卡脖子"难题，力求打破跨国公司巨头长期垄断局面，努力克服产业化难及高新技术壁垒等难点，以实现产能国内第一、产品质量国际一流、填补国内高端应用空白等目标。同时利用自有资源，协同打造从原料到下游高附加值产品的完整产业链。

常州光芯以光子集成芯片为主攻方向，以市场需求为导向，采用创新的研发模式和管理机制，不断提升自我，持续提高创新效能，努力推动光子集成芯片的应用研发，着力解决行业难点，为将公司打造成国内外一流的光子集成芯片研发平台而不懈奋斗。

● 常州光芯的软实力——知识产权

1. 知识产权

常州光芯拥有与主营业务相关的专利共 36 项，其中：

授权发明专利 13 项，包括：

《适用于多光纤系统的 PLC 多模光波导及制作方法》

《带准直功能的离子交换光波导及制备方法》

《一种光模块用集成光学组件》，等等。

实用新型专利 18 项，包括：

《一种 PLC 光分路器》

《一种平面光波导型放大器的芯片》，等等。

另有 4 项发明专利已受理申请并进入实审阶段。

2. 常州光芯的荣誉

2021 年

荣获常州市创新创业大赛成长型科技型中小微企业组三等奖

入选"龙城英才计划"双创优选项目

2023 年

入选江苏省双创项目

3. 企业认证

2020年8月，获得《ISO9001》资质认证

2021年11月，获得"高新技术企业"认证

深圳特发信息公司成就展示

匠心智造，逐梦未来——深圳特发信息

● **重大项目**

1. 柯拉一期光伏电站并网发电——特发信息助力创造高海拔建设"奇迹"

2023年6月25日，位于四川省甘孜州的柯拉一期光伏电站并网发电，标志着全球首个百万千瓦级的"水光互补"电站正式投产。柯拉一期光伏电站是雅砻江两河口水电站水光互补一期项目，地处川西高原，场址最高海拔4600米，电站装机100万kW，占地2.5万亩，是全球最大、海拔最高的水光互补项目，被誉为高海拔建设"奇迹"。项目年平均发电量20亿度，每年可节约标准煤超60万吨、减少二氧化碳排放超160万吨。

特发信息是两河口水电站水光互补一期项目500kV汇集站及送出工程和220kV送出工程的光缆及金具配套供应商，为项目提供170km长度的OPGW光缆。为保证项目的顺利开展，特发信息在生产效率和产品质量上下功夫，以高效的供货速度、优秀的产品质量和快速的服务响应得到了客户的一致赞扬。

2."数实融合"加速度——特发信息华拓智能工厂亮相CCTV-2,彰显数字中国的 "专精特新"力量

2023年7月3日,中央电视台CCTV-2《经济半小时》栏目深入探讨数字化赋能和高质量发展的专精特新企业,在其专题节目《数字中国一线调研:"专精特新"念好"数智经"》中,特发信息华拓智能工厂(华岭光子)作为国家级专精特新小巨人企业代表,分享了其在数字化转型中的经验和成效。

特发信息华拓智能工厂通过汇聚数据、系统、人员和设备的在线数字化系统,实现了原材料入库、过程质量、生产管理以及运输生产全流程的全面覆盖,可实时采集设备状态、工艺参数、产量、良品率等各类数据,为设备运维提供数字支撑;智能工厂依托工业云底座,实现了云端备份保存数据信息,保障生产数据安全,可支持安全高效地进行硬件扩容,以满足未来业务的增长需求。

特发信息华拓智能工厂在CCTV-2的亮相,彰显了数字中国的"专精特新"力量。四川华拓将继续致力于打造国内领先的全流程信息化、生产制造自动化和决策智能化的通用微组装智能工厂,进一步推动工业智能化发展,以实现更高水平的制造协同、数实融合和产业创新。

3、追光三十五载,逐梦信息未来——特发信息举办35周年司庆活动

8月盛夏,草木繁华。2023年8月18日下午,特发信息举办了主题为"追光三十五载,逐梦信息未来"的35周年司庆徒步活动。特发集团领导、特发信息在家领导班子、本部全体员工、18家经营单位领导班子和员工代表,共约185人组成10支参

赛队伍，以徒步深圳湾公园 10km、开展团队与个人的竞赛比拼，向特发信息 35 周年致敬。

35 年栉风沐雨，35 年砥砺奋进。回望来时路，布满荆棘坎坷，也充满喜悦成就。今天用汗水、激情、拼搏向特发信息 35 周年献礼，展现了特发信息人迎难而上、爬坡过坎的精神意志；明天将以更加饱满的精神状态投入工作和生活中。站在新的起点，惟不忘初心者进，惟从容自信者胜，惟改革创新者强！公司上下团结一心，牢记"信息赋能 数字未来"的企业使命，全力以赴探索转型升级道路，书写公司高质量发展新篇章！

● 知识产权

2022 年至 2023 年 8 月底，共新获授权发明专利 36 项。

序号	发明专利名称
1	一种具有松套管光单元的光缆
2	一种具有非金属单元的光缆
3	基于图像属性的目标检测算法性能总体测评方法及系统
4	一种具有耐压松套管的层绞式光缆、带状光缆及其制造方法
5	基于图像质量的目标检测算法性能归一化评价方法及系统
6	基于 FPGA 的视频接口诊断方法及系统
7	一种目标检测算法的性能评估方法及系统
8	一种获取光缆外防护层厚度的方法、电子设备及存储介质
9	一种多分制目标检测算法评价系统及方法
10	一种基于 TDMA 的中心可转移组网通信方法
11	一种土工格栅变形受力测量传感光纤捆扎辅助装置
12	通用 FPGA 阵列加载更新维护系统及方法
13	光纤松套管性能测试装置
14	一种自扣式蝶形光缆
15	一种具有直角转动机构的光纤加工用研磨设备
16	一种夹具及单臂悬吊装置
17	多目标测控地面站系统
18	一种具有环境监测功能的蝶缆
19	多目标遥测地面站数字采集方法、接收方法及装置

续表

序号	发明专利名称
20	一种防树木倾倒压断的光缆保护装置
21	无人机械控制方法、电台语音指令转换方法及装置
22	一种可抓地的智能海底光缆埋设犁
23	一种具有侦测地下车库涉水报警系统
24	一种蝶形引入光缆及光电混合缆
25	集成稳定传动式推拉光缆牵引机
26	一种通风散热型光缆分纤箱
27	一种使用寿命高的光纤光缆
28	基于FPGA的高分辨率视频图像压缩传输方法及系统
29	一种具有光纤带的吊挂式电缆及吊挂式光纤带光缆及吊挂式光缆
30	一种通信用带状光缆、通信光缆及电力系统用电缆
31	无线传感器功率跟随自动采集在线监测系统
32	数字化通道群延时均衡器及其实现方法、装置
33	一种具有多个异形引入单元的蝶形光缆
34	一种具有正方形横截面的管道用蝶形引入光缆
35	一种在线监测预警的警示牌
36	一种具有发泡缓冲护套的光缆

江西大圣成就展示

江西大圣塑料光纤有限公司是专门从事塑料光纤、塑料光缆及光电子器件研制、开发、生产和应用的高新技术企业。公司一贯秉持"**科技创新、客户满意、精益求精、诚信和谐**"的经营理念，始终专注于塑料光纤领域，为客户提供优质的产品和完善的服务。

2023年5月，公司应邀参加深圳国际连接器及线缆线束加工设备展览会，该展会是一个"一站式"产业生态链行业盛会，以"**智慧工业、连接未来**"为主题，汇聚了行业内一众翘楚企业与专业观众。在展会上，江西大圣塑料光纤公司聚焦线缆线束、光纤传感、汽车智能制造技术等热门行业，展示了近几年来我公司为数据传输领域开发的新产品、新方案，展会现场人流如潮，咨询不断。

大圣光纤此次参展的热门产品主要有塑料光纤、塑料光缆、故障指示器跳线、光纤传感线、光纤音频线、光纤跳线、流光数据线等。

大圣光纤接待了来自各行各业的朋友们前来参观、交流，同时通过此次展会不仅拓宽了视野，更加了解到塑料光纤的最新行情，为大圣光纤今后的发展带来了新的契机！

法尔胜光电成就展示

● 企业简介

江苏法尔胜光电科技有限公司是法尔胜泓昇集团有限公司全资子公司，为江苏省高新技术企业，先后荣获"国家级专精特新科技小巨人"、江苏省"最具发展潜力科技人才创业企业"、江苏省"民营科技企业"；公司现为东南大学研究生实践基地及华中科技大学研究生实践基地。公司主营业务包括两类：一类为海、陆、空等各种类型平台的导航、传感和激光器等领域提供特种光纤及器件；另一类是为水利水电、轨道交通、桥梁工程、石油石化、周界安防等领域提供以光纤传感技术为核心的安全监测解决方案。

目前，公司在特种光纤与延伸组件产品细分领域综合实力排名全国前列，江苏省内排名第一。在安全监测系统领域，承接国内最大的引水隧洞全光纤监测单体合同，形成从传感光缆制备、施工安装到系统集成的完备解决方案，在桥隧光纤监测领域独树一帜。公司的科研成果先后获得中国材料研究学会科技进步奖一等奖、中国专利优秀奖、中国国防技术发明二等奖、中国航空学会科学技术二等奖、中国产学研合作创新成果奖二等奖、江苏省科学技术奖二等奖、无锡市科技进步二等奖、第六届无锡市专利金奖等。公司相关研发成果累计申请专利213件，其中发明专利102件；获授权专利128，其中授权发明专利25件。

● 重大项目

依托强大的技术研发和市场平台，法尔胜光电在安全健康监测工程方面也有较多的经验和实际工程案例。

1. 在水利隧洞领域

南水北调甘肃省引洮一期工程7#隧洞健康监测项目已实施完成，等待验收。该项目采用了法尔胜公司的光纤传感系统，是水利工程中首次采用全光纤的方式对相关大型建筑结构进行安全健康监测。由于一期工程的实施效果得到业主一致认可，公司于2017年顺利承接了甘肃省引洮供水二期第七批主体工程建筑物安全监测项目，2019年承接了天水市城区供水引洮工程安全监测项目。

2. 在桥梁领域

研发的桥梁用嵌入型智能缆索属国际首创，已在8个国家申请国际PCT专利，5

个国家已授权；获得国家发明专利 2 项，实用新型专利 8 项，此外还获得无锡市专利金奖。该产品并成功地应用于世界级公路桥梁湖北省荆岳长江公路大桥、宜昌至喜长江大桥、京杭运河泗阳大桥、西江特大桥、沪通长江大桥等重点桥梁工程。

3. 在煤矿领域

亚洲最大的露天选煤厂神华准能选煤厂采用了法尔胜公司的分布式光纤测温系统，实时在线监测其输送带以及沿线电缆温度，预防火灾发生。

4. 在电力领域

山西临汾供电公司对浮山 110kV 变电站 10kV 开关柜在线测温实施改造，使用了法尔胜公司研发的光纤传感温度在线监测系统，有力保障了开关柜的安全运行。同类项目还包括山西龙门 220kV 变电站、山西曲沃 110kV 变电站、江阴供电公司电力电缆温度在线监测等。

此外，无锡地铁一号线隧道的安全监测，使用了法尔胜光电公司自主研发的应变光缆；该光缆属国内首创，相关技术指标达到甚至超过国外同类产品。同类工程还包括常州地铁的安全监测。

未来，法尔胜光电将一如既往地响应国家政策号召，持续强化自主创新和研发技术实力，在特种光纤、光器件及安全监测系统领域持续深耕，坚持走好专精特新发展之路，大力推进科技创新，继续为行业客户提供"专精特新"的产品和服务。

● 法尔胜光电的荣誉

1. 奖项证书

"国家级专精特新科技小巨人"、江苏省"最具发展潜力科技人才创业企业"、江苏省"民营科技企业"、无锡市"劳动保障诚信企业""苏南国家自主创新示范区潜在独角兽企业"、无锡市5G优秀企业。

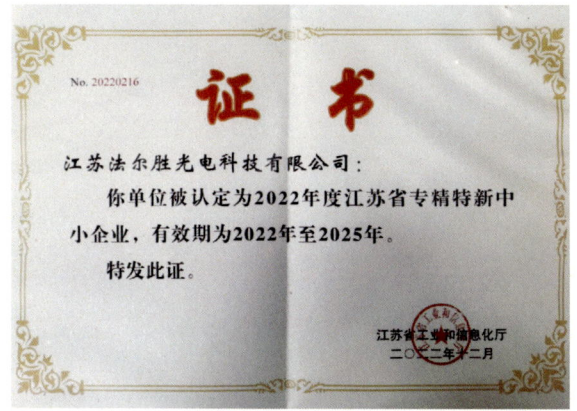

2. 企业资质

电子与智能化工程专业承包贰级、消防产品认证证书、建筑施工企业安全生产许可证、安防工程企业设计施工维护能力证书、系统集成肆级证书

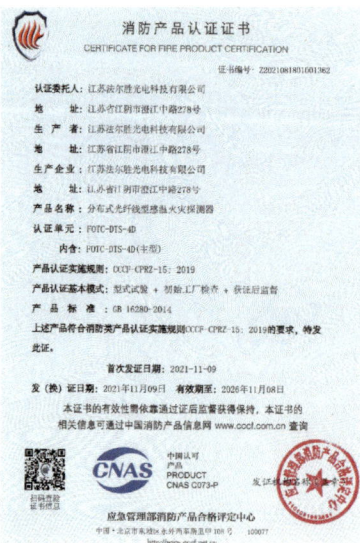

3. 校企合作

浙江大学绍兴研究院信创分中心成就展示

1. 浙江大学绍兴研究院及信创分中心简介

浙江大学绍兴研究院是由浙江大学与绍兴市人民政府合作共建的重大科创平台，于 2022 年 1 月 21 日揭牌成立，已获批国家自然科学基金依托单位、浙江省新型研发机构、浙江省博士后工作站、绍兴市院士工作站和绍兴市重点实验室。研究院设立微电子研究中心、生命健康研究中心和亚洲文明研究中心。其中，微电子研究中心包括电气分中心和信创分中心，信创分中心以浙江大学集成电路方向的研发团队为基础，以面向未来的多元多变量先进封装为核心，构建以半导体装备、先进封装平台、芯片及其应用为主线的产学研发体系，打造国内一流的集成电路产学融合创新平台，增强绍兴集成电路领域关键技术攻关能力，形成一批具有自主知识产权的重大技术成果，支持集成电路领域先进的研究成果在当地转化，为绍兴集成电路产业发展贡献力量。

信创分中心目前已经建成先进封装平台，有近 1000 平方米的万级超净实验室，并规划了局部百级净化区与光刻用黄光区；建设 PLC 芯片、CWDM 芯片、DWDM 芯片、激光器芯片、探测机芯片的中试平台。具备晶圆级检测、晶圆切割、芯片级检测、芯片耦合封装、可靠性验证等产品工艺能力。

2. 科技成果和荣誉展示

信创分中心已获批国家自然基金区域联合基金项目"面向通信感知处理一体化智能网络的硅基光电子芯片研究"1 项、国家自然科学基金青年科学基金项目"基于铁磁人工微结构的可控太赫兹辐射研究"1 项和省知识产权导航项目"固态激光雷达知识产权预警分析"1 项。

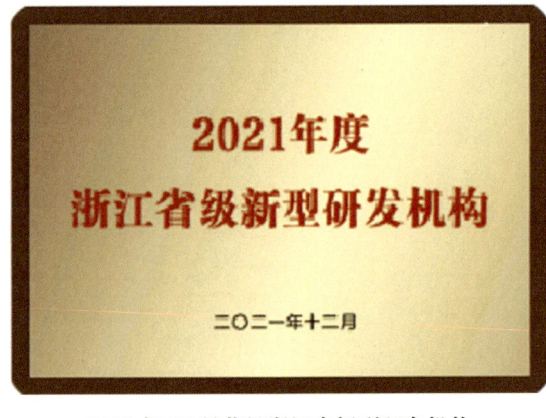

2021 年 12 月获批浙江省新型研发机构

2022 年 6 月成立绍兴市院士工作站

2022年9月建立浙江省博士后工作站

2022年12月获批国家自然科学基金依托单位

3. 知识产权申请和授权

信创分中心申请专利52项，其中发明专利36项、实用新型16项，软件著作权2项；已授权8项，其中发明专利5项、实用新型3项。以下为部分专利：

序号	专利名称
1	一种电压分段式的玻璃基掩埋式光波导连续生产方法
2	一种基于抛物线型MMI的超紧凑硅基波导交叉结构
3	端到端的智能语音朗读评测方法
4	一种采用外部阻挡层提高玻璃基光波导芯部对称性的方法
5	蓄水池神经网络实现方法、系统、电子设备及存储介质
6	一种离子交换玻璃基掩埋型分段式模斑转换器
7	一种离子交换玻璃基表面型分段式模斑转换器
8	一种冲压式条状晶片裂片机